設計師一定要學的

Bootstrap 5 RWD 響應式網頁設計

行動優先的前端技術

陳惠貞 著

感謝您購買旗標書,
記得到旗標網站
www.flag.com.tw
更多的加值內容等著您…

- FB 官方粉絲專頁:旗標知識講堂
- 旗標「線上購買」專區:您不用出門就可選購旗標書!
- 如您對本書內容有不明瞭或建議改進之處, 請連上旗標網站, 點選首頁的 聯絡我們 專區。

若需線上即時詢問問題,可點選旗標官方粉絲專頁留言詢問, 小編客服隨時待命, 盡速回覆。

若是寄信聯絡旗標客服email, 我們收到您的訊息後, 將由專業客服人員為您解答。

我們所提供的售後服務範圍僅限於書籍本身或內容表達不清楚的地方, 至於軟硬體的問題, 請直接連絡廠商。

學生團體　訂購專線:(02)2396-3257 轉 362
　　　　　傳真專線:(02)2321-2545

經銷商　服務專線:(02)2396-3257 轉 331
　　　　將派專人拜訪
　　　　傳真專線:(02)2321-2545

國家圖書館出版品預行編目資料

設計師一定要學的 Bootstrap 5 RWD 響應式網頁設計--行動優先的前端技術 / 陳惠貞作 --

臺北市:旗標科技股份有限公司, 2021.06　面;　公分

ISBN 978-986-312-659-1 (平裝)

1.HTML(文件標記語言) 2.CSS(電腦程式語言) 3.JavaScript(電腦程式語言) 4.網頁設計 5.全球資訊網

312.1695　　110002193

作　者/陳惠貞

發行所/旗標科技股份有限公司

台北市杭州南路一段15-1號19樓

電　話/(02)2396-3257(代表號)

傳　真/(02)2321-2545

劃撥帳號/1332727-9

帳　戶/旗標科技股份有限公司

監　督/黃昕暐

執行企劃/周家楨

執行編輯/周家楨

美術編輯/陳慧如

封面設計/古鴻杰

校　對/周家楨・黃昕暐

新台幣售價:580 元

西元 2023 年 2 月 初版 3 刷

行政院新聞局核准登記-局版台業字第 4512 號

ISBN 978-986-312-659-1

目錄

3 網頁的 UI 設計原則

4 HTML5 基本語法與常用元素

5 CSS3 基本語法與常用屬性

7 Bootstrap 內容樣式

10 Bootstrap 元件 (二)

11 響應式網頁開發實例（一）

12 響應式網頁開發實例（二）

13 響應式網頁開發實例（三）

14 JavaScript 快速入門

15 jQuery

關於本書

有別於傳統的網頁設計書籍，本書是秉持著**行動優先** (mobile first) 的概念所撰寫，在設計網站的過程中優先考量網頁在行動裝置的操作性與可讀性，而不是將過去的 PC 網頁直接移植到行動裝置，畢竟行動裝置和 PC 的特點不同，比較明顯的差異如下：

- 行動裝置的螢幕較小
- 行動裝置的執行速度較慢
- 行動裝置的上網頻寬較小
- 行動裝置的操作方式不同
- 行動裝置不支援 Flash 等外掛程式

為了開發適用於不同裝置的網頁，**響應式網頁設計** (RWD，Responsive Web Design) 逐漸主導了近年來的網頁設計趨勢，目的是根據使用者的瀏覽器環境自動調整網頁的版面配置，以提供最佳的顯示結果，換句話說，只要設計單一版本的網頁，就能完整顯示在 PC、平板電腦、智慧型手機、遊戲機等不同裝置。

至於本書的目標就是要讓您快速成為響應式網頁設計高手，不僅要學會靈活運用 HTML、CSS、Bootsrtap、JavaScript 等程式語法，還要懂得掌握網頁 UI 元素的設計原則與網頁設計風格，主要內容如下：

- 首先，第 1 章會介紹行動上網對網頁設計的影響、行動優先的概念、網站建置過程、響應式網頁設計的優點、缺點、主要技術與設計考量；第 2 章會介紹撰寫與測試網頁的工具；第 3 章會介紹網頁的 UI 組成、UI 元素的設計原則、網頁設計風格、網頁設計趨勢、網站類型與風格，這是值得深入閱讀的章節，因為一般的網頁設計書籍往往著重於程式語法，而忽略了網頁的視覺設計。

- 接著，第 4 章會介紹 HTML5 基本語法與常用元素；第 5 章會介紹 CSS3 基本語法與常用屬性，您只要依照本書的指引做練習，無須熟背這些語法，日後有需要時再來查詢即可。

- 繼續，第 6 ~ 10 章會以比較詳盡的篇幅介紹 Bootstrap，包括 Bootstrap 網格系統、Bootstrap 內容樣式、Bootstrap 公用類別與表單，以及 Bootstrap 元件，這是目前最受歡迎的 HTML、CSS 與 JavaScript 框架之一，用來開發響應式、行動優先的網頁，使用者無須撰寫 CSS 或 JavaScript 程式碼，就可以輕鬆設計出響應式網頁。

- 再來，第 11 ~ 13 章會以「我的旅遊日記」網站、「日光旅遊」網站、「日光美食部落」網站等實際的例子示範如何運用 HTML、CSS 和 Bootstrap 開發響應式網頁，讓您瞭解這些程式語法如何落實在網頁設計，而且這些網頁設計得相當精美，對於學生製作專題、參加競賽或設計人員開發網頁都極具參考價值。

- 最後，第 14 章會介紹 JavaScript 基本語法；第 15 章會介紹 jQuery 基本語法，讓想進一步學習 JavaScript 的人能先有初步的認識。

教學資源

本書提供用書教師相關的教學資源，包含教學投影片與學習評量解答。

教學建議

用書教師可以針對學生的需求、上課的節數等情況，斟酌增減講授內容，或指定由學生自行研讀部分範例，培養學生自我學習的能力。

本書提供了豐富範例，可以讓學生透過動手撰寫程式的過程學會網頁設計，同時也提供了學習評量，讓用書教師檢測學生的學習效果或做為課後作業，另外還有第 11 ~ 13 章的三個響應式網頁設計實例可以做為專題。

本書範例程式

本書範例程式是依照章節順序存放，如下圖，您可以運用這些範例程式開發自己的程式，但請勿販售或散布。

https://www.flag.com.tw/DL.asp?F1477

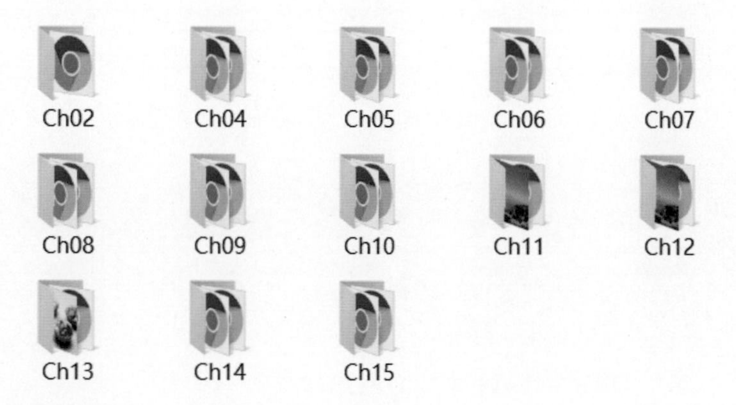

排版慣例

本書在條列程式碼、關鍵字及語法時，遵循下列的排版慣例：

- HTML 不會區分英文字母的大小寫，本書將統一採用小寫英文字母，至於 CSS 與 JavaScript 則會區分英文字母的大小寫。
- 斜體字表示使用者輸入的屬性值、敘述或名稱，例如 width="*n*" 的 *n* 表示自行輸入的寬度。
- 中括號 [] 表示可以省略不寫，例如 function *functionname*([*parameter*]) 的 [*parameter*] 表示函式的參數可以有，也可以沒有。
- 垂直線 | 用來隔開替代選項，例如 return|return *value* 表示 return 敘述後面可以不加上傳回值，也可以加上傳回值。

1

網頁設計簡介

1-1　行動上網對網頁設計的影響

1-2　開發適用於不同裝置的網頁

1-3　網站建置流程

1-4　響應式網頁的設計考量

1-1 行動上網對網頁設計的影響

早期用來上網和瀏覽網頁的工具幾乎都是 PC，但隨著無線網路與行動通訊的蓬勃發展，上網裝置愈來愈多元化，尤其是以智慧型手機和平板電腦為首的行動上網更佔了一半以上的瀏覽量。

根據 TWNIC（台灣網路資訊中心）所做的「台灣網路報告」指出，台灣的個人上網率高達 88.8%，行動上網率高達 85.2%，而上網主要裝置分別是手機 97.9%、桌機 59.5% 和筆電 51.5%，如下圖。

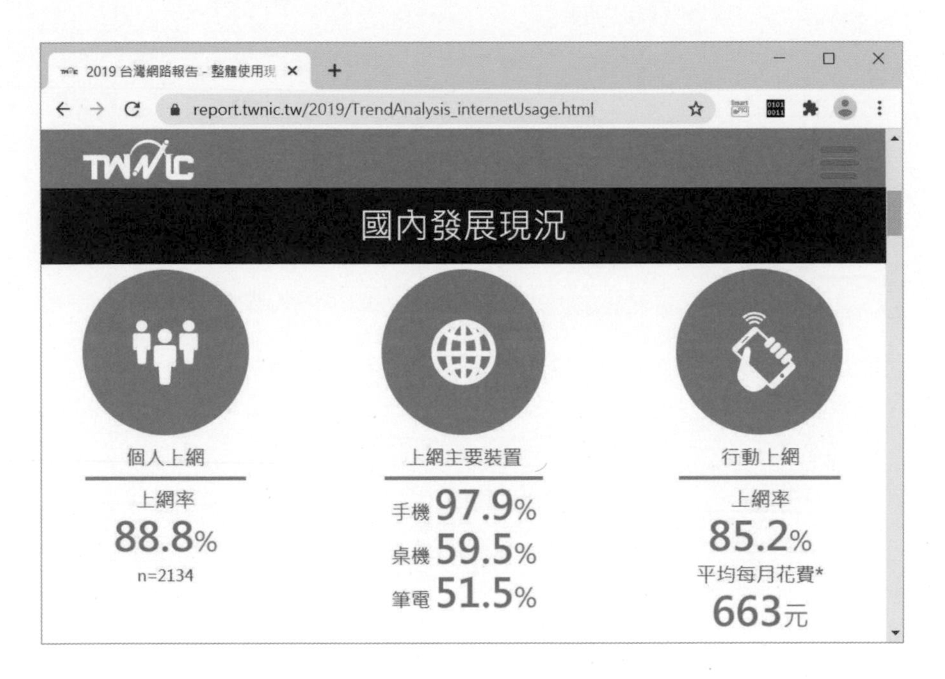

這意味著傳統以 PC 為主要考量的網頁設計思維必須要改變，因為行動裝置的瀏覽器雖然能夠顯示大部分的 PC 網頁，但經常會遇到下面幾個問題：

行動裝置的螢幕較小

行動裝置的螢幕比 PC 小，使用者往往得透過頻繁的拉近、拉遠或捲動，才能閱讀 PC 網頁的資訊，操作起來相當不方便。此外，行動裝置的螢幕可以切換水平或垂直顯示，在設計網頁時不妨發揮此特點。

行動裝置的執行速度較慢、上網頻寬較小

行動裝置的執行速度比 PC 慢，而且是以行動上網為主，不像 PC 是以寬頻上網為主，若網頁包含太大的圖片、影片或 JavaScript 程式碼，可能耗時過久無法順利顯示，或使用者不耐久候而取消瀏覽。

行動裝置的操作方式不同

行動裝置是以觸控操作為主，不再是傳統的滑鼠或鍵盤，使得 PC 網頁到了行動裝置可能會變得不好操作，例如按鈕或超連結太小不易觸控；或是沒有觸控回饋效果，以致於使用者重複點按；又或是設計太多層次的超連結，以致於使用者按著按著就迷路了。

PC 網頁的尺寸較大、超連結層次較多，不適合行動裝置瀏覽

行動裝置不支援 Flash 等外掛程式

行動裝置的瀏覽器並不支援 Flash 等外掛程式，但相對的，行動裝置的瀏覽器對於 HTML5 與 CSS3 的支援程度比 PC 瀏覽器更好，因此，一些動畫效果可以使用 HTML5 與 CSS3 來取代。

1-2 開發適用於不同裝置的網頁

在本節中，我們要介紹如何開發適用於不同裝置的網頁，常見的做法有兩種，分別是「針對不同裝置開發不同網站」和「響應式網頁設計」。

1-2-1 針對不同裝置開發不同網站

為了因應行動上網的趨勢，有些網站會針對 PC 開發一種版本的網站，稱為 PC **網站**，同時針對行動裝置開發另一種版本的網站，稱為**行動網站**，然後根據使用者的上網裝置自動轉址到 PC 網站或行動網站，如下圖。

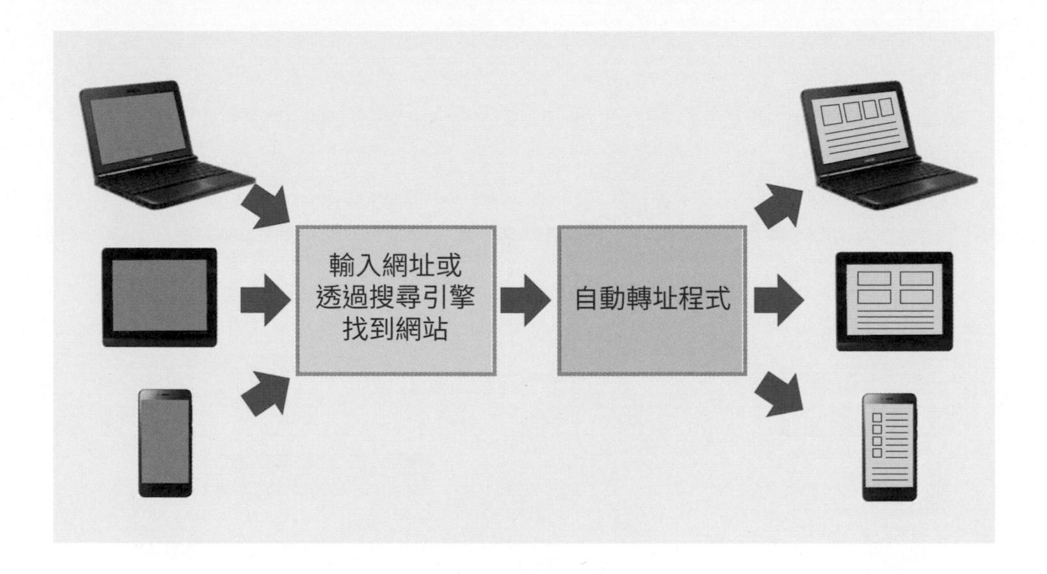

舉例來說，Yahoo! 奇摩的 PC 網站為 https://tw.yahoo.com/，行動網站為 https://tw.mobi.yahoo.com/，兩者的網址不同，內容也不盡相同，不過，使用者無須擔心要連上哪個網站，自動轉址程式會根據上網裝置做判斷。加以瀏覽後，我們發現，對於 Yahoo! 奇摩這種資訊瀏覽類型的網站來說，其行動網站除了著重執行效能，資訊的分類與動線的設計更是重要，才能帶給行動裝置的使用者直覺流暢的操作經驗。

❶ Yahoo! 奇摩的 PC 網站 ❷ Yahoo! 奇摩的行動網站

這種做法最主要的優點是可以針對不同裝置量身訂做最適合的網站，不必因為要適用於不同裝置而有所妥協，例如可以保留 PC 網頁所使用的一些動畫或功能，可以發揮行動裝置的特點，例如照相、定位等功能，而且網頁的程式碼比較簡潔。

雖然有著前述優點，而且也不乏大型的商業網站採取這種做法，不過，這會面臨下列問題：

開發與維護成本隨著網站規模遞增

當網站規模愈來愈大時，光是針對 PC、平板電腦、智慧型手機等不同裝置開發專屬的網站就是日益沉重的工作，一旦資料需要更新，還得一一更新個別的網站，不僅耗費時間與人力，也容易導致資料不同步。

不同裝置的網站有不同的網址

以前面舉的 Yahoo! 奇摩為例，其 PC 網站為 https://tw.yahoo.com/，而其行動網站為 https://tw.mobi.yahoo.com/，多個網址可能會不利於搜尋引擎為網站建立索引，影響網站的自然排序名次；此外，當自動轉址程式無法正確判斷使用者的上網裝置時，可能會開啟不適合該裝置的網站。

1-2-2 響應式網頁設計

隨著行動上網的普及，**行動優先** (mobile first) 的概念逐漸主導了近年來的網頁設計趨勢，使得**響應式網頁設計** (RWD，Responsive Web Design) 成為一門新顯學。

響應式網頁設計指的是一種網頁設計方式，目的是根據使用者的瀏覽器環境 (例如可視區域的寬度或行動裝置的方向等)，自動調整網頁的版面配置，以提供最佳的顯示結果。

換句話說，只要設計單一版本的網頁，就能完整顯示在 PC、平板電腦、智慧型手機、遊戲機等不同裝置，達到 One Web One URL (單一網站單一網址) 的目標。

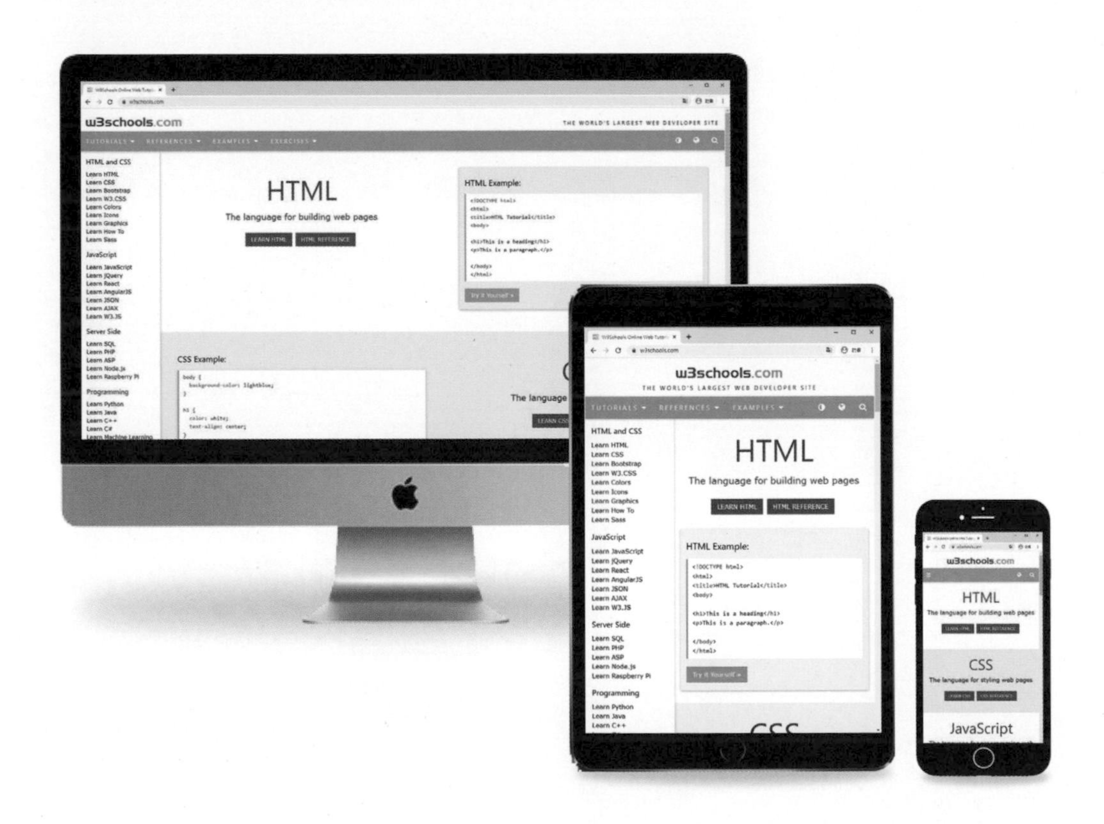

RWD 可以讓同一個網頁自動調整版面配置，確保在不同裝置上都有良好的瀏覽結果

以台灣微軟網站 (https://www.microsoft.com/zh-tw) 為例，它會根據瀏覽器的寬度自動調整版面配置，當寬度夠大時會顯示四欄，如圖 ❶，隨著寬度縮小會顯示兩欄，如圖 ❷，最後變成單欄，如圖 ❸，這就是響應式網頁設計的最佳實踐，不僅網頁內容只有一種，網址也只有一個。

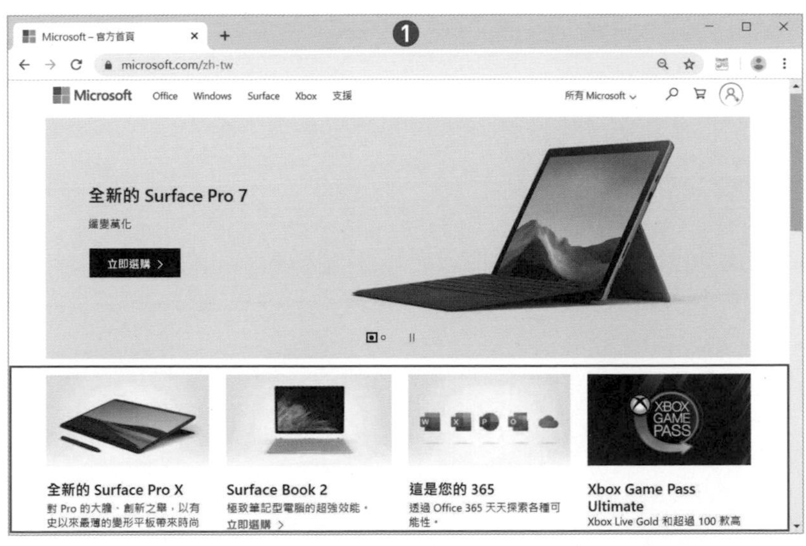

響應式網頁設計的優點

相較於針對不同裝置開發不同網站或開發行動裝置 App 的做法，響應式網頁設計具有下列優點：

網頁內容只有一種

響應式網頁是 HTML 文件透過 CSS 的技巧，以根據瀏覽器的寬度自動調整版面配置，一旦資料需要更新，只要更新同一份 HTML 文件即可。

網址只有一個

響應式網頁的網址只有一個，不會影響網站被搜尋引擎找到的自然排序名次，也不會發生自動轉址程式誤判上網裝置的情況。

技術門檻較低

響應式網頁只要透過 HTML 和 CSS 就能達成，不像自動轉址程式必須使用 JavaScript 或 PHP 來撰寫。

維護與更新成本較低

由於使用者透過不同裝置所瀏覽的網頁都是同一份 HTML 文件，沒有 PC 版與行動版之分，所以日後的維護與更新成本較低，不會有資料不同步的問題。

提升網站轉換率

「網站轉換率」指的是將網站的訪客轉換成用戶或會員的比率，響應式網頁能夠帶給使用者最佳的瀏覽體驗，優化操作性與便利性，進而提升網站轉換率。

無須下載與安裝 App

只要透過瀏覽器就能瀏覽網頁，無須下載與安裝 App，避免使用者因為覺得麻煩而放棄瀏覽。當網頁內容更新時，使用者無須做任何更新的動作，不像 App 一旦要更新，就必須重新審核，然後通知使用者進行更新。

響應式網頁設計的缺點

雖然有著前述的優點，但響應式網頁設計也不是全然沒有缺點，主要的缺點如下：

不易從既有的 PC 版網頁改寫

或許有人會想要將既有的 PC 版網頁改寫成響應式網頁，但從經驗上來說，這往往比從頭開始更花時間，換句話說，打掉重練可能還比較快。

開發時間較長

由於響應式網頁要同時兼顧不同裝置，所以需要花費較多時間在不同裝置進行模擬操作與測試。

載入時間較長

無論使用者是透過 PC、平板電腦或智慧型手機瀏覽網頁，瀏覽器都是下載同一份網頁，之後再根據瀏覽器的寬度套用不同的樣式，無形之中就會一併下載一些不屬於自己裝置的程式碼，因而影響到下載速度，甚至造成使用者不耐久候而跳離網站。

無法充分發揮裝置的特點

為了要適用於不同裝置，響應式網頁的功能必須有所妥協，例如一些在 PC 廣泛使用的動畫或功能可能無法在行動裝置執行，而必須放棄不用；無法針對行動裝置的觸控、螢幕可旋轉、照相功能、定位功能等特點開發專屬的操作介面。

舊版的瀏覽器不支援

響應式網頁需要使用 HTML5 的部分功能與 CSS3 的媒體查詢功能，諸如 Internet Explorer 8 等舊版的瀏覽器可能無法正常顯示。

響應式網頁設計的主要技術

響應式網頁設計主要會使用到下列三種技術：

媒體查詢 (media query)

媒體查詢是由媒體類型或媒體特徵所組成的敘述，可以根據不同的媒體或可視區域、解析度、裝置方向等特徵套用不同的樣式，例如根據瀏覽器的寬度自動調整版面配置。常見的做法是先設計小螢幕的內容，再逐步設計中、大螢幕的內容。

流動圖片 (fluid image)

流動圖片指的是在設定圖片、影片、地圖或物件等元素的大小時，根據其容器的大小比例做縮放，而不要設定絕對大小，如此一來，當瀏覽器的寬度改變時，元素的大小也會自動按比例縮放。

流動網格 (fluid grid)

流動網格包含**網格設計** (grid design) 與**流動版面** (liquid layout) 兩種技術，前者是一種平面設計方式，利用固定的格子分割版面來設計布局，將內容排列整齊，例如 960 Grid System，而後者的版面寬度會隨著瀏覽器視窗做縮放。

> **NOTE　Bootstrap**
>
> 這三種技術的共同前提是使用者必須熟悉 CSS3，不過，非常幸運的是 **Bootstrap** 出現了，這是目前最受歡迎的 HTML、CSS 與 JavaScript 框架之一，用來開發響應式、行動優先的網頁，使用者無須撰寫 CSS 或 JavaScript 程式碼，就可以輕鬆設計出響應式網頁。
>
> 因此，在本書中，我們會先介紹 HTML5 和 CSS3 的語法，接著會以詳盡的篇幅介紹 Bootstrap5，最後再以幾個實際的例子示範如何運用 HTML、CSS 和 Bootstrap 開發響應式網頁，讓您瞭解這些程式語法如何落實在網頁設計。

1-3 網站建置流程

一個網站從開始規劃、製作到上線，以及之後的維護，大致的流程如下：

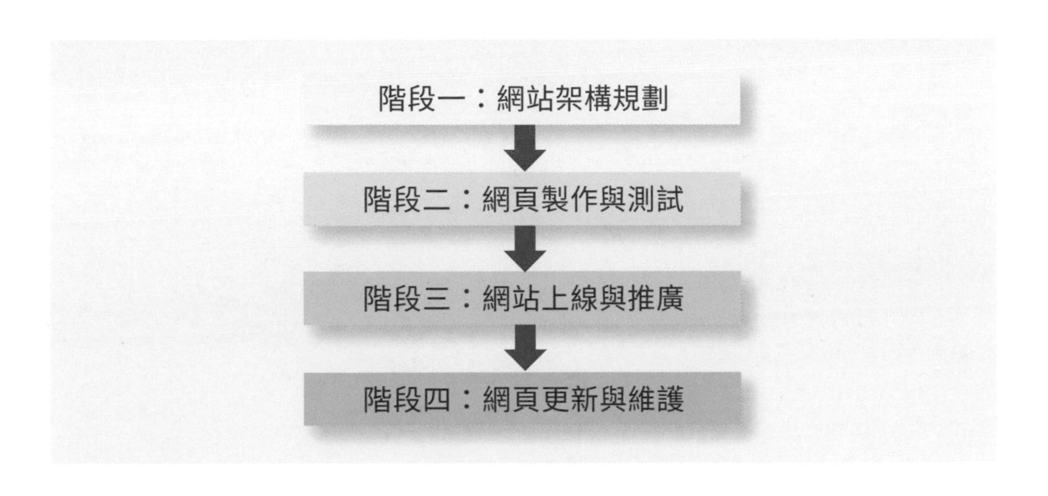

1-3-1 階段一：網站架構規劃

第一階段的主要工作項目如下：

1. 分析需求

蒐集相關資料進行調查分析，瞭解客戶的需求、預算、時間、網站的目的、功能及風格。網站的目的通常有下列幾種：

- 傳達企業的形象、品牌理念與經營項目。
- 公布最新產品或活動訊息，做為網路行銷工具。
- 銷售產品或服務，做為網路銷售管道。
- 提供技術交流或資訊分享的平台。
- 透過網路會員機制、電子報、留言板、討論區、線上信箱、線上問卷等功能，與消費者維持長久的關係。

至於網站的風格因為每個人對於視覺傳達的想法不同，最好請客戶先瀏覽同業或其它網站，找出喜歡的設計風格、瀏覽動線與網站功能，做為討論的參考，這樣比較容易取得共識。

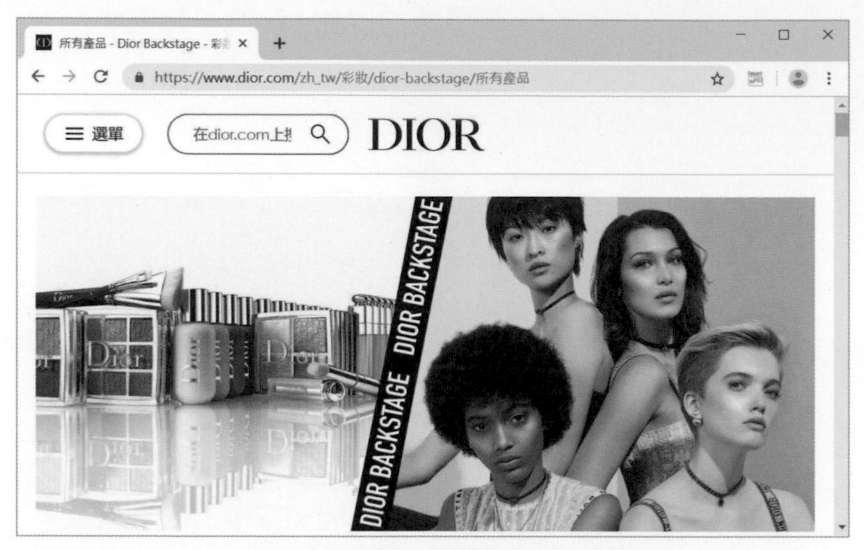

彩妝網站往往呈現出時尚艷麗的視覺風格

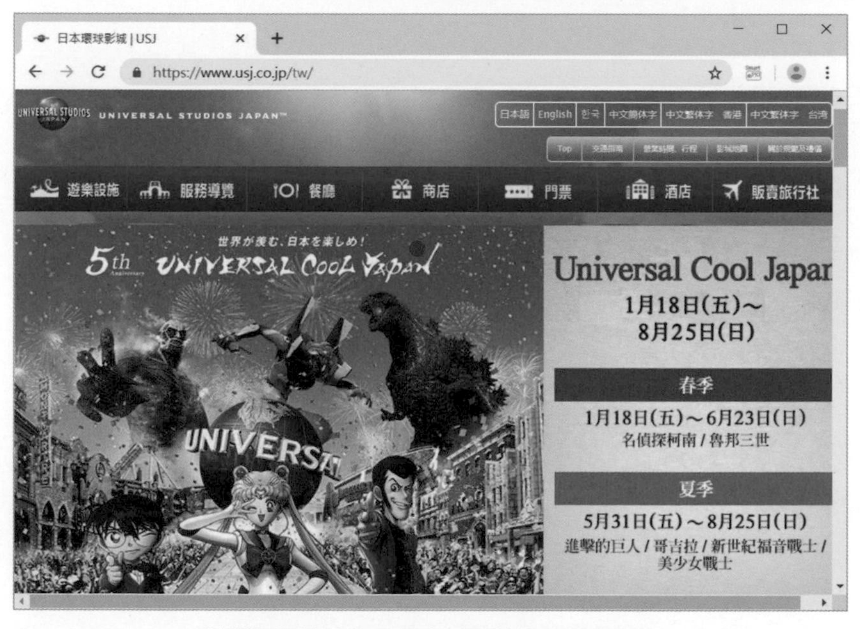

遊樂園網站往往呈現出活潑快樂的視覺風格

2. 提供網站規劃書與報價單

針對前面的討論提供網站規劃書與報價單，建議項目如下：

- 網站的目的與功能
- 網站的架構與內容
- 網站的語言版本 (例如繁體中文、英文、日文等)
- 網站的目標裝置 (例如 PC、平板電腦、手機等)
- 網站的視覺風格
- 網站的技術解決方案
- 網站的上線與推廣
- 網站的更新與維護
- 網站的建置時程
- 網站的建置費用

在規劃網站的架構時，建議先列出網站有哪些單元，例如公司介紹、服務項目、產品介紹、聯絡方式、營業據點、會員專區、最新消息等，然後以樹狀圖描繪出來。

此外，還要考慮未來網站上線後有哪些單元需要自行更新與維護，例如產品介紹、最新消息等，若這些單元屬於經常性更新，建議採取資料庫的方式來進行管理。

3. 簽訂合約與成立專案

由網頁設計公司準備一式兩份的合約進行簽訂，完成後即可成立專案小組負責工作分配與時程控管。

1-3-2 階段二：網頁製作與測試

第二階段的主要工作項目如下：

1. 網站視覺設計、版面配置與版型設計

首先，由**視覺設計師** (Visual Designer) 根據第一階段的規劃書設計網站的視覺風格；接著，針對 PC、平板或手機等目標裝置設計網頁的版面配置，即業界所謂的「網頁框架規劃」(wireframe)；最後，設計首頁與內頁版型，試著將客戶提供的圖文資料編排到首頁與內頁版型，讓客戶檢查是否符合需求，如有問題，就進行溝通與修正，直到確認為止。

> **NOTE　網頁框架規劃**
>
> 在進行網頁框架規劃時，可以先決定網頁在不同裝置瀏覽時的版面切換點，稱為**斷點** (breakpoint)。以 Bootstrap 為例，手機與平板的斷點可以設定在 768 像素，而平板與 PC 的斷點可以設定在 992 或 1200 像素，然後使用文字、線條與方塊粗略描繪網頁的版面配置。下圖是線上繪圖工具 Cacoo，可以輕鬆繪製網站地圖、網頁框架規劃、UML 或流程圖等圖表。

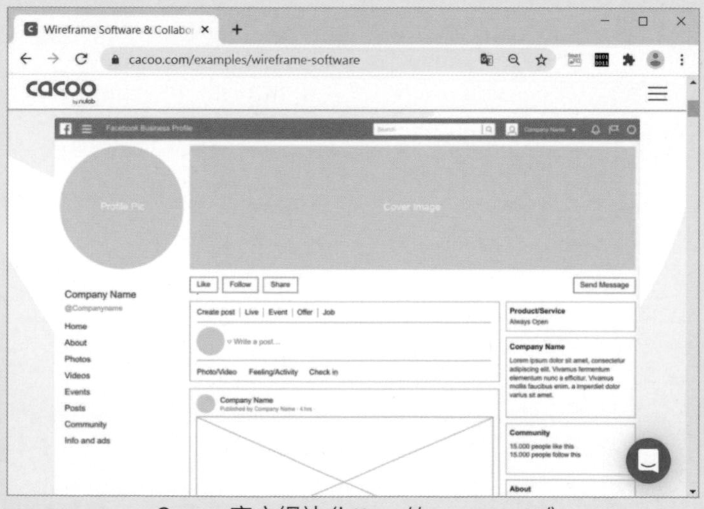

Cacoo 官方網站 (https://cacoo.com/)

2. 前端程式設計

由**前端工程師** (Front-End Engineer) 根據視覺設計師所設計的版型進行「切版與組版」，舉例來說，版型可能是使用 Photoshop 所設計的 PSD 設計檔，而前端工程師必須使用 HTML、CSS 或 JavaScript 重新切割與組裝，將客戶提供的圖文資料編排成網頁。

切版與組版需要專業的知識才能兼顧網頁的外觀與效能，例如哪些動畫、陰影或框線可以使用 CSS 來取代？哪些素材可以使用輪播、標籤頁、超大螢幕等效果來呈現？斷點設定在多少像素？圖文資料編排成網頁以後版面與內容是否正確等。

此外，前端工程師還要負責將後端工程師所撰寫的功能整合到網站，例如資料庫存取功能、後端管理系統等，確保網站能夠順利運作。

3. 後端程式設計

相較於前端工程師負責處理與使用者接觸的部分，例如網站的架構、外觀、瀏覽動線等，**後端工程師** (Back-End Engineer) 則是負責撰寫網站在伺服器端運作的資料處理、商業邏輯等功能，然後提供給前端工程師使用。

4. 網頁品質測試

由**品質保證工程師** (Quality Assurance Engineer) 根據第一階段的規劃書逐項檢查前端工程師所整合出來的網站，包含使用正確的開發方法與流程，校對網站的內容，測試網站的功能等，確保軟體的品質，如有問題，就提列清單，讓相關的工程師進行修正，直到確認為止。

5. 客戶線上驗收

在第二階段的最後是請客戶線上驗收，包含校對內容與測試各項功能，如有問題，就提列清單，讓相關的工程師進行修正，直到確認為止。此外，若網站需要多國語言版本，可以先完成第一種語言版本，再請客戶提供不同語言的圖文資料，然後視實際情況調整版面。

1-3-3 階段三：網站上線與推廣

第三階段的主要工作項目如下：

1. 申請網站空間

透過下列幾種方式取得用來放置網頁的網站空間，原則上，商業網站建議採取前兩種方式，因為第三種方式可能會有空間不足、功能比較陽春、連線品質不穩定、被強迫放上廣告、無法客製化網頁、無法自訂網址、服務突然被取消、沒有電子郵件服務等問題：

» **自行架設 Web 伺服器**

» **租用虛擬主機**

» **申請免費網站空間**

2. 申請網址

向「台灣網路資訊中心」(TWNIC) (https://rs.twnic.net.tw/) 或 HiNet (https://domain.hinet.net/)、Seednet (http://rs.seed.net.tw/)、PChome (http://myname.pchome.com.tw/)、亞太電信 (https://emanager.aptg.com.tw/konakart/Welcome.action) 等網址服務廠商申請如下類型的網址，每年的管理費約數百元：

» 屬性型英文網域名稱 (com.tw、net.tw、org.tw、game.tw、club.tw、ebiz.tw、idv.tw)

» 泛用型中文網域名稱 (中文 .tw)

» 屬性型中文網域名稱 (商業 .tw、組織 .tw、網路 .tw)

» 屬性型頂級中文網域名稱 (商業 . 台灣、組織 . 台灣、網路 . 台灣)

» 泛用型英文網域名稱 (ascii.tw)

» 頂級中文網域名稱 (中文 . 台灣)

網域名稱類別與相關費用

3. 上傳網站

透過網址服務廠商提供的平台將申請到的網域名稱 (domain name) 對應到 Web 伺服器的 IP 位址，此動作稱為「指向」，等候幾個小時就會生效，同時將製作好的網站上傳到網站空間，等指向生效後，就可以透過該網址連線到網站，完成正式上線的動作。

4. 登錄與行銷網站

在網站正式上線後，就要設法提高網站的流量與知名度，常見的做法是進行網路行銷，例如刊登網路廣告、搜尋引擎優化、關鍵字行銷、聯盟網站行銷、行為瞄準行銷、部落格行銷、社群行銷、微電影行銷、直播行銷、行動行銷等，也可以利用 Google Search Console (https://search.google.com/search-console/about) 提升網站在 Google 搜尋中的成效。

延伸閱讀

申請網站空間的方式

- **自行架設 Web 伺服器**：向 HiNet 租用專線，將電腦架設成 Web 伺服器，維持 24 小時運作。除了要花費數萬元到數十萬元不等的費用購買電腦的軟硬體與防火牆，還要花費數千元到數萬元不等的專線月租費，甚至要聘請專業人員管理伺服器。

- **租用虛擬主機**：向 HiNet、Seednet、智邦生活館、WordPress.com、GitHub Pages、My.DropPages、Byet Host、WIX.com、Weebly、Freehostia 等業者租用虛擬主機，也就是所謂的「主機代管」，只要花費數百元到數千元的月租費，就可以省去購買軟硬體的費用與專線月租費，同時有專業人員管理伺服器。

  乍聽之下，租用虛擬主機似乎比較好，但還是得看實際情況而定，當您需要比較大的網站空間或同時建置數個網站，自行架設 Web 伺服器的成本就會相對變得比較便宜，管理上也比較有彈性，而且不用擔心虛擬主機的連線品質或網路頻寬是否會影響網站的連線速度。

- **申請免費網站空間**：向 WordPress.com、GitHub Pages、My.DropPages、Byet Host、WIX.com、Weebly、Freehostia 等業者申請免費網站空間，或者像 HiNet 等 ISP 也有提供用戶免費網站空間。不過，這可能有下列幾項缺點，若您的網站非常重要，建議還是去租用虛擬主機：

  - 有時可能會因為使用人數太多，導致連線速率遲緩。
  - 網頁空間大小會受到限制。
  - 電子郵件寄送數量會受到限制或不能寄送電子郵件。
  - 網頁可能會被要求放上廣告。
  - 無法保證提供免費網頁空間的網站不會當機、關閉或倒站。
  - 服務或功能較少，例如不支援 PHP、ASP.NET 等動態網頁技術。
  - 網頁空間通常只是一個資料夾，不能設定個人網域。
  - 沒有客服支援，沒有網站備份。

1-3-4 階段四：網頁更新與維護

第四階段的主要工作項目如下：

1. 定期更新網頁內容

對於一些需要經常性更新的單元，例如產品介紹、最新消息等，可以先由網頁設計公司開發一套操作簡便的「網站後端管理系統」，然後業主可以透過此系統提供的介面進行資料的新增、修改或刪除，即使不懂程式語法也能夠輕鬆上手。

2. 定期處理訂單或客服郵件

同樣的，對於要定期處理的訂單或客服郵件，也可以先由網頁設計公司開發一套操作簡便的「訂單管理系統」或「客服郵件管理系統」，然後業主可以透過此系統提供的介面自行處理。

NOTE 網站需要改版嗎？

對於已經上線的網站有沒有需要改版呢？原則上，這可以分成下列兩種情況來討論：

- **修改原有網站**

若只是要小幅調整網站的文字、圖案、美編或部分功能，可以將更新的資料準備好，然後委託網頁設計公司代為修改。

- **重新製作網站**

若網站的架構或功能已經不符合需求，可以考慮委託網頁設計公司重新製作，例如因應行動上網的趨勢重新設計響應式網頁，讓不同裝置的使用者都有最佳的操作性與瀏覽體驗；或者，原有網站的功能可能只有公司簡介，但現在想要進一步做線上銷售，需要導入電子商務與網路金流服務，與其做大幅調整，倒不如重新製作網站會更有效率。

1-4 響應式網頁的設計考量

響應式網頁和傳統的 PC 網頁所使用的技術差不多，不外乎是 HTML、CSS、JavaScript 或 PHP、ASP.NET、JSP 等伺服器端 Script。不過，誠如我們在第 1-1 節所介紹過的，行動裝置具有螢幕較小、執行速度較慢、上網頻寬較小、以觸控操作為主等特點，因此，在設計響應式網頁時請注意下面幾個事項：

- 網站的架構不要太多層，傳統的 PC 網頁通常會包含首頁、分類首頁和內容網頁等三層式架構，而響應式網頁則建議改成首頁和內容網頁等兩層式架構，以免使用者迷路了。

- 使用者介面以簡明扼要為原則，簡單明確的內容比強大齊全的功能更重要。

響應式網頁經常採取簡潔的視覺呈現方式

- 網頁的檔案愈小愈好，盡量減少使用動畫、長影片、大圖檔或 JavaScript 程式碼，以免下載時間太久，或 JavaScript 程式碼超過執行時間限制而被強制關閉，建議使用 CSS 來設定背景、漸層、透明度、動畫、陰影、框線、色彩、文字等效果。
- 按鈕要醒目容易觸碰，最好有視覺回饋效果，在一觸碰按鈕時就產生色彩變化，讓使用者知道已經點擊按鈕，而且在載入網頁時可以加上說明或圖案，讓使用者知道正在載入，以免重複觸碰按鈕。
- 不同的行動裝置或瀏覽器可能有不同的瀏覽結果，必須實際在行動裝置做測試。
- 提供設計良好的導覽列或導覽按鈕，方便使用者查看進一步的內容。以 CHANEL 網站為例，其產品分類會收納到導覽按鈕，如左下圖，待使用者觸碰導覽按鈕時，才會展開產品分類，如右下圖。

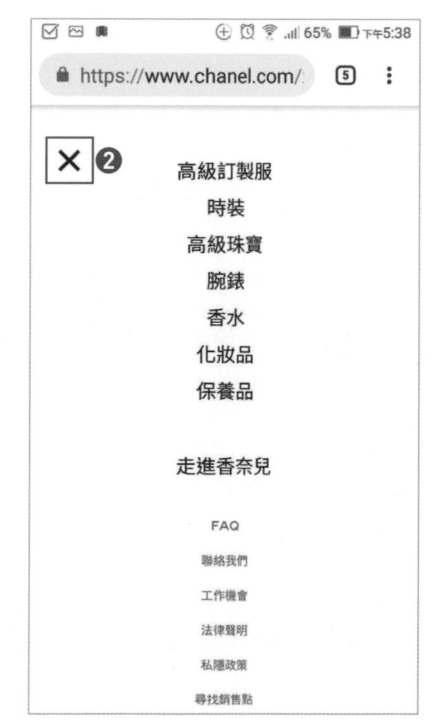

❶ 觸碰導覽按鈕 ❷ 展開產品分類

延伸閱讀

行動優先

行動優先 (mobile first) 一詞是由 Luke Wroblewski 所提出，其概念是在設計網站時應以優化行動裝置體驗為主要考量，其它裝置次之，但這並不是說要從行動網站開始設計，而是在設計網站的過程中應優先考量網頁在行動裝置上的操作性與可讀性，不要將過去的 PC 網頁直接移植到行動裝置，畢竟 PC 和行動裝置的特點不同。

事實上，在開發響應式網頁時，優先考量如何設計行動網頁是比較有效率的做法，畢竟手機的限制比較多，先想好要在行動網頁放置哪些必要的內容，再來想 PC 網頁可以加上哪些選擇性的內容並逐步加強功能。我們會在第 3 章進一步介紹行動優先，以及常見的網頁設計風格和網頁設計趨勢。

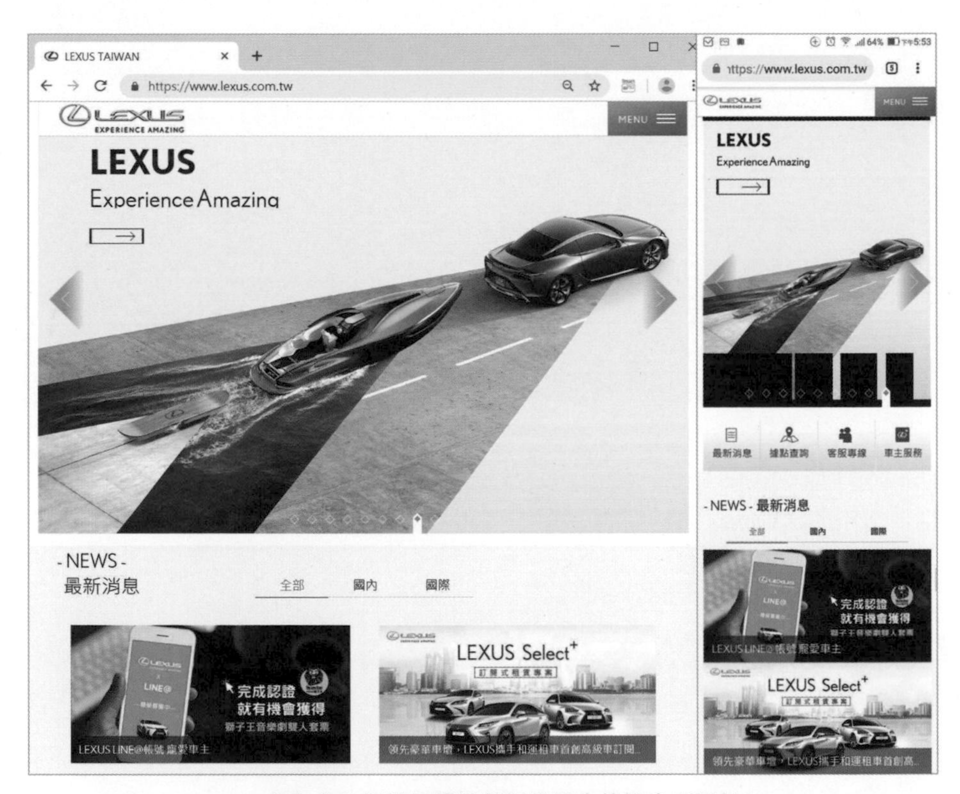

愈來愈多網站是秉持著行動優先的概念所設計

學習評量

選擇題

(　　) 1. 和 PC 相比，下列何者不是行動裝置的特點？

A. 上網頻寬較大　　B. 螢幕較小

C. 執行速度較慢　　D. 以觸控操作為主

(　　) 2. 當我們針對不同裝置開發不同網站時，下列敘述何者錯誤？

A. 因為要同時兼顧 PC 和行動裝置，所以無法發揮行動裝置的特點

B. 可以針對不同裝置量身訂做最適合的網站

C. 若資料需要更新，必須一一更新個別的網站

D. 不同裝置的網站有各自的網址

(　　) 3. 下列關於響應式網頁的敘述何者錯誤？

A. 網頁內容只有一種

B. 透過自動轉址程式導向到適合的網站

C. 需要花費較多時間在不同裝置進行測試

D. 需要使用 HTML5 的部分功能與 CSS3 的媒體查詢功能

(　　) 4. 下列的網站建置流程中，分析網站的目的屬於哪個階段的工作？

階段一：網站架構規劃　　階段二：網頁製作與測試

階段三：網站上線與推廣　　階段四：網頁更新與維護

A. 階段一　　B. 階段二

C. 階段三　　D. 階段四

(　　) 5. 承第 4. 題，前端程式設計屬於哪個階段的工作？

A. 階段一　　B. 階段二

C. 階段三　　D. 階段四

(　　) 6. 承第 4. 題，申請網站空間屬於哪個階段的工作？

A. 階段一　　B. 階段二

C. 階段三　　D. 階段四

(　　) 7. 承第 4. 題，申請網址屬於哪個階段的工作？

A. 階段一　　B. 階段二

C. 階段三　　D. 階段四

(　　) 8. 承第 4. 題，定期處理訂單或客服郵件屬於哪個階段的工作？

A. 階段一　　B. 階段二

C. 階段三　　D. 階段四

(　　) 9. 下列何者不是免費網頁空間可能面臨的問題？

A. 網頁空間大小會受到限制

B. 網頁可能會被要求放上廣告

C. 無法保證連線品質穩定

D. 需要編列預算購買 Web 伺服器的軟硬體與防火牆

(　　)10. 下列關於行動優先的敘述何者錯誤？

A. 以優化行動裝置體驗為主要考量

B. 簡單明確的內容比強大齊全的功能更重要

C. 一定要先設計行動網站，之後才能設計 PC 網站

D. 不要將過去的 PC 網頁直接移植到行動裝置

2

撰寫第一個網頁

- 2-1　網頁設計相關的程式語言
- 2-2　HTML 網頁編輯工具
- 2-3　開始撰寫 HTML 網頁
- 2-4　測試網頁在行動裝置的瀏覽結果

2-1 網頁設計相關的程式語言

網頁設計相關的程式語言很多，常見的如下：

- HTML (HyperText Markup Language，超文件標記語言)：HTML 的用途是定義網頁的內容，讓瀏覽器知道哪裡有圖片或影片、哪些文字是標題、段落或超連結等。HTML 原始碼除了包含瀏覽結果所顯示的內容，還有許多由 < 和 > 符號所組成的**標籤** (tag) 與**屬性** (attribute)，統稱為**元素** (element)，瀏覽器只要接收到 HTML 原始碼，就能解譯成畫面。

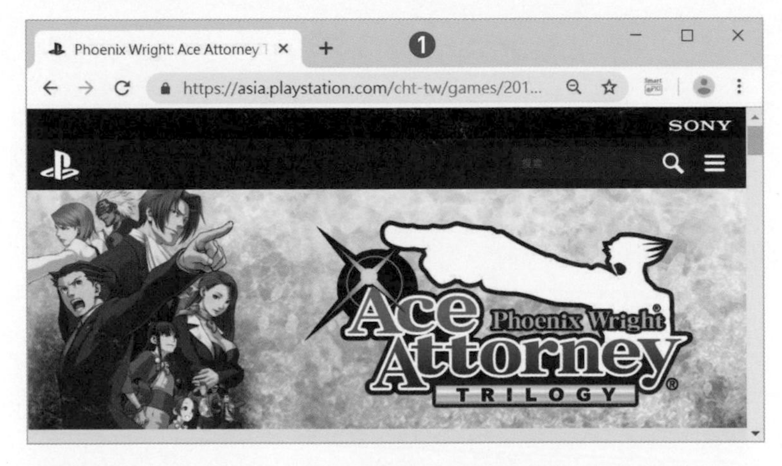

❶ 網頁的瀏覽結果 ❷ 網頁的 HTML 原始碼

- **CSS** (Cascading Style Sheets，串接樣式表)：CSS 的用途是定義網頁的外觀，也就是網頁的編排、顯示、格式化及特殊效果，例如色彩、字型、文字、清單、表格、表單、背景、漸層、陰影、邊界、留白、框線、框線圓角、定位方式、多欄位排版、流動版面、媒體查詢等。

- **瀏覽器端 Script**：嚴格來說，使用 HTML 和 CSS 所撰寫的網頁屬於靜態網頁，無法顯示諸如導覽按鈕、輪播圖片、即時更新地圖等動態效果，此時可以透過瀏覽器端 Script 來完成，這是一段嵌入在 HTML 原始碼的程式，通常是以 **JavaScript** 撰寫而成，由瀏覽器負責執行。

HTML、CSS 和 JavaScript 是網頁設計最核心也最基礎的技術，其中 HTML 用來定義網頁的內容，CSS 用來定義網頁的外觀，而 JavaScript 用來定義網頁的行為。至於 jQuery、Bootstrap、React、jQuery UI、jQuery Mobile 等，則是以 JavaScript 為基礎所發展出來的函式庫或框架。

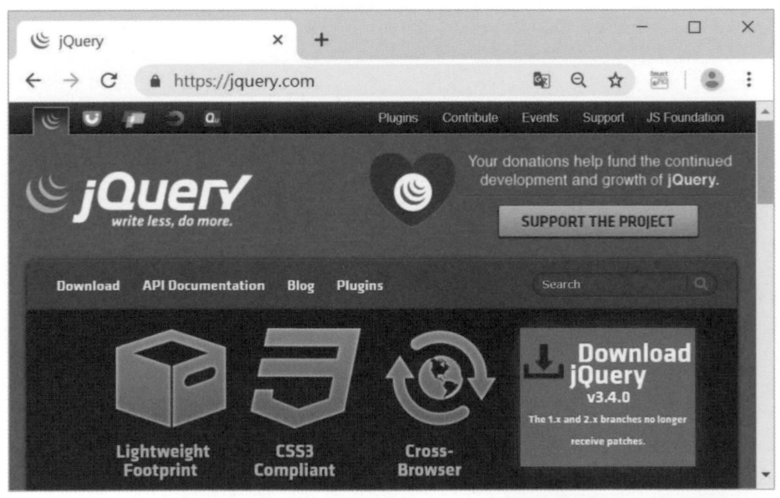

jQuery 是使用最廣泛的 JavaSript 函式庫

- **伺服器端 Script**：雖然瀏覽器端 Script 已經能夠完成許多工作，但有些工作(例如存取資料庫)還是得透過伺服器端 Script 才能完成，這是一段嵌入在 HTML 原始碼的程式，通常是以 PHP、ASP/ASP.NET 或 JSP 撰寫而成，由伺服器負責執行。

延伸閱讀

HTML 的版本演進

HTML 的起源可以追溯至 1990 年代，當時一位物理學家 Tim Berners-Lee 為了讓 CERN (歐洲核子研究中心) 的研究人員共同使用文件，於是提出了 HTML，用來建立超文字系統 (hypertext system)。

IETF (網際網路工程任務組) 於 1993 年發布 HTML 工作草案，接著於 1995 年發布 HTML 2.0。之後 HTML 陸續有一些發展與修正，而且從 HTML 3.2 開始，改交由 W3C (全球資訊網協會) 負責 HTML 的標準化。

版本	發布時間
HTML2.0	1995 年 11 月發布為 IETF RFC 1866
HTML3.2	1997 年 1 月發布為 W3C 推薦標準
HTML4.0	1997 年 12 月發布為 W3C 推薦標準
HTML4.01	1999 年 12 月發布為 W3C 推薦標準
HTML5	2014 年 10 月發布為 W3C 推薦標準
HTML5.1	2016 年 11 月發布為 W3C 推薦標準
HTML5.2	2017 年 12 月發布為 W3C 推薦標準

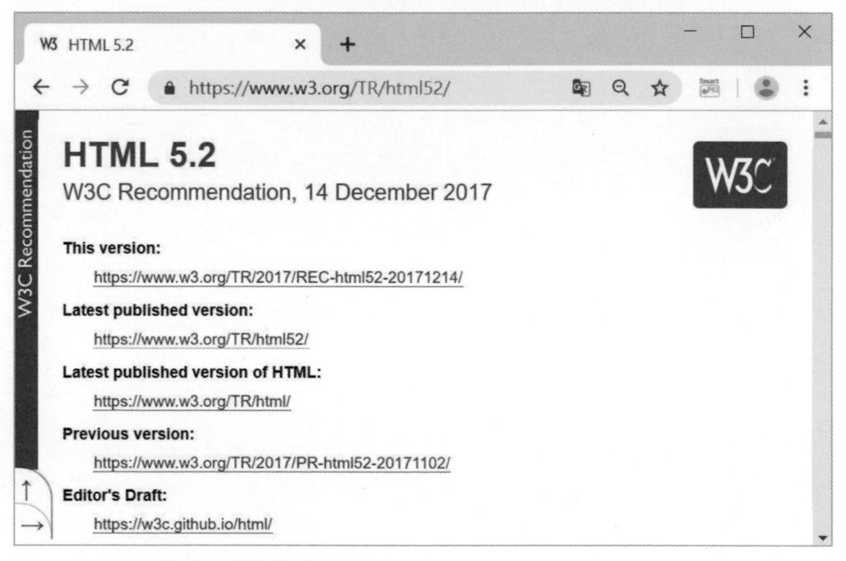

HTML5.2 的規格可以到 https://www.w3.org/TR/html52/ 查詢

延伸閱讀

CSS 的版本演進

CSS 和 HTML 一樣歷經數個版本的沿革，其演進如下。

版本	發布時間
CSS1 (CSS Level 1)	1996 年發布為 W3C 推薦標準。
CSS2 (CSS Level 2)	1998 年發布為 W3C 推薦標準。
CSS2.1 (CSS Level 2 Revision 1)	2011 年發布為 W3C 推薦標準。
CSS3 (CSS Level 3)	相較於 CSS2.1 是將所有屬性整合在一份規格書中，CSS3 則是根據屬性的類型分成不同的模組 (module) 來進行規格化，例如 Selectors Level 3、Media Queries、CSS Style Attributes、CSS Color Level 3、CSS Basic User Interface Level 3 等模組已經成為推薦標準 (REC，Recommendation)，而 Selectors Level 3、CSS Backgrounds and Borders Level 3、CSS Fonts Level 3、CSS Text Level 3 等模組是候選推薦 (CR，Candidate Recommendation) 或建議推薦 (PR，Proposed Recommendation)。有關各個模組的制訂進度可以到 https://www.w3.org/Style/CSS/ current-work.en.html 查詢。

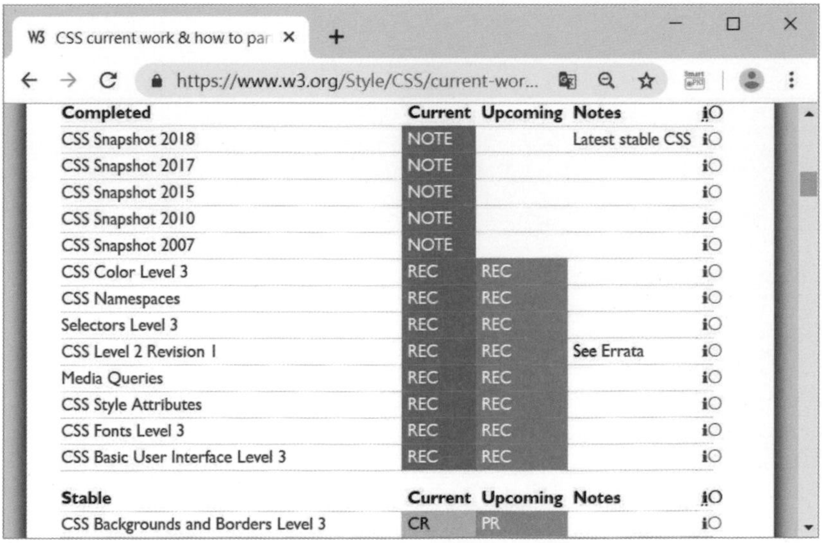

W3 CSS current work & how to par

https://www.w3.org/Style/CSS/current-wor...

Completed	Current	Upcoming	Notes
CSS Snapshot 2018	NOTE		Latest stable CSS
CSS Snapshot 2017	NOTE		
CSS Snapshot 2015	NOTE		
CSS Snapshot 2010	NOTE		
CSS Snapshot 2007	NOTE		
CSS Color Level 3	REC	REC	
CSS Namespaces	REC	REC	
Selectors Level 3	REC	REC	
CSS Level 2 Revision 1	REC	REC	See Errata
Media Queries	REC	REC	
CSS Style Attributes	REC	REC	
CSS Fonts Level 3	REC	REC	
CSS Basic User Interface Level 3	REC	REC	
Stable	**Current**	**Upcoming**	**Notes**
CSS Backgrounds and Borders Level 3	CR	PR	

這個網站會列出 CSS3 各個模組的制訂進度與文件超連結

2-2 HTML 網頁編輯工具

撰寫 HTML 文件並不需要額外佈署開發環境，只要滿足下列條件即可：

- 一部安裝 Windows 或 macOS 作業系統的電腦。
- 網頁瀏覽器，例如 Chrome、Edge、IE、Safari、Firefox 等。
- 文字編輯工具。

至於文字編輯工具就以您平常慣用的為主，HTML 網頁其實是一個純文字檔，只是副檔名為 .html 或 .htm，而不是 .txt，下面是一些常見的編輯工具。

文字編輯工具	網址	是否免費
記事本、WordPad	Windows 作業系統內建	是
Notepad++	https://notepad-plus-plus.org/	是
Visual Studio Code	https://code.visualstudio.com/	是
Visual Studio Community	https://visualstudio.microsoft.com/	是
Google Web Designer	https://webdesigner.withgoogle.com/	是
Atom	https://atom.io/	是
UltraEdit	https://www.ultraedit.com/	否
Dreamweaver	https://www.adobe.com/	否
Sublime Text	http://www.sublimetext.com/	否

本書範例程式是使用 NotePad++ 所編輯，存檔格式統一採取 UTF-8 編碼。NotePad++ 具有下列特點，簡單又實用，相當適合初學者：

- 支援 HTML、CSS、JavaScript、ActionScript、C、C++、C#、R、Python、Perl、Java、JSP、ASP、PHP、Ruby、Matlab、XML、Objective-C 等多種程式語言。
- 支援多重視窗同步編輯。
- 支援顏色標示、智慧縮排、自動完成清單等功能。

下載與安裝 NotePad++

Notepad++ 是一套開放原始碼軟體，可以免費下載與安裝，而且操作介面簡單，容易上手。請連線到 Notepad++ 官方網站 (https://notepad-plus-plus.org/)，然後依照下圖操作。

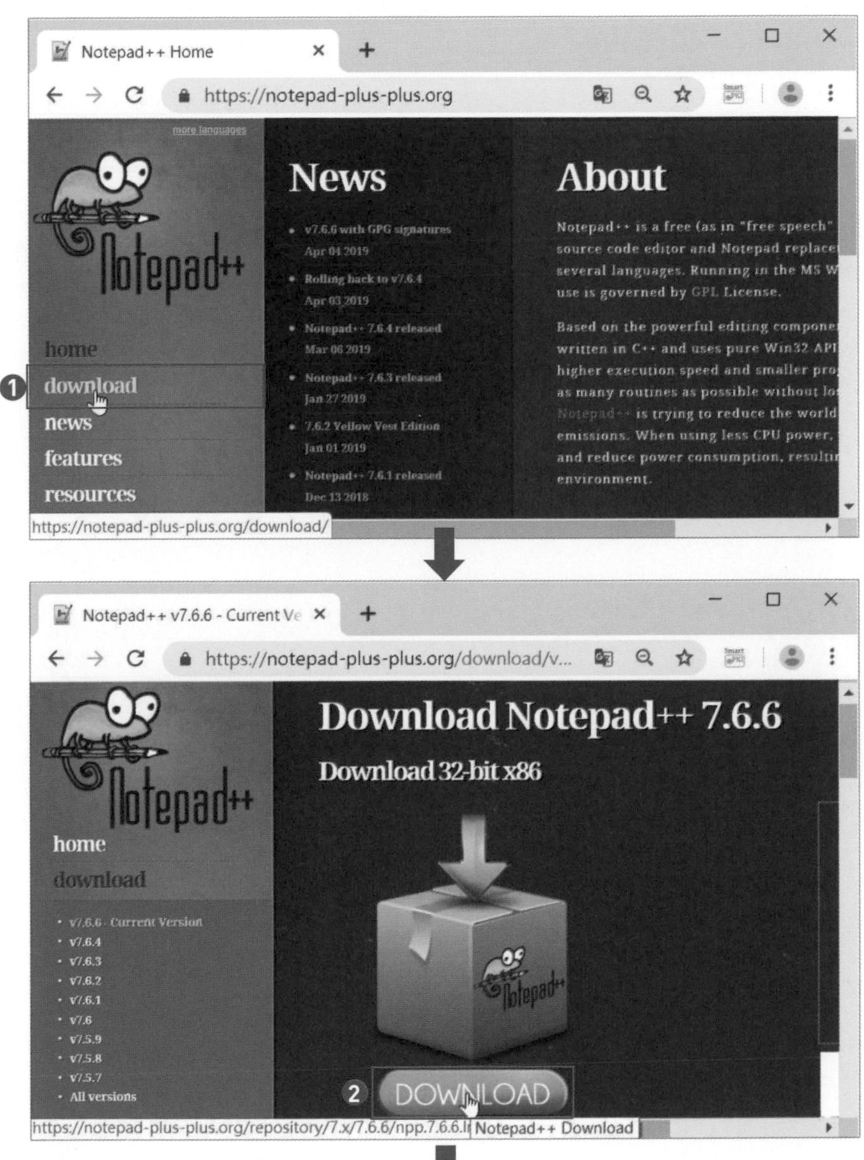

❶ 點取 [download] ❷ 按此圖示

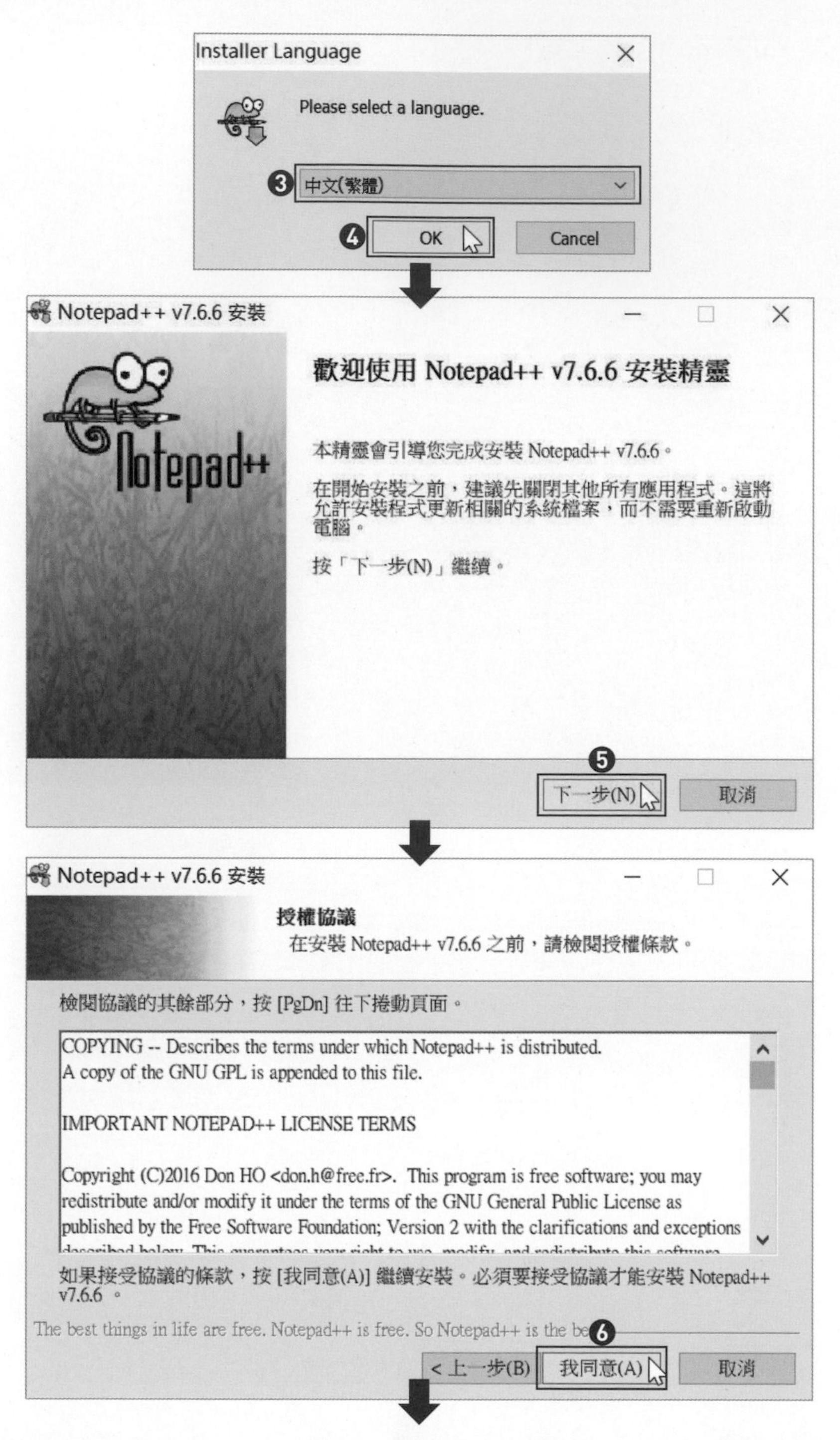

❸ 執行安裝程式並選取 [中文 (繁體)] ❹ 按 [OK] ❺ 按 [下一步] ❻ 按 [我同意]

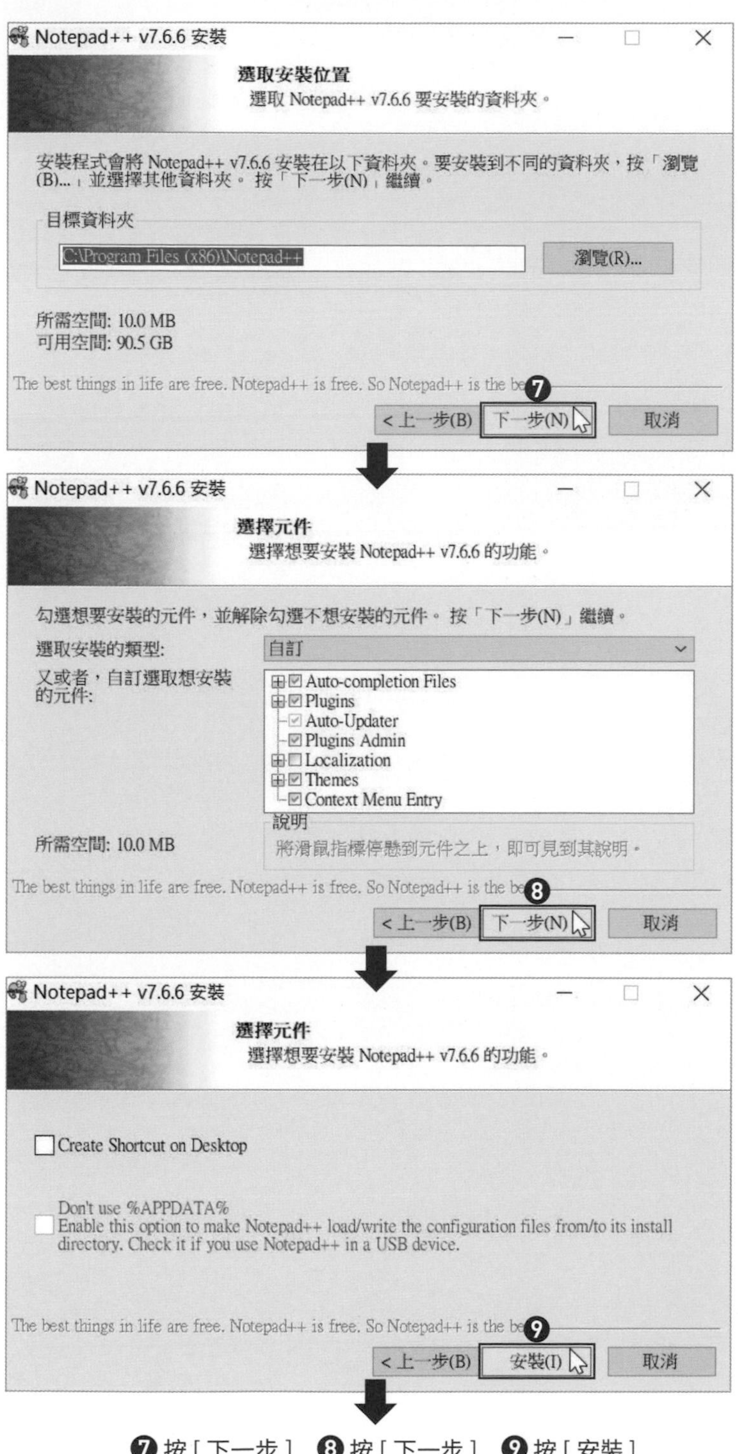

❼ 按 [下一步] ❽ 按 [下一步] ❾ 按 [安裝]

❿ 按 [完成]

設定 Notepad++

在第一次使用 Notepad++ 撰寫 HTML 網頁之前，請從功能表列選取 [**設定**]\[**偏好設定**]，然後依照下圖操作，將預設程式語言設定為 HTML。

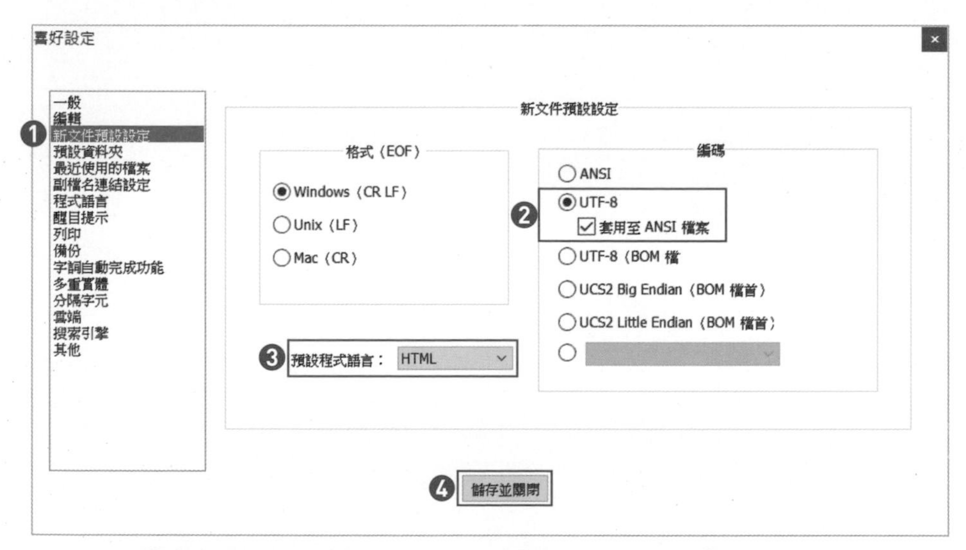

❶ 點取此標籤 ❷ 選取 [UTF-8] ❸ 選取 [HTML] ❹ 點取此鈕

當我們撰寫網頁時，NotePad++ 會根據 HTML 的語法，以不同顏色標示 HTML 標籤與屬性，也會根據輸入的文字顯示自動完成清單，如下圖，讓網頁的編輯更有效率。

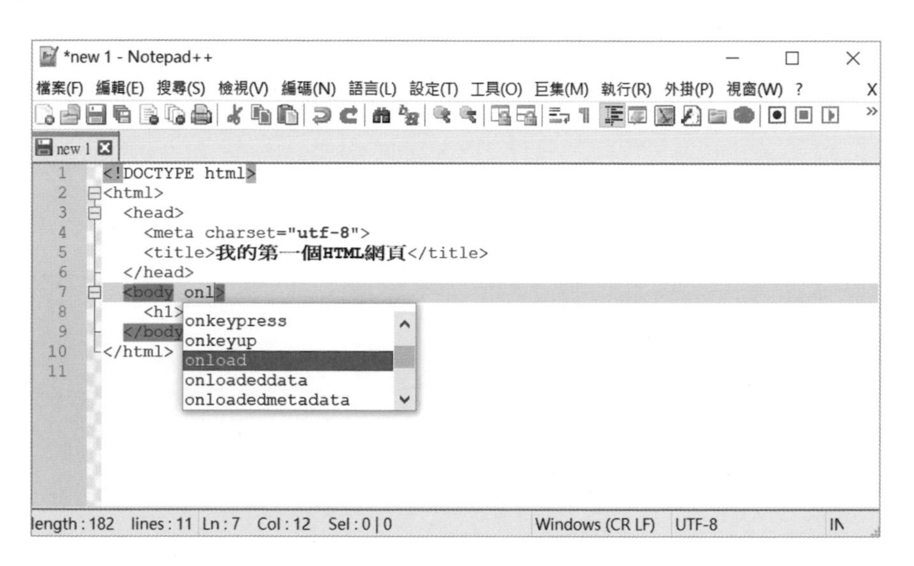

此外，當我們存檔時，NotePad++ 會採取 UTF-8 編碼，存檔類型預設為 [Hyper Text Markup Language file]，副檔名為 .html。若要儲存為其它類型，例如 JavaScript，可以將存檔類型設定為 [JavaScript file]，此時副檔名會變更為 .js。

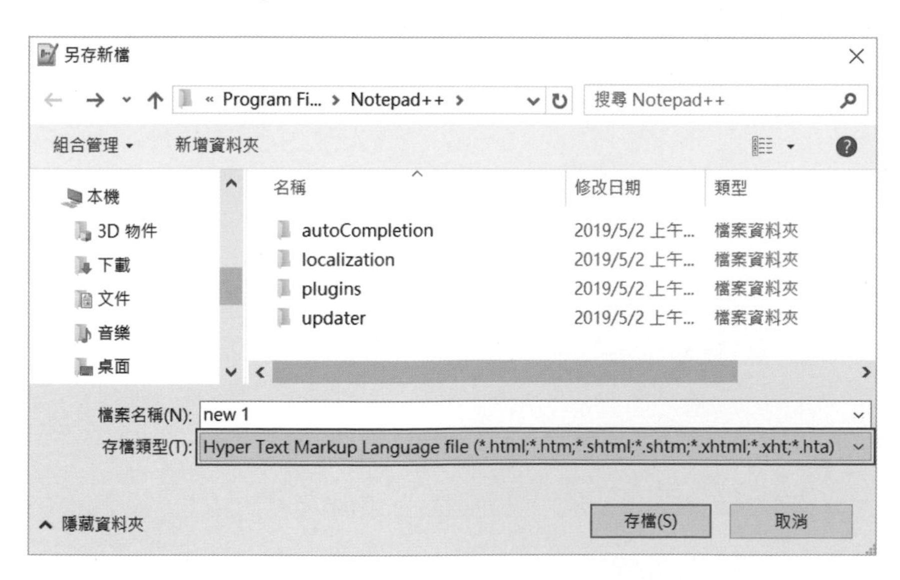

2-3 開始撰寫 HTML 網頁

HTML 網頁包含 DOCTYPE (文件類型)、**標頭** (head) 與**主體** (body) 等三個部分，下面是一個例子：

1. 啟動 Notepad++，點取工具列的 [**新增**] 按鈕，然後在新文件中撰寫如下的程式碼，最左邊的行號是做為解說之用，不要輸入至程式碼。

```
01 <!DOCTYPE html> ←— HTML 網頁的 DOCTYPE
02 <html>
03   <head>                              ┐
04     <meta charset="utf-8">            │
05     <title>我的網頁</title>            ├— HTML 網頁的標頭
06   </head>                             ┘
07   <body>                              ┐
08     <h1>Hello, world!</h1>            ├— HTML 網頁的主體
09   </body>                             ┘
10 </html>
```

» 01：這是網頁的 DOCTYPE，HTML5 規定網頁的第一行必須是 <!DOCTYPE html>，用來宣告文件類型定義 (DTD，Document Type Definition)，前面不能有空行，也不能省略不寫，否則 HTML5 的新功能可能無法正常運作。

» 02、10：網頁可以包含一個或多個元素，呈樹狀結構，而此樹狀結構的根元素就是 <html> 元素。

» 03~06：使用 <head> 元素標示網頁的標頭，其中第 04 行是使用 <meta> 元素將網頁的編碼方式設定為 UTF-8，而第 05 行是使用 <title> 元素將瀏覽器的索引標籤文字設定為「我的網頁」。

» 07~09：使用 <body> 元素標示網頁的主體，其中第 08 行是使用 <h1> 元素將網頁內容設定為標題 1 格式的「Hello, world!」。

2. 點取工具列的［**儲存檔案**］按鈕，將檔案儲存為 hello.html。

3. 利用檔案總管找到 hello.html 的檔案圖示，然後按兩下，就會啟動預設的瀏覽器載入網頁，瀏覽結果如下圖。

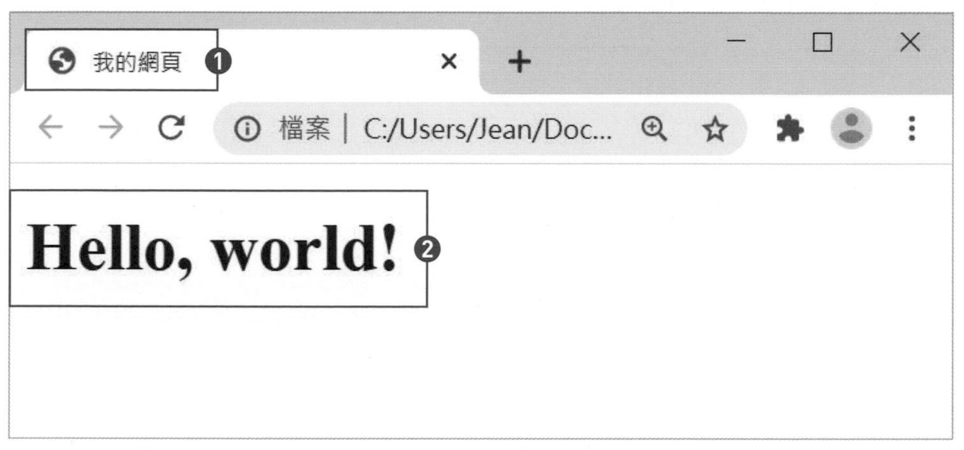

❶ 第 05 行所設定的索引標籤文字　❷ 第 08 行所設定的網頁內容

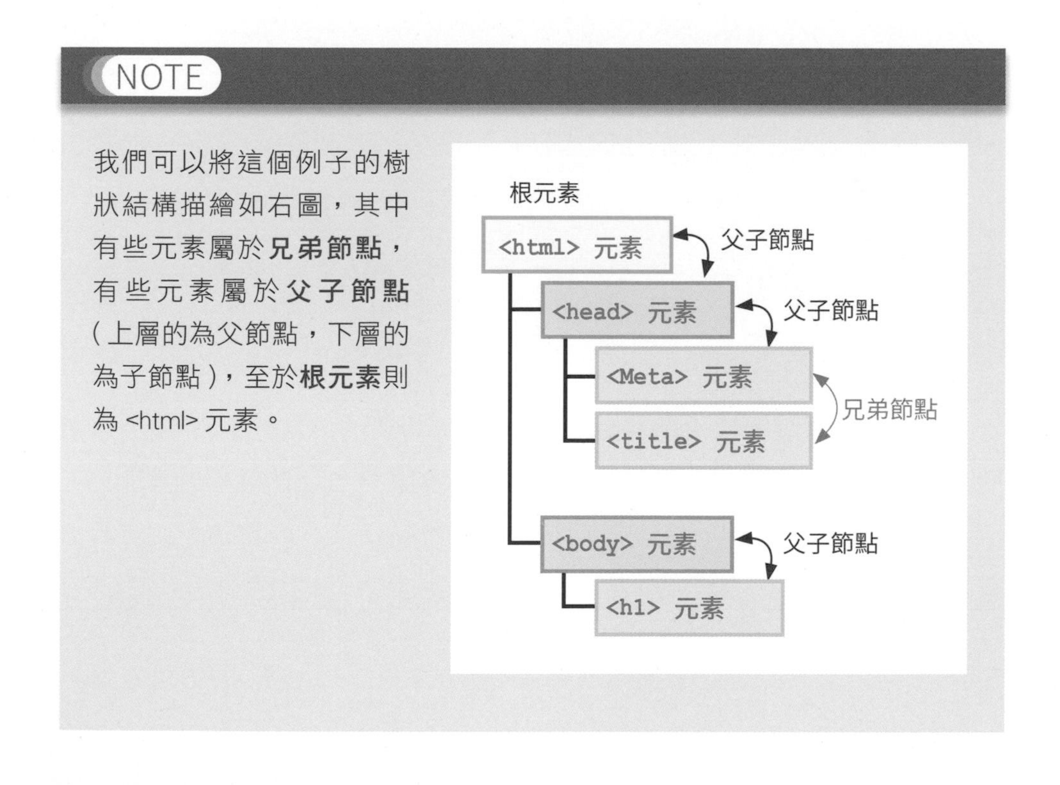

我們可以將這個例子的樹狀結構描繪如右圖，其中有些元素屬於**兄弟節點**，有些元素屬於**父子節點**（上層的為父節點，下層的為子節點），至於**根元素**則為 <html> 元素。

延伸閱讀

HTML 的相關名詞

我們以下面的 HTML 元素來介紹幾個相關名詞：

HTML **元素** (element) 用來定義網頁的內容，不同的元素有各自的意義與用途，此例的 <a> 元素可以用來標示超連結。HTML 不會區分英文字母的大小寫，本書將統一採取小寫英文字母。

HTML 元素通常是由開始標籤與結束標籤所組成，其中**開始標籤** (start tag) 的前後要以 <、> 兩個符號括起來，而**結束標籤** (end tag) 的前後要以 <、> 兩個符號括起來，並在 < 符號的後面多了一個斜線 (/)。

不過，並不是所有 HTML 元素都會包含結束標籤，例如
 (換行)、<hr> (水平線)、<img> (嵌入圖片) 等元素就沒有結束標籤。

屬性 (attribute) 是放在 HTML 元素的開始標籤裡面，用來針對內容提供更多資訊。屬性通常是由**屬性名稱** (name) 與**屬性值** (value) 所組成，中間以等號 (=) 連接，此例的屬性名稱為 href，屬性值為超連結的網址。

一個元素裡面可以有多個屬性，中間以空白字元隔開。有些屬性只能套用到某些元素，有些屬性則能套用到所有元素，稱為**全域屬性** (global attribute)，另外還有**事件屬性** (event handler content attribute) 用來針對元素的事件設定處理程式。

延伸閱讀

HTML 的注意事項

- 「元素」與「標籤」兩個名詞經常被混用，但意義並不完全相同，「元素」一詞包含開始標籤、結束標籤與兩者之間的內容，例如：

- 當使用多個元素來標示內容時，請留意巢狀標籤的順序。以下面兩個寫法為例，雖然瀏覽器剛好都能加以解譯，但正確的寫法是第一個結束標籤必須對應最後一個開始標籤，第二個結束標籤必須對應倒數第二個開始標籤，依此類推。

- 瀏覽器會忽略 HTML 元素之間多餘的空白字元和 Enter 鍵，因此，我們可以利用這個特點將 HTML 原始碼排列整齊。
- 若要在網頁上顯示一些特殊字元，例如小於 (<)、大於 (>)、雙引號 (")、&、空白字元等，不能直接使用鍵盤輸入，而是要輸入 <、>、"、&、 ，更多的特殊字元可以參考 https://entitycode.com/。

2-4 測試網頁在行動裝置的瀏覽結果

除了 PC 之外，我們通常也需要測試網頁在行動裝置的瀏覽結果，常見的方式如下：

- 將網頁與相關檔案 (例如圖片、影片、聲音等) 上傳到 Web 伺服器，然後開啟手機的行動瀏覽器，輸入網址進行瀏覽。
- 若無法將網頁上傳到 Web 伺服器，但還是想透過手機的行動瀏覽器進行瀏覽，可以這麼做：

  1. 使用手機的 USB 傳輸線將手機連接到電腦，將網頁與相關檔案複製到手機的內部儲存空間，例如將 hello.html 複製到手機記憶體的 Download 資料夾。
  2. 開啟手機的行動瀏覽器，輸入類似 file:///sdcard/Download/hello.html 的網址進行瀏覽，就會得到如下圖的結果。

● 使用瀏覽器內建的開發人員工具，以 Chrome 為例，在開啟網頁後，可以按 F12 鍵進入開發人員工具，然後依照下圖操作。

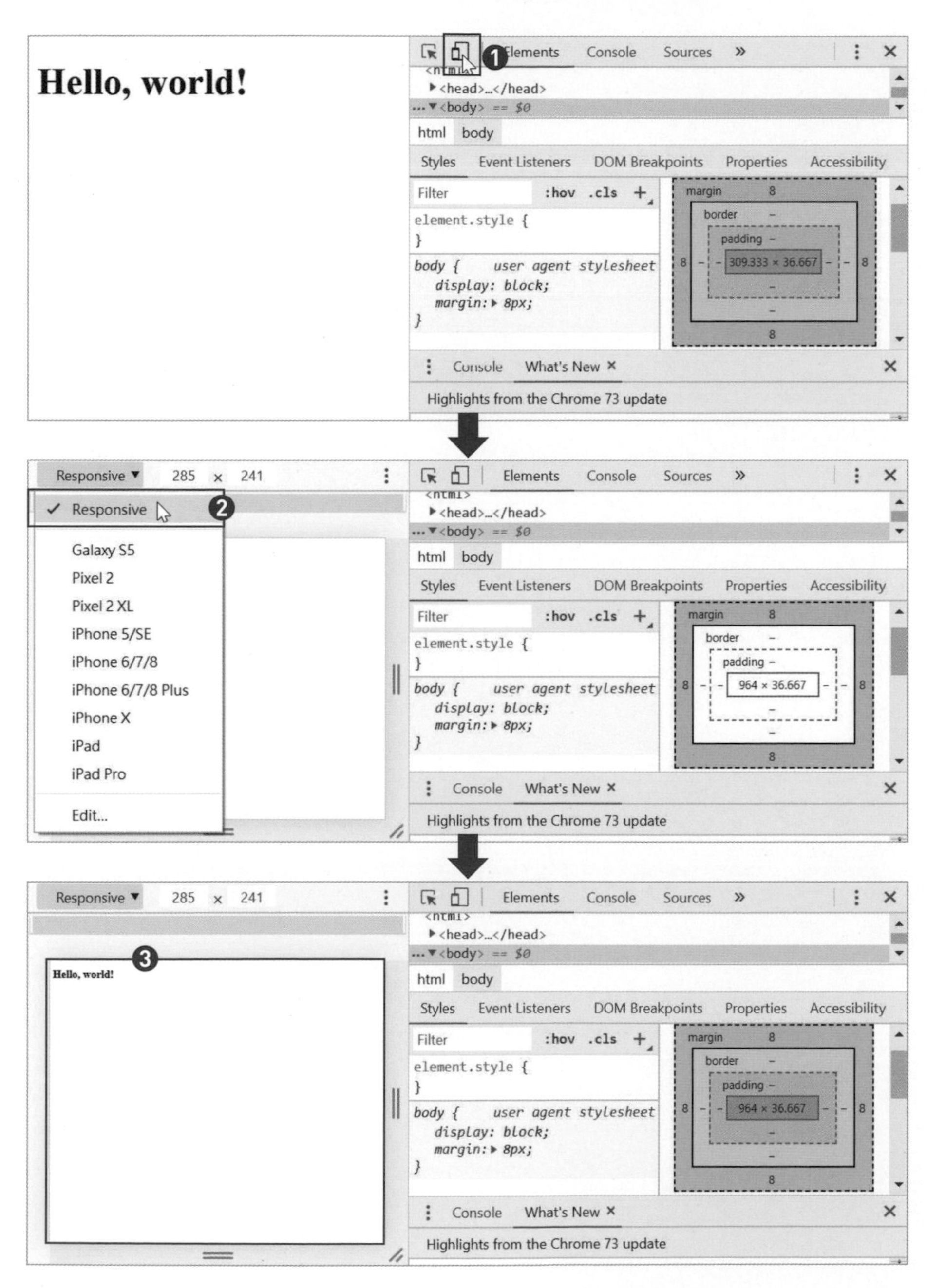

❶ 點取此鈕　❷ 選擇行動裝置　❸ 瀏覽結果

學習評量

選擇題

(　　) 1. 下列何者可以用來定義網頁的內容？

A. HTML　B. CSS　C. JavaScript　D. C++

(　　) 2. 下列何者可以用來定義網頁的外觀？

A. HTML　B. CSS　C. JavaScript　D. C++

(　　) 3. 下列何者可以用來定義網頁的行為？

A. HTML　B. CSS　C. JavaScript　D. C++

(　　) 4. 下列何者屬於瀏覽器端 Script ？

A. PHP　B. ASP　C. JSP　D. JavaScript

(　　) 5. 下列哪個元素是 HTML 網頁的根元素？

A. <meta>　B. <html>　C. <title>　D. <body>

(　　) 6. 下列哪個元素可以用來標示 HTML 網頁的主體？

A. <meta>　B. <html>　C. <title>　D. <body>

(　　) 7. 下列哪個元素可以用來設定 HTML 網頁的編碼方式？

A. <meta>　B. <html>　C. <title>　D. <body>

(　　) 8. 下列哪個元素可以用來設定瀏覽器的索引標籤文字？

A. <meta>　B. <html>　C. <title>　D. <body>

(　　) 9. HTML 元素的起始標籤是以下列哪對符號括起來？

A. { }　B. ""　C. ( )　D. < >

(　　)10. HTML 會區分英文字母的大小寫，對不對？

A. 對　B. 不對

3

網頁的 UI 設計原則

3-1 網頁的 UI 組成

UI (User Interface，使用者介面) 是使用者與電腦進行溝通的介面，透過介面達到輸入、輸出的動作，而**網頁的 UI** 指的是使用者與網頁接觸、操作網頁的部分。仔細觀察多數網頁，不難發現其 UI 組成往往有一定的脈絡可循，以下圖的 ELLE 網站 (https://www.elle.com/tw/) 為例，主要包含下列幾個區塊：

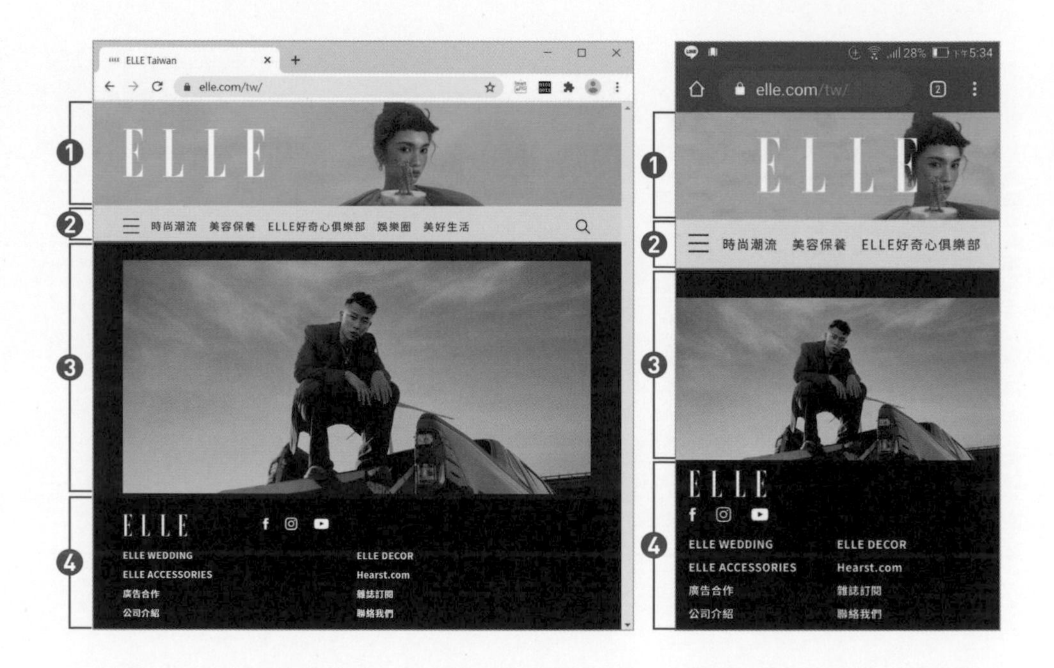

❶ **頁首**：通常用來放置網站標誌、網站目錄、搜尋表單、購物車圖示、登入圖示等。

❷ **導覽列 (或導覽圖示)**：包含一組連結到網站內其它網頁的超連結。

❸ **內容區**：包含網頁的主要內容。

❹ **頁尾**：通常用來放置網站名稱、聯絡資訊、臉書、IG、版權聲明，以及連結到隱私權政策、公司介紹、服務條款等內容的超連結。

延伸閱讀

網頁視覺設計師的工作

網頁視覺設計師 (visual designer) 主要的工作是針對網站類型決定如何呈現網頁，包含網頁的外觀、前端與互動設計。除了確立網站風格，設計介面與選擇色系，維持視覺元素的一致性，還要設計如何與使用者互動，提升網站的操作性與使用者的瀏覽體驗。

以下圖的賓士汽車網站 (https://www.mercedes-benz.com.tw/) 為例，使用黑白兩色外加灰色做為主色系，令其整體風格呈現出賓士汽車一貫尊貴、豪華的形象 ❺，同時透過輪播循環播放熱門車款資訊 ❻，吸引使用者的目光。另外還體貼地提供車型總覽讓使用者快速查詢不同系列的車款 ❼，減少因為反覆點選車款、查價或回到上一頁而產生不耐煩的感覺。

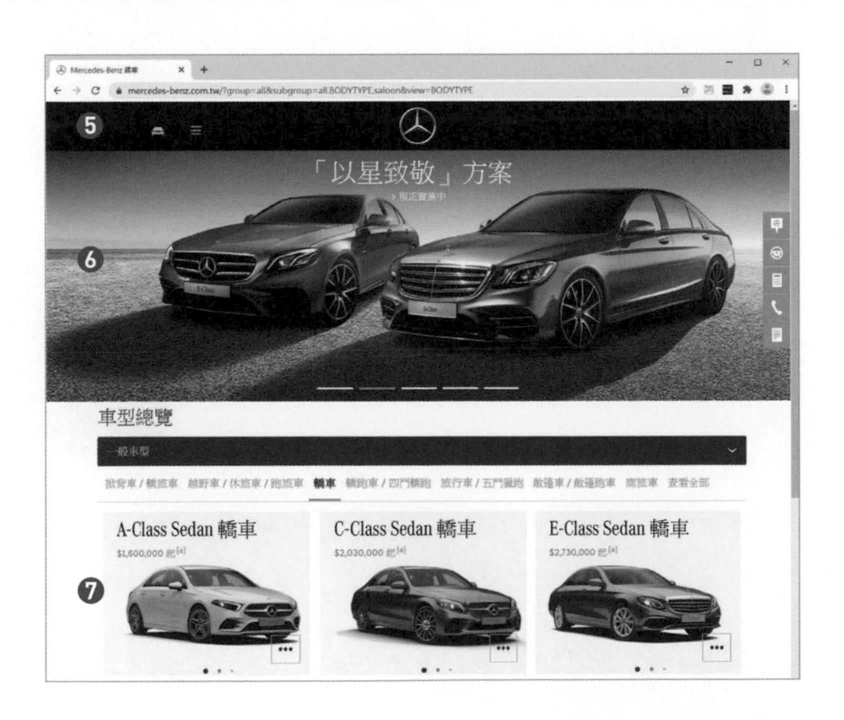

事實上，一個稱職的網頁視覺設計師不僅要具備美感、創意和美術設計相關的專業技術，還要充分理解客戶的行業，以及客戶委託製作網站的目的，才能設計出符合客戶需求的網頁。

3-2 UI 元素的設計原則

除了前一節所介紹的頁首、導覽列、內容區與頁尾，網頁上還有一些常見的 UI 元素，例如主視覺宣傳區、網站標誌、輪播、圖片、表單等。以下各小節會介紹這些 UI 元素的設計原則，並舉出實際的網站做示範。

3-2-1 頁首

頁首 (header) 位於網頁上方，因為是使用者一進入網站時最先瀏覽的區域，所以要掌握「瞬間傳遞網站形象」的設計原則，並以簡單的設計為佳，不要擺放太多圖示或內容，行動瀏覽器的畫面才不會太擁擠。

頁首通常用來放置網站標誌、網站目錄、搜尋、購物車、使用者登入 / 註冊、社群網站連結等圖示，以下圖的台灣微軟網站 (https://www.microsoft.com/zh-tw) 為例，其 PC 網頁的頁首包含了前述幾個項目 (社群網站連結除外)，而且設計簡潔，鮮明的微軟標誌，讓人一目瞭然。

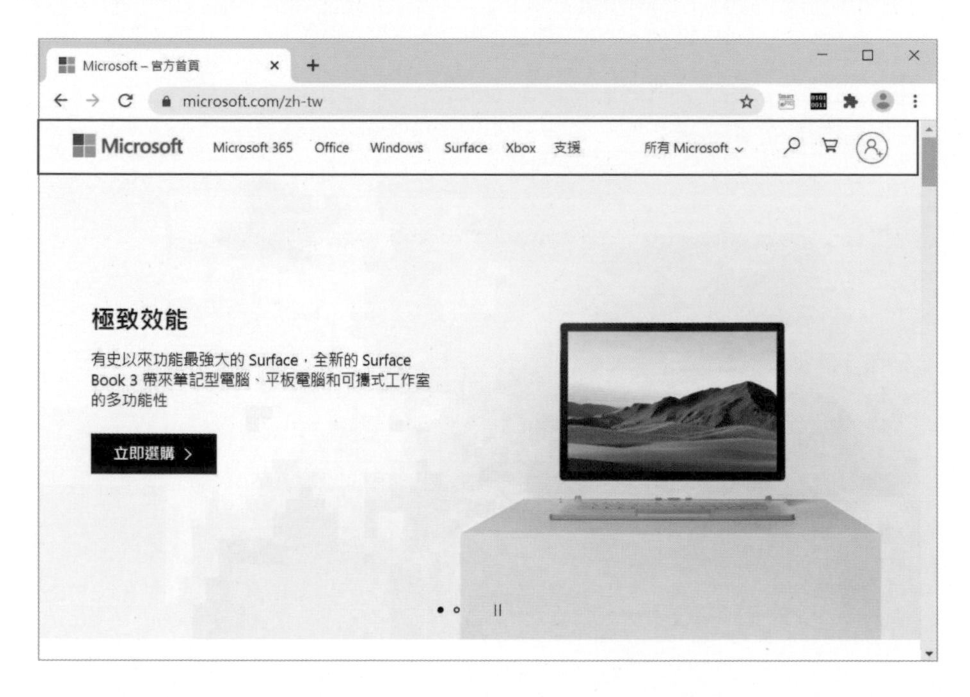

至於其行動網頁的頁首則簡化成如左下圖，只保留網站標誌、搜尋、購物車、使用者等圖示，最左側多出一個導覽圖示 ❶，PC 網頁所顯示的網站目錄就是收納到導覽圖示 ❷，如右下圖。

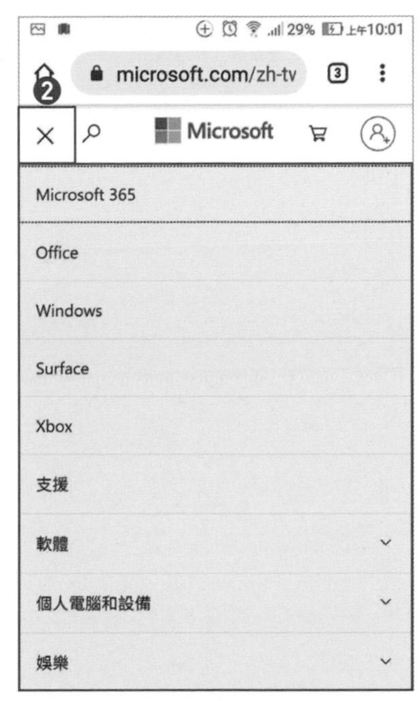

NOTE 何謂網站目錄？

網站目錄又稱為**網站地圖** (sitemap)，用來顯示網頁在網站架構中的位置，或讓使用者快速點選想要瀏覽的網頁，例如下圖是三個不同形式的網站地圖，它們會根據網站架構顯示有哪些網頁，以及網頁與網頁之間的階層關係。

(a)
- 美食網
  - 飲品
    - 咖啡
    - 茶
  - 甜點
    - 餅乾
    - 蛋糕
    - 馬卡龍

(b) 美食網 ▸ 飲品 ▸
　　　　甜點 ▸ 餅乾
　　　　　　　蛋糕
　　　　　　　馬卡龍

(c) 美食網 > 甜點 > 蛋糕

3-2-2 導覽列與導覽圖示

導覽列 (navigation) 包含一組連結到網站內其它網頁的超連結或「首頁」等按鈕，使用者只要透過導覽列，就可以穿梭往返於網站的各個網頁。導覽列是網頁上重要的元素，設計良好的導覽列可以提升網站的操作性，讓使用者快速找到想要的資訊。

PC 網頁的導覽列通常放在頁首的下方或網頁的兩側，前者以水平方式排列，而後者以垂直方式排列。至於行動網頁的導覽列目前比較常見的做法是將導覽列的超連結收納到一個外觀是「三條線」的**導覽圖示** (navigation icon)，等使用者點取導覽圖示再展開。無論何種呈現方式，要注意的是導覽列的項目不要太多，以必要的項目為主。

以下圖的 7-ELEVEN 網站 (https://www.7-11.com.tw/) 為例，其 PC 網頁的導覽列是以垂直方式排列在網頁的左側 ❶，列出了網站的主要服務項目，若點取其中的項目，就會顯示該項目的細項讓使用者點選 ❷。

至於其行動網頁則改用導覽圖示 ❸，如左下圖圈起來的地方，等使用者點取導覽圖示再展開 ❹，如右下圖的選單。

下圖是星巴克網站 (https://www.starbucks.com.tw/)，其 PC 網頁的導覽列是以水平方式排列在頁首的下方 ❺，而其行動網頁則改用導覽圖示 ❻。

3-2-3 主視覺宣傳區

主視覺宣傳區 (promotion space) 是網頁上一塊醒目的區域，用來顯示網站的核心價值、主要服務、產品或廣告，通常會搭配大按鈕或圖片超連結引導使用者快速點取，因此，只要善用主視覺宣傳區，就能做為成功的行銷工具。

以下圖的 Bootstrap 網站 (https://getbootstrap.com/docs/4.5/examples/) 為例，其 PC 網頁和行動網頁都設計了一塊顯眼的區塊做為主視覺宣傳區 ❶，然後搭配圖片超連結引導使用者快速點取 ❷，就可以到 Adobe Stock 網站下載十張免費圖片。

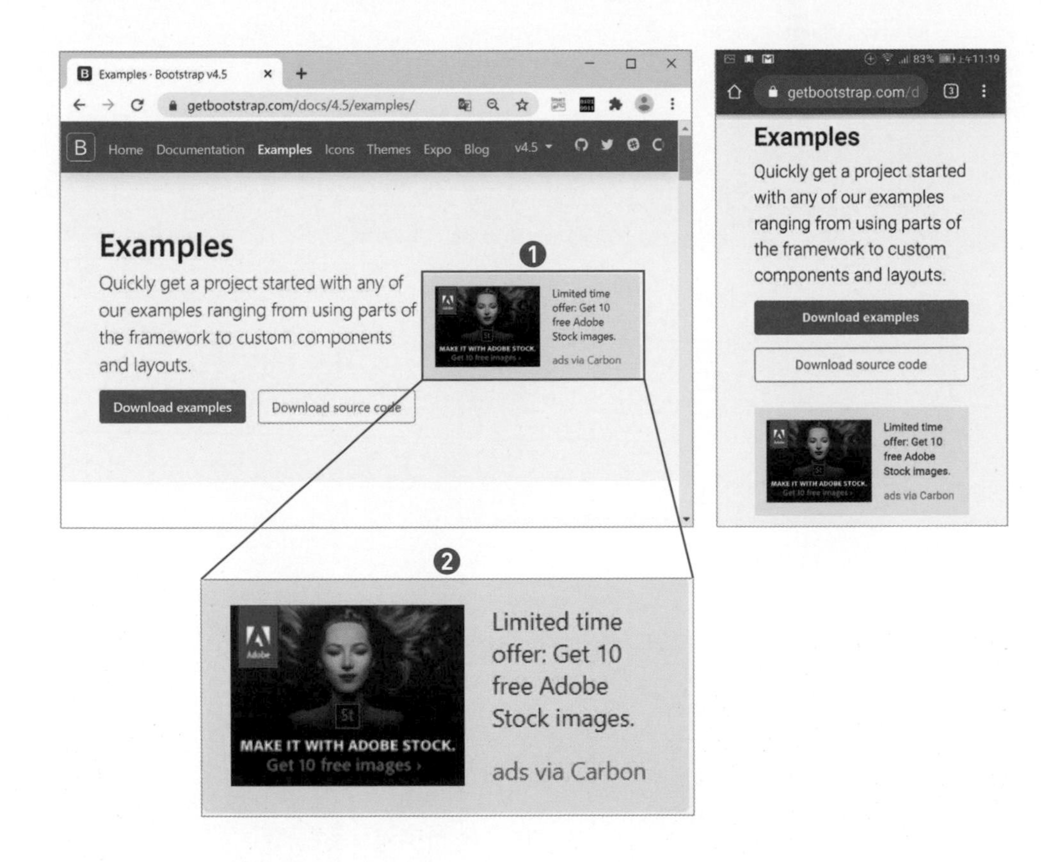

3-2-4 內容區

內容區 (content) 包含網頁的主要內容，這是網頁最重要的部分，而且內容不限定為文字，也有可能是一系列的圖片或清單，例如產品型錄。

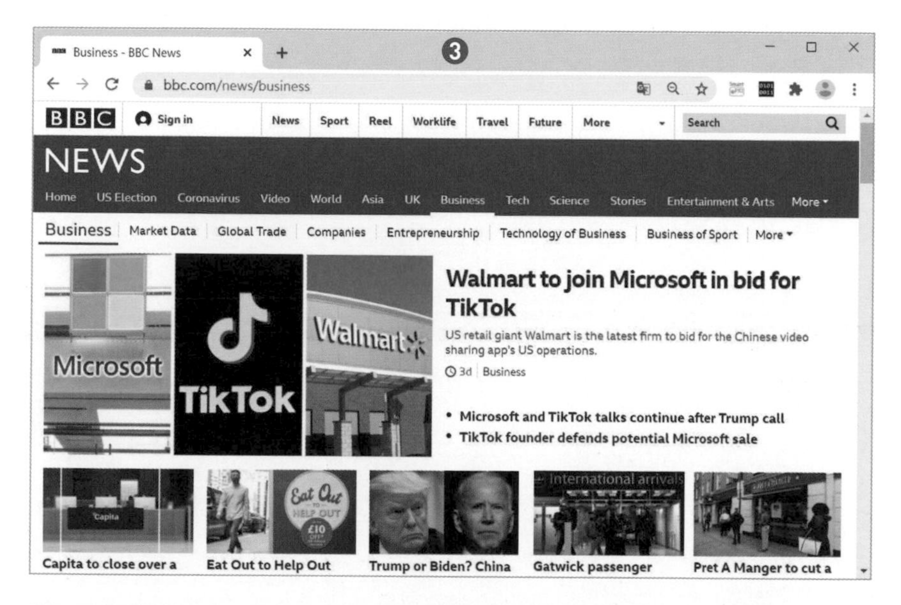

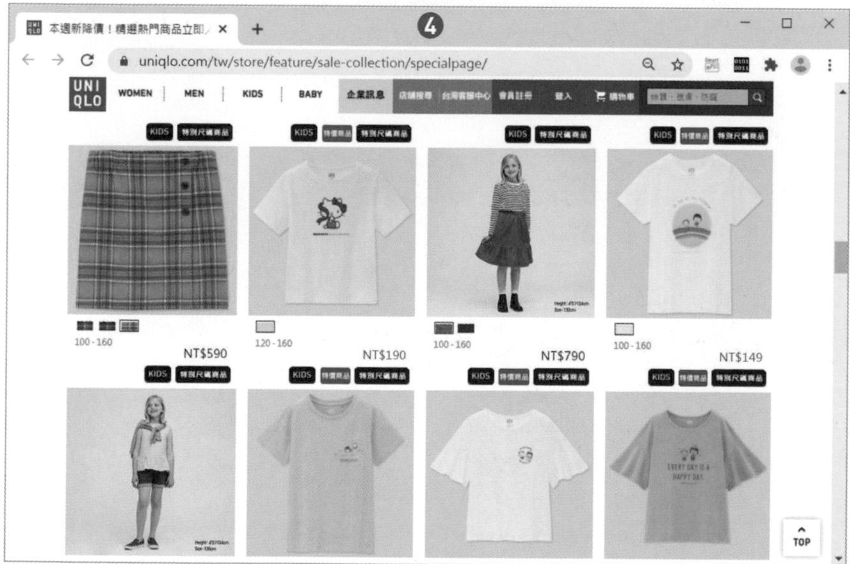

❸ 新聞網站的內容經常以文字為主，圖片或影片為輔 (此例為 BBC NEWS)

❹ 購物網站的內容經常以產品型錄的形式呈現 (此例為 UNIQLO)

多欄排版

隨著響應式網頁設計逐漸成為主流，愈來愈多網站導入「多欄排版」的概念，以下圖的 CNN 網站 (https://edition.cnn.com/) 為例，它會根據瀏覽器的寬度自動調整版面配置，當寬度夠大時，會顯示三欄版面，如下圖 ❶，隨著寬度縮小，會變成兩欄版面，如下圖 ❷，最後變成單欄版面，如下圖 ❸。

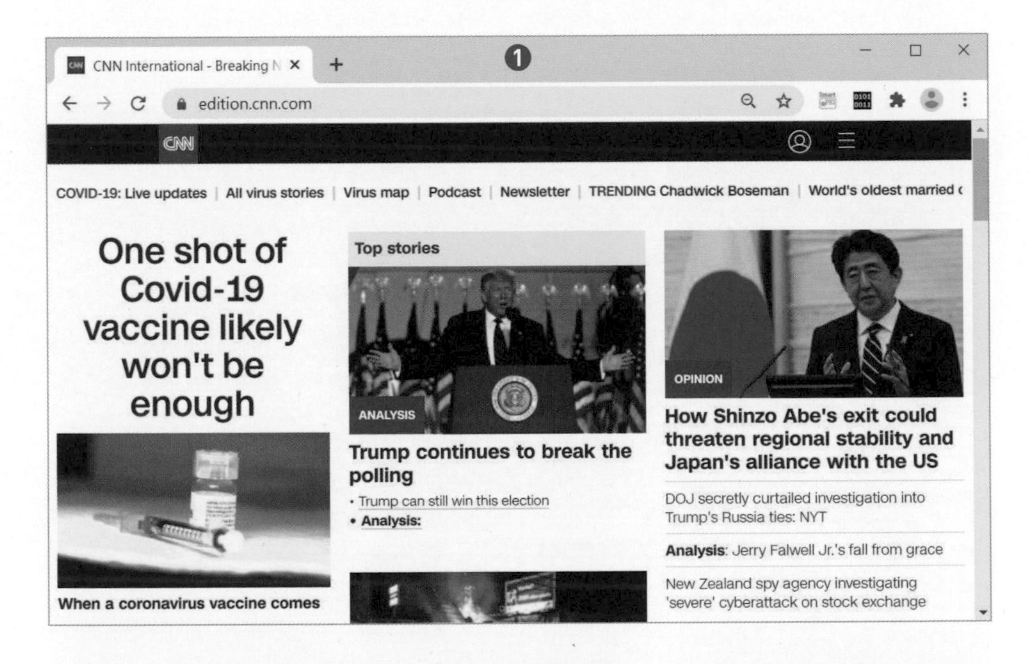

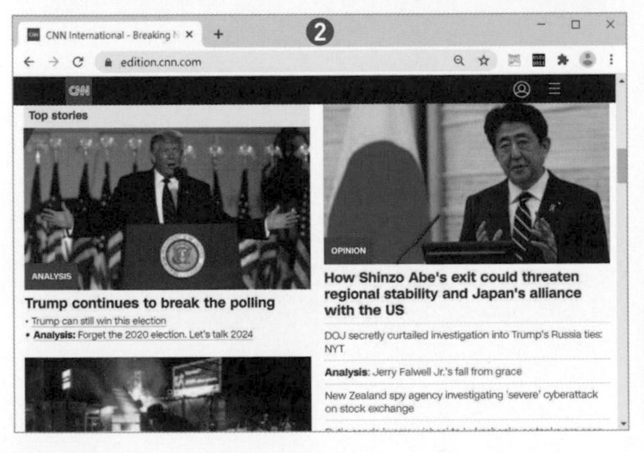

多欄排版的設計原則如下：

- 螢幕最大的 PC 是以 2~4 個欄位為主，到了平板電腦是以 2~3 個欄位為主，而螢幕最小的手機是以單欄為主。
- 根據內容的性質、資料量，以及實際瀏覽時的操作性和可讀性，規劃欄位的數目與優先順序。
- 欄位的優先順序通常是由左上到右下，假設 PC 網頁顯示成三個欄位，行動網頁顯示成單欄，那麼最左邊的欄位應顯示在最上面，而最右邊的欄位應顯示在最下面。
- PC 網頁可以呈現完整的內容，而行動網頁可以只保留必要的內容。
- PC 網頁的標題、標誌或圖片可能比較大，而行動網頁可以縮減大小、改變排列方式或隱藏文字說明，例如不顯示輸入框，只保留搜尋圖示；又或者，行動網頁可以減少導覽列的項目或改成導覽圖示。

以下圖的 DIOR 網站 (https://www.dior.com/zh_tw) 為例，其行動網頁除了將導覽列改成導覽圖示 ❹，圖片和廣告文字也由四欄改成兩欄 ❺。

行動優先

行動優先 (mobile first) 一詞是由 Luke Wroblewski 所提出，其概念是在設計網站時應以優化行動裝置體驗為主要考量，其它裝置次之，但這並不是說要從行動網站開始設計，而是在設計網站的過程中應優先考量網頁在行動裝置上的操作性與可讀性，不能將過去的 PC 網頁直接移植到行動裝置，畢竟 PC 和行動裝置的特性不同。

Luke Wroblewski 在其著作 "Mobile First" 一書中提到，欲建立良好的行動操作體驗，必須掌握下列幾個原則：

- 符合人們使用行動裝置的方式與理由。
- 內容比導覽功能更重要。
- 提供相關的選項讓使用者進一步瀏覽或閱讀。
- 保持頁面的清楚與明確。
- 符合行動裝置的操作特性。

事實上，在開發響應式網頁時，優先考量如何設計行動網頁是比較有效率的做法，畢竟手機的限制比較多，先想好要在行動網頁放置哪些必要的內容，再來想 PC 網頁可以加上哪些選擇性的內容並逐步加強功能。

此外，行動網頁通常採取單欄設計，如下圖 ❶，而 PC 網頁因為寬度比較大，可以採取如下圖 ❷ 的兩欄設計或下圖 ❸ 的三欄設計。

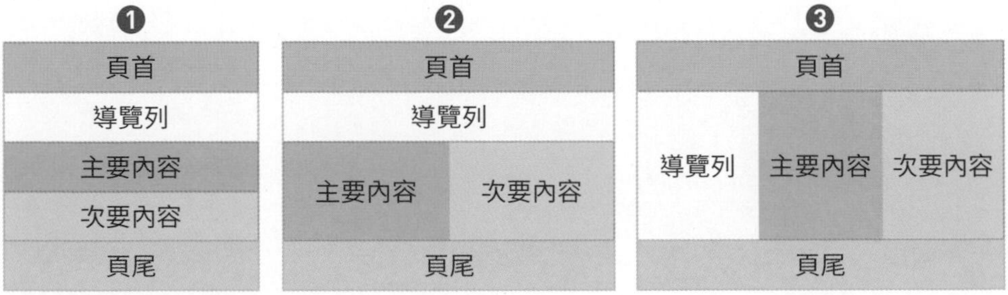

❶

頁首
導覽列
主要內容
次要內容
頁尾

❷

頁首	
導覽列	
主要內容	次要內容
頁尾	

❸

頁首		
導覽列	主要內容	次要內容
頁尾		

目前已經有不少網站導入行動優先的概念，以下圖的 LV 網站 (https://tw.louisvuitton.com/) 和 Longchamp 網站 (https://www.longchamp.com/) 為例，無論是 PC、平板電腦或手機的使用者都可以透過單一網址瀏覽網站 ❹ ❺，網頁會根據瀏覽器的寬度自動調整欄位的數目與順序 ❻ ❼。

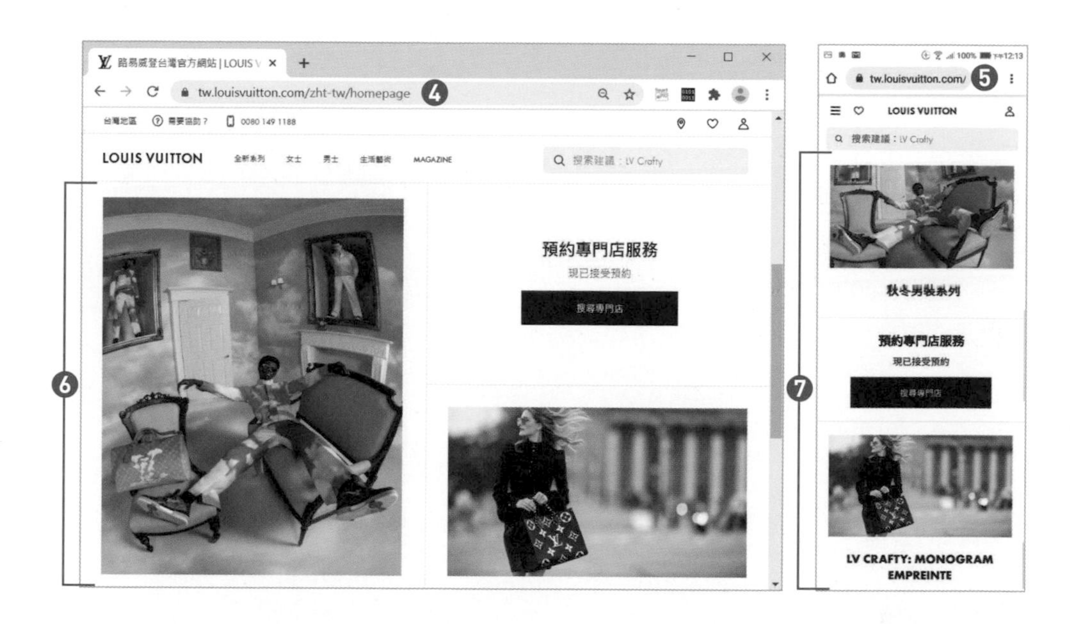

3-2-5 頁尾

頁尾 (footer) 位於網頁下方，和頁首、導覽列一樣屬於網站頁面共同的部分，通常用來放置網站名稱、聯絡資訊、版權聲明，以及連結到社群網站、隱私權政策、公司介紹、服務條款等內容的超連結。

以左下圖的星巴克網站 (https://www.starbucks.com.tw/) 為例，其 PC 網頁的頁尾包含了臉書粉絲團、Instagram、YouTube 頻道與 Line 群組的超連結 ❶，「認識我們」、「夥伴招募」、「社群平台」、「顧客關懷」等項目的超連結 ❷，「網站地圖」、「個人資料保護政策」、「使用條款與須知」、「聯絡我們」等內容的超連結 ❸，以及客服專線 ❹ 與版權聲明 ❺，同時網頁的右下角更貼心地設計了回頁首按鈕 ❻，這對行動裝置的使用者來說尤其方便。

至於其行動網頁的頁尾則簡化成如右下圖，「認識我們」、「夥伴招募」、「社群平台」、「顧客關懷」等項目的超連結摺疊到清單內 ❼，並移除了 PC 網頁右側的 STARBUCKS 標誌。

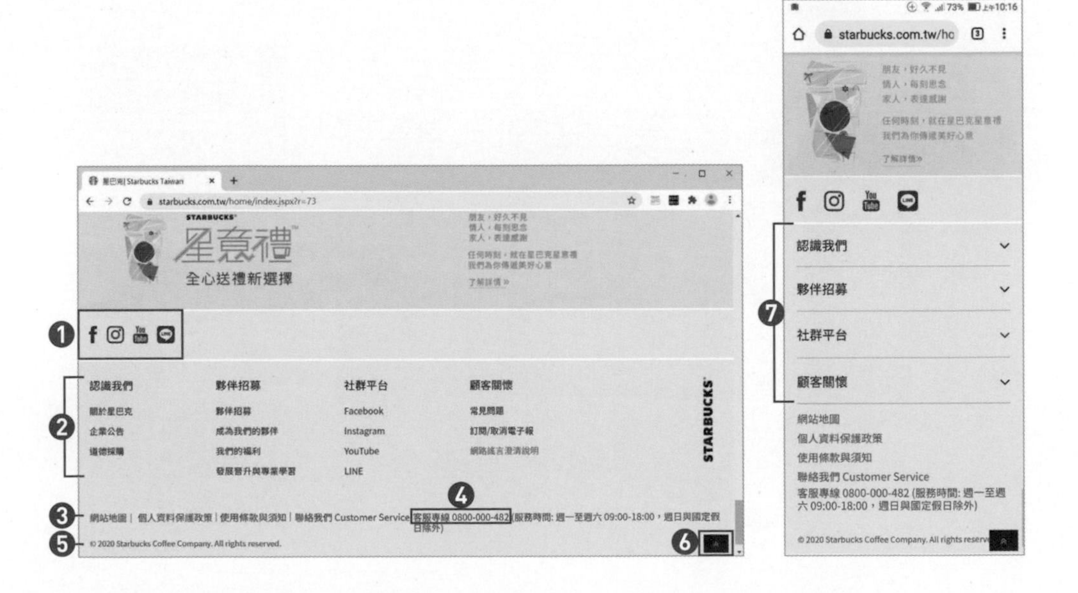

3-2-6 輪播

輪播 (carousel) 指的是在網頁上循環播放多張圖片、影片或其它類型的內容，就像幻燈片一樣，適合用來顯示最新資訊或廣告。這是很常見的效果，因為能夠在固定的區塊位置循環播放多個內容，而且有現成的函式庫可以直接套用，網頁設計人員只要準備圖片即可，無須自行撰寫程式碼。

以下圖的 hTC 網站 (https://www.htc.com/tw/) 為例，主視覺宣傳區就是使用輪播循環播放最新的產品資訊 ❽，若點取下方的圓圈連結，就會切換到其它張圖片 ❾ ❿。

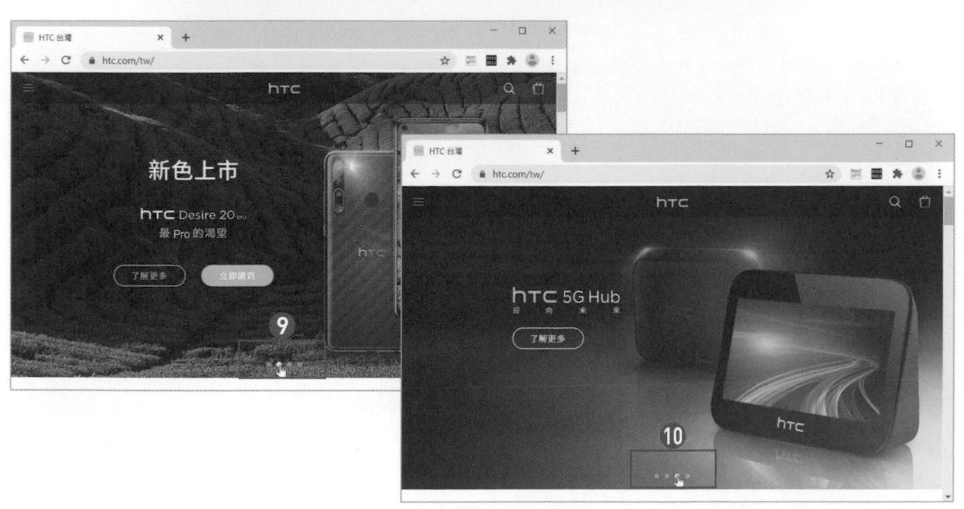

3-2-7 圖片

圖片 (image) 是網頁上重要的元素，針對不同的瀏覽裝置，我們該如何調整圖片的大小呢？常見的做法如下：

根據瀏覽器的寬度自動縮放圖片

響應式網頁設計通常是採取這種做法，令圖片的寬度為瀏覽器的寬度百分比，一旦瀏覽器的寬度改變，圖片也會依照相同比例縮放。

提供不同版本的圖片

針對 PC、平板電腦或手機網頁提供不同尺寸、不同解析度的圖片。

裁切圖片的邊緣

包括 PC、平板電腦或手機網頁均使用同一張圖片，但會根據瀏覽器的寬度裁切圖片的邊緣，一些可有可無或輔助性的部分就不顯示出來。

以下圖的 LV 網站 (https://tw.louisvuitton.com/zht-tw/homepage) 為例，隨著瀏覽器的寬度縮小，畫面上的圖片會改成上下排列，而且圖片的左右邊緣會顯示出更多部分 ❶。

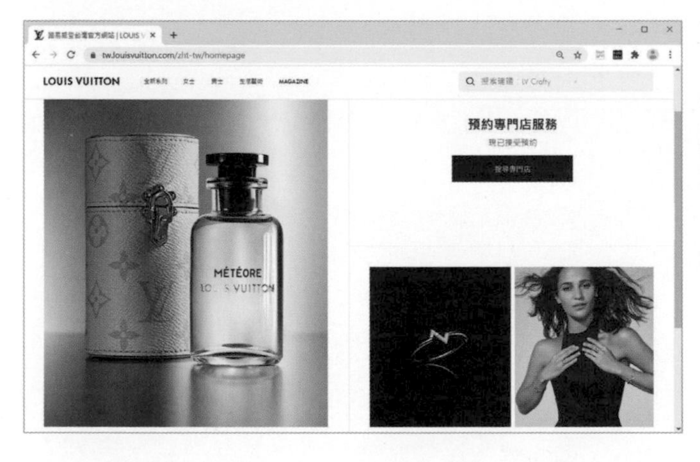

3-2-8 表單

表單 (form) 可以提供輸入介面讓使用者輸入資料，然後將資料傳回 Web 伺服器以做進一步的處理，常見的應用有 Web 搜尋、線上投票、問卷調查、會員登錄、網路購物、網路訂票等。

由於表單本身已經不太容易排整齊，若還要兼顧 PC 網頁和行動網頁，那就要更費心調整了，建議以簡潔的單欄設計為主。

以蘋果電腦網站提供給使用者註冊 Apple ID 的畫面為例，其 PC 網頁的「姓氏」和「名字」兩個表單欄位是左右並排在一起 ❷，如左下圖，而其行動網頁的這兩個表單欄位是上下排列在一起，採取單欄設計 ❸，如右下圖。

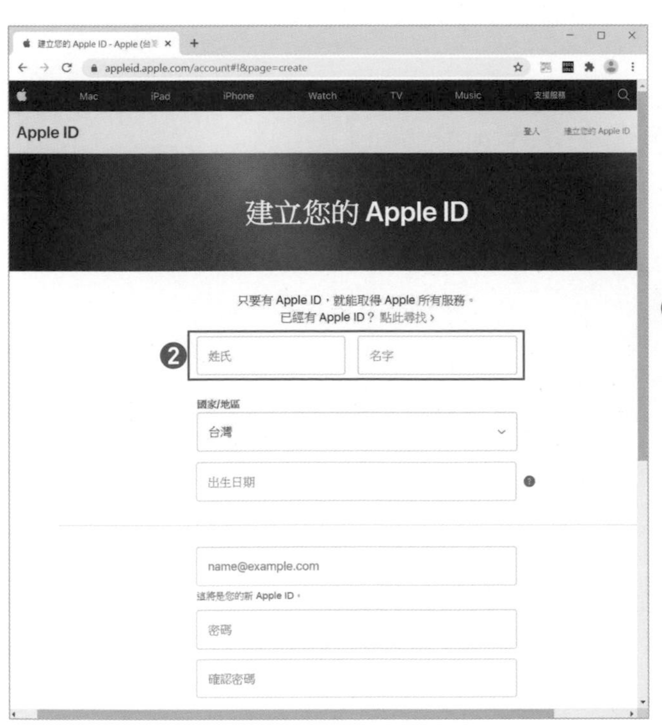

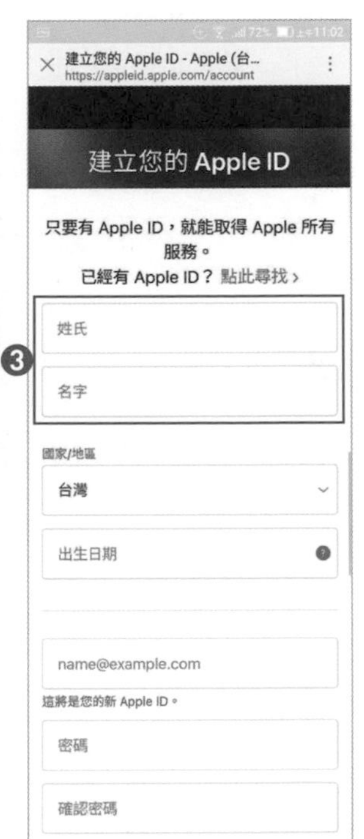

3-3 網頁設計風格

不同時期所流行的網頁設計風格不盡相同，有些可能會流行好幾年，而有些可能會很快退流行，就像在建築、裝潢、工業設計、服飾或其它設計領域一樣，以下為您介紹一些常見的網頁設計風格。

3-3-1 極簡風格

極簡風格是去除絕大部分的裝飾、邊框、特效與視覺負擔，只保留基本內容與功能，優點是設計簡單不易退流行，內容較少、檔案較小，適合用來設計行動網頁或響應式網頁，使用者一眼就能看出網頁的主題。

例如蘋果電腦網站 (https://www.apple.com/tw/) 就是採取極簡風格，只使用文字與圖片來構成畫面，正因為沒有多餘的裝飾，更能凸顯出產品的設計美學與獨特性。

3-3-2 簡約風格

簡約風格與極簡風格類似，一樣是採取簡潔的視覺呈現方式，但加了點裝飾或設計來襯托企業形象或產品特色，例如下圖的潘朵拉網站 (https://www. pandora.net/zh-tw) 和 LV 網站 (https://tw.louisvuitton.com/zht-tw/homepage) 均透過版面分割來編排文字與圖片，增加層次感與精緻度。

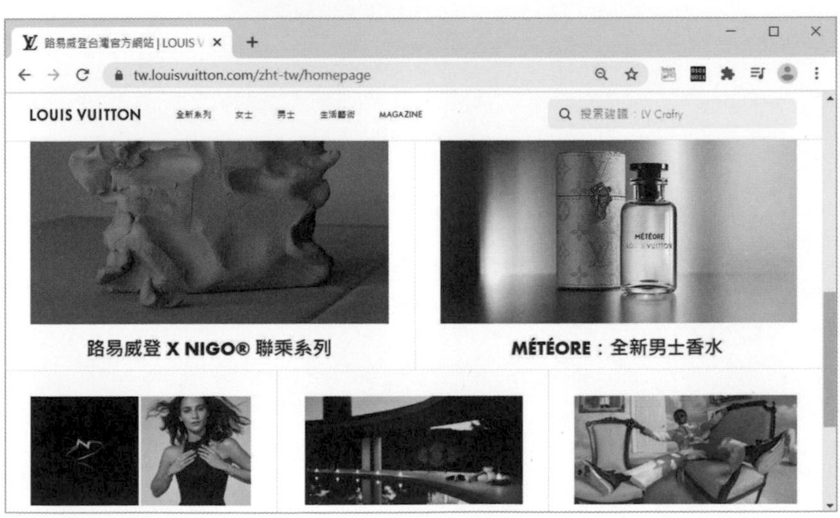

3-3-3 華麗風格

華麗風格是以大量的裝飾來營造華麗、誇張、獨特的效果，雖然可能導致網頁的檔案變大，但在簡約風格當道的今日，適當加上一些裝飾，反倒令人印象深刻，例如下圖的 GODIVA 網站 (https://www.godiva.com/) 和美泉宮網站 (https://www.schoenbrunn.at/) 就是透過華麗圖片、框線、文字方塊重疊等裝飾性元素來反映巧克力的精緻美味與美泉宮的巴洛克特色。

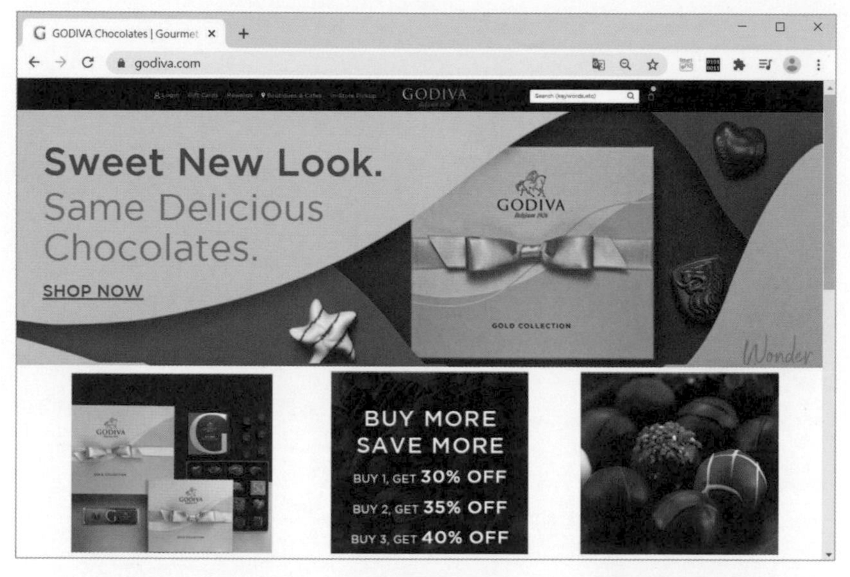

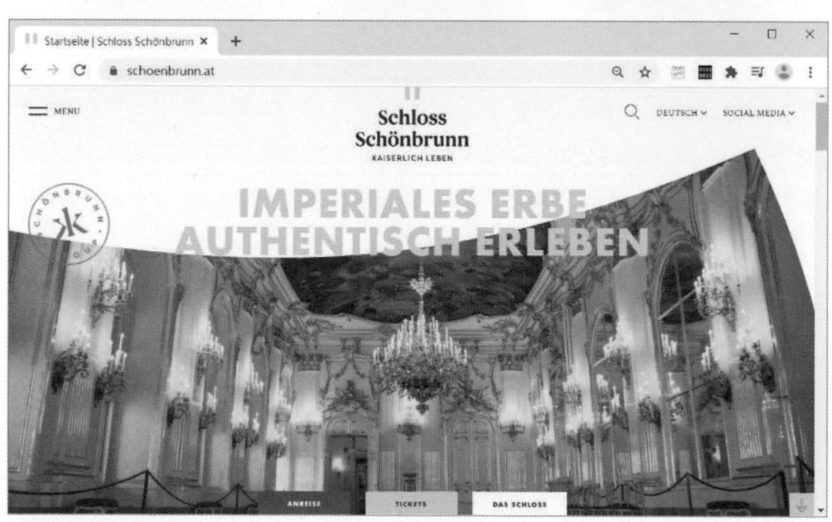

3-3-4 插畫/動漫風格

插畫 / 動漫風格是以插畫、動漫的元素呈現活潑、可愛或酷炫的畫面，例如下圖的 Don-guri Magazine 網站 (https://www.awwwards.com/sites/donguri-magazine) 和吉卜力工作室網站 (http://www.ghibli.jp/) 均展現出配色大膽、非常吸睛的插畫 / 動漫風格。

3-3-5 色塊風格

色塊風格是以色塊來構成畫面，適合呈現不同的訊息或產品，在設計響應式網頁時亦相當方便，例如下圖的故宮博物院網站 (https://www.npm.gov.tw/) 和募款網站 (https://www.wix.com/website-template/view/html/2487) 就是透過色塊和圖片構成色彩繽紛、內容豐富的畫面。

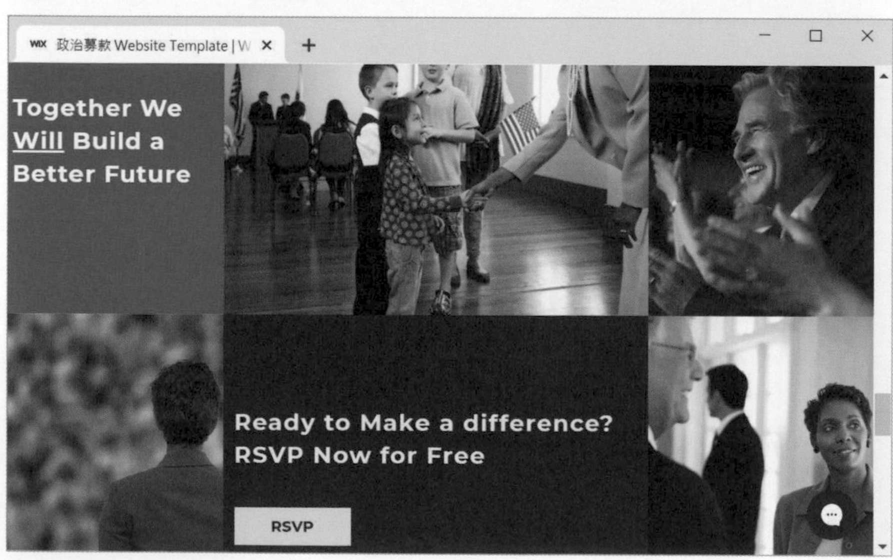

3-4 網頁設計趨勢

隨著行動上網的普及，「行動優先」的概念逐漸主導了近年來的網頁設計趨勢，例如響應式網頁設計、磚牆式設計、長形滑動頁面、扁平化設計、全幅背景、3D 動畫、超大字體、大量留白、不對稱布局等，這些趨勢的共同點就是提升網頁在 PC、平板電腦與智慧型手機的瀏覽效果、操作性、便利性與可讀性。

3-4-1 響應式網頁設計

誠如我們在第 1-2-2 節所介紹過的，**響應式網頁設計** (RWD，Responsive Web Design) 指的是一種網頁設計方式，目的是根據使用者的瀏覽器環境自動調整版面配置，以提供最佳的顯示結果，換句話說，只要設計單一版本的網頁，就能完整顯示在 PC、平板電腦、智慧型手機等裝置，目前已經有愈來愈多網站採取響應式網頁設計。

響應式網頁設計可以讓同一個網頁自動調整版面配置，確保在 PC、平板電腦與智慧型手機上都有良好的瀏覽效果 (圖片來源：https://www.ibest.tw/p05.php)

3-4-2 磚牆式設計

磚牆式設計是一種方格或磚塊形式的介面，就像 Windows 10 的動態磚畫面，又稱為「卡片式設計」。每個「磚塊」都有獨立的資訊，有圖片有文字，使用者一眼就能瞭解，而且容易根據螢幕的寬度調整「磚塊」的配置，所以有不少響應式網頁會採取磚牆式設計。

Carrie Cousins 網站 (https://carriecousins.contently.com/) 採取磚牆式設計，當瀏覽器的寬度改變時，這些「磚塊」會自動調整配置方式

3-4-3 長形滑動頁面

長形滑動頁面之所以興起，主要是因為行動上網的人數已經超越 PC 上網，而行動裝置的特點之一就是使用者可以不斷地將頁面往下滑動。事實上，過去那種在頁面上放置很多超連結的做法已經退流行，取而代之的是將所有內容放置在單一的長形頁面，例如產品型錄、開箱文、功能介紹等。

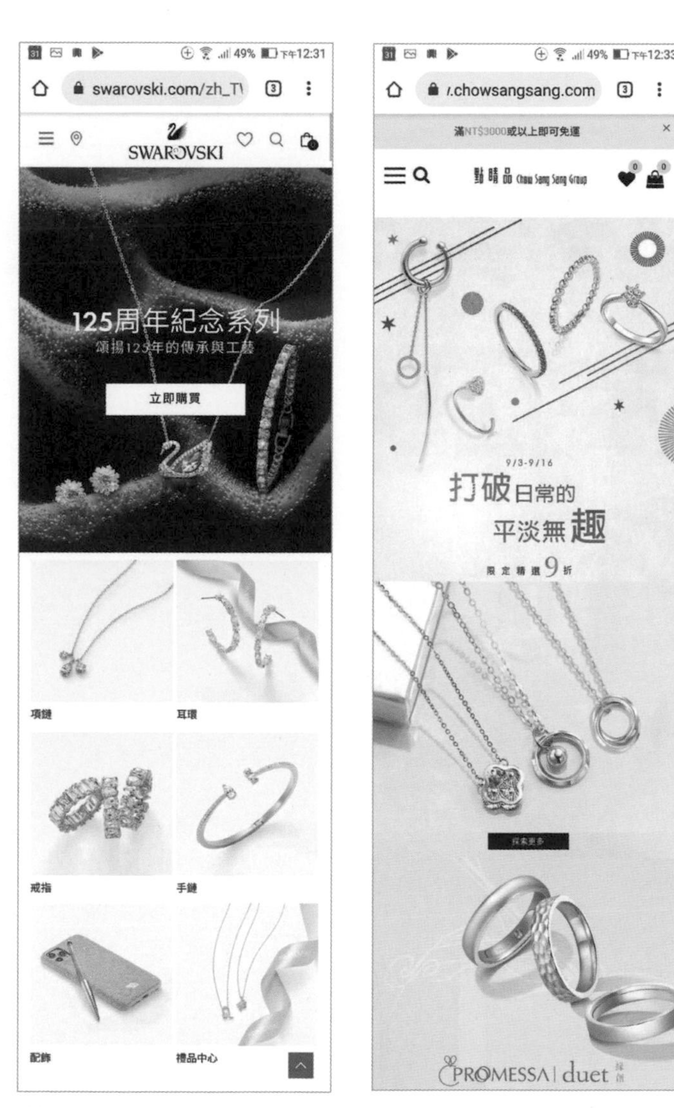

施華洛世奇網站 (https://www.swarovski.com/zh_TW-TW/) 和
點睛品網站 (https://tw.chowsangsang.com/) 均採取長形滑動頁面

3-4-4 扁平化設計

扁平化設計是相對於「擬真化設計」而來，擬真化設計是模擬實際物體的外觀與質感，例如按鈕會設計成有凹凸、陰影效果，就像實際的按鈕那樣；相反的，扁平化設計的概念在於簡潔化與平面化，只保留必要的元素，例如按鈕會設計成平面化，沒有凹凸、陰影或深淺。

目前有許多品牌識別是採取扁平化設計，以 Microsoft Windows 不同時期的識別標誌為例，就可以看出扁平化設計的趨勢，從擬真化、有色彩變化與深淺的標誌演變成扁平化的標誌。

除了品牌識別，也有許多網頁採取扁平化設計，不僅能夠減少檔案大小，也能夠帶來簡潔明瞭、整齊劃一的視覺效果。

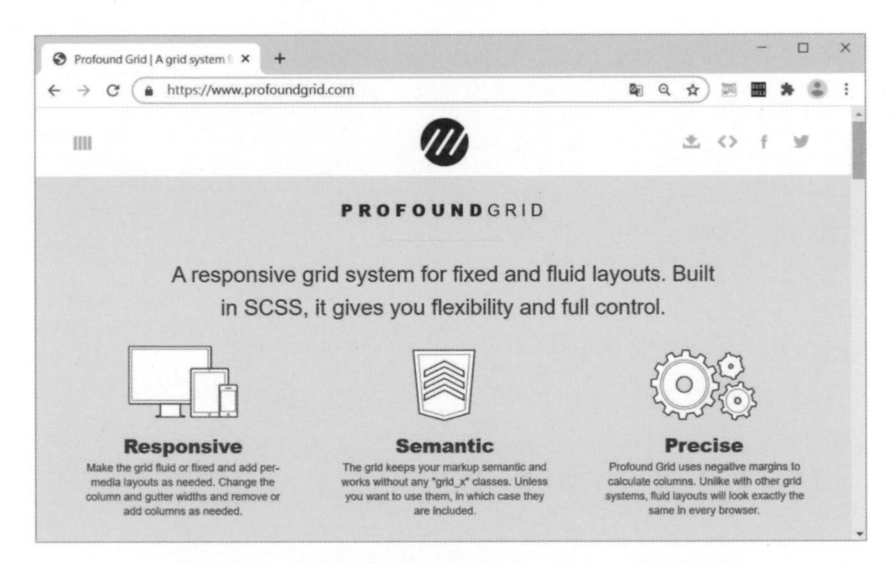

Profound Grid 網站 (https://www.profoundgrid.com/)
採取扁平化設計，呈現出簡潔的效果

3-4-5 全幅背景

比起傳統網頁的橫幅式圖片，**全幅背景**不僅有更好的視覺效果，亦更能凸顯企業形象，尤其是非靜態的影片能夠讓網站更生動，吸引瀏覽者的目光，延長停留時間。

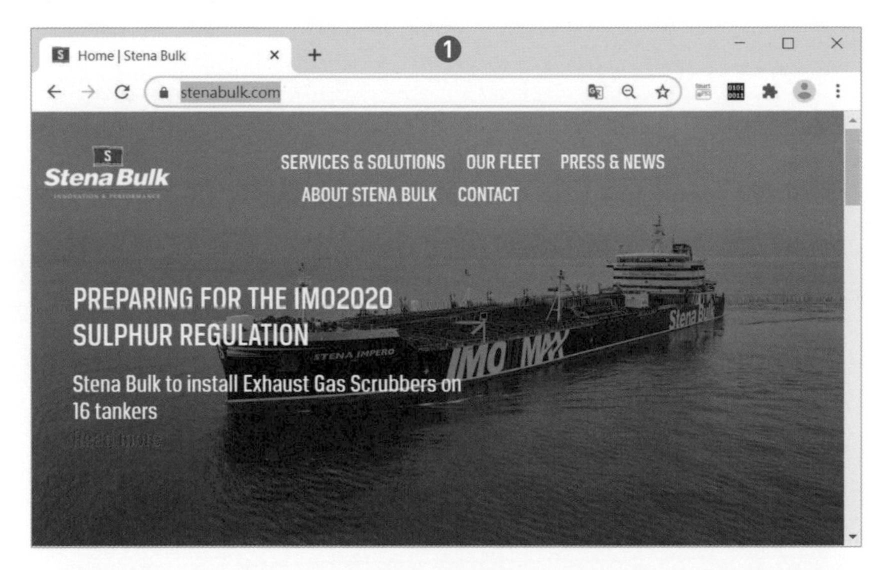

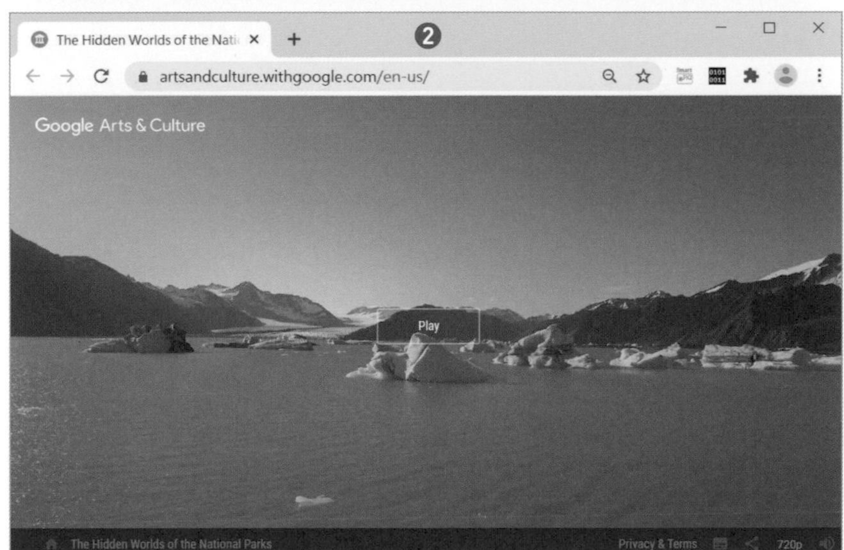

❶ Stena Bulk 網站 (http://www.stenabulk.com/)

❷ Google Art & Culture 網站 (https://artsandculture.withgoogle.com/en-us/)

3-4-6 3D動畫

隨著 5G 飆網時代的來臨，以及 WebGL 等 3D 動畫技術日趨成熟，3D 動畫不僅廣泛運用在遊戲與電影領域，就連網頁設計也逐漸受到青睞。您可以實際瀏覽這些網頁，就能看到 3D 動畫迷人的魅力。

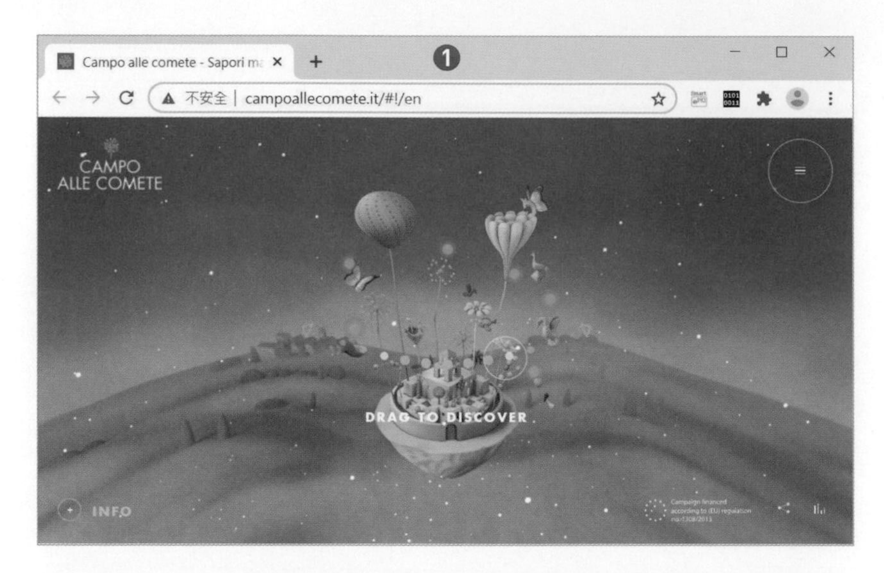

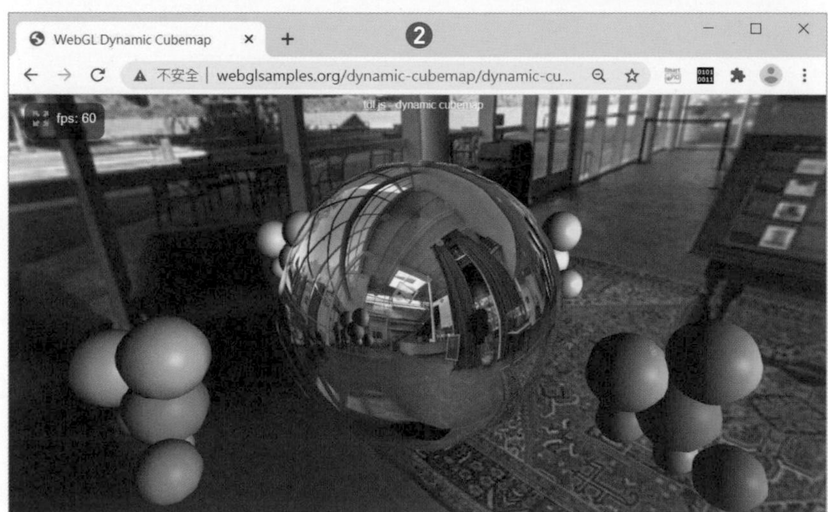

❶ Campo Alle Comete 網站 (http://campoallecomete.it/#!/en)

❷ Dynamic Cubemap 網站 (http://webglsamples.org/dynamic-cubemap/dynamic-cubemap.html)

3-4-7 超大字體

超大字體這種風格突出的設計在近年來也愈來愈受到瀏覽者的喜愛，除了一眼就被超大字體所吸引，同時也很容易記住網頁的品牌名稱或業務內容，進而再度造訪網頁。

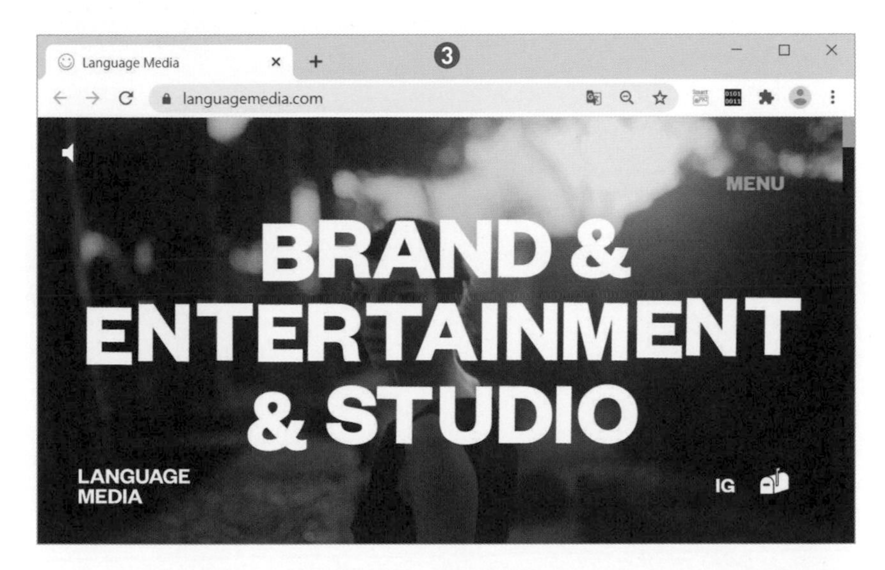

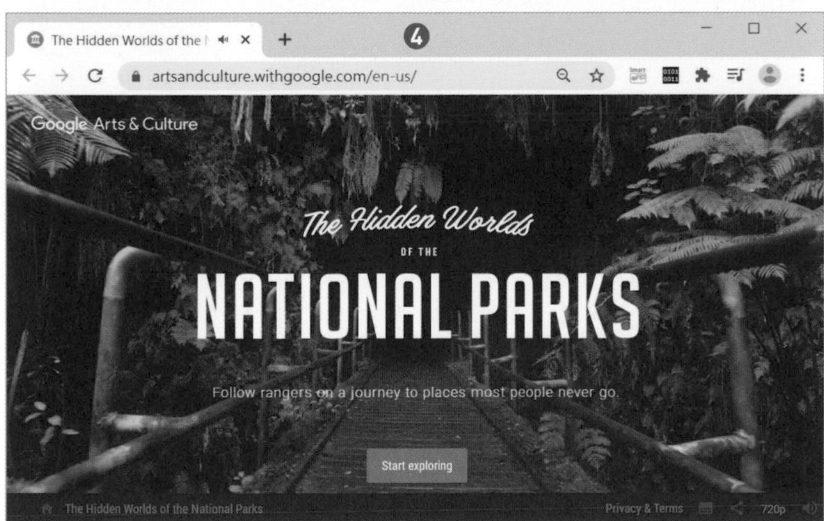

❸ Language Media 網站 (https://languagemedia.com/)

❹ Google Art &Culture 網站 (https://artsandculture.withgoogle.com/en-us/)

3-4-8 大量留白

大量留白是極簡風格的重要元素之一，可以讓網頁保有清爽明亮的感覺。不過，目前隨著設計功力的提升，留白不一定只能搭配簡約風格，也可以運用在作風大膽、設計前衛、色彩強烈的作品上。

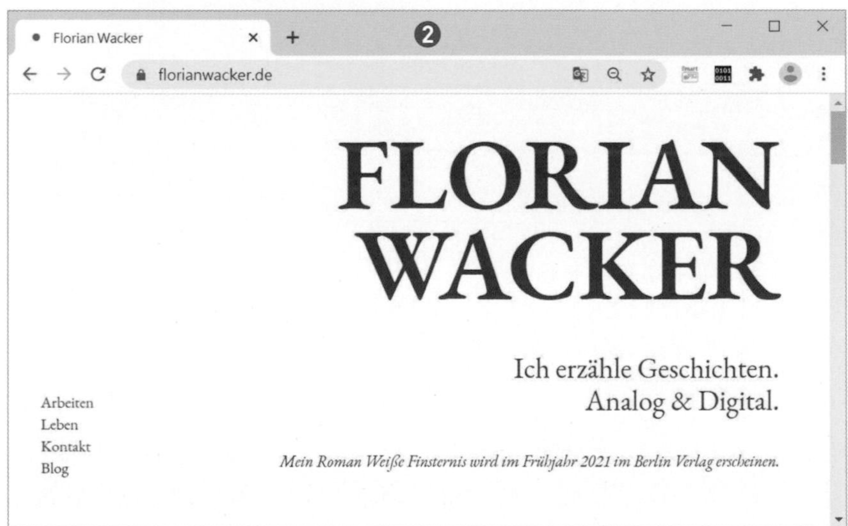

❶ BRYN TURNBULL 網站 (https://www.brynturnbull.com/product-page/12122)

❷ FLORIAN WACKER 網站 (https://www.florianwacker.de/)

3-4-9 不對稱布局

在響應式網頁設計成為主流之後，對稱式的網格設計主導了多數的網頁，然而最近出現了一些**不對稱布局**的網頁，這些網頁突破了呆板的網格設計，讓網頁更顯得有創意更活潑。

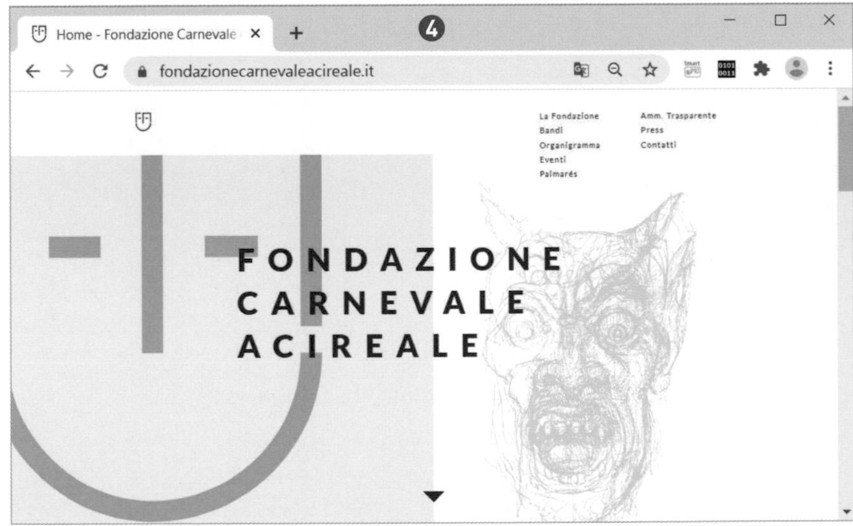

❸ dada-data 網站 (http://dada-data.net/en/hub)

❹ Fondazione Carnevale Acireale 網站 (https://www.fondazionecarnevaleacireale.it/)

3-5 網站類型與風格

無論是自行製作網站或委託他人代為製作，都應該先想好網站要呈現什麼樣的視覺風格，而這決定了使用者拜訪網站時的第一印象。

網站風格除了要反映品牌形象、延續品牌精神之外，也要站在使用者的角度，想像使用者想從網站感受到什麼樣的氛圍，例如甜點公司網站的主色系可以使用像馬卡龍繽紛的粉色系，洋溢著浪漫、幸福與美味；旅遊公司網站的主色系可以使用與大自然相關的翠綠色、天藍色等，散發出自然、健康與悠閒。

常見的網站類型如下，這些分類不是絕對的，僅供參考而已：

- **時尚類**：此類型適合化妝品、鐘錶、服飾、精品、珠寶、婚紗、精品旅店、居家用品、美容美髮美甲等注重視覺效果的產業，可以使用精緻的圖片，飽和度高、對比鮮明的色系，營造出高質感與時尚感。
- **科技類**：此類型適合網路通訊、電信、3C 產品、家電、機械電子、精密儀器、汽車、機器人、多媒體等科技相關的產業，可以使用光線、光影、線條、特效、機械構造、金屬色系、冷色系或強烈對比等手法，營造出專業度、科技感與現代感。
- **休閒類**：此類型適合旅遊景點、民宿、渡假村、休閒農場、觀光牧場、旅行社等休閒相關的產業，可以使用大自然相關的色系，以及藍天、白雲、綠地、花田、高山、海洋等素材，營造出輕鬆自在的氛圍。
- **活潑類**：此類型適合動漫、手遊、主題樂園、兒童教育機構、婦嬰用品、童裝等以兒童或年輕人為客群的產業，可以使用活潑明亮的色系，以及動漫、插畫、卡通等元素，營造出活潑快樂的氛圍。
- **商業類**：此類型適合多數的產業，可以使用目前主流的簡約風格，讓使用者快速瀏覽，取得想要的資訊或買到想要的產品。

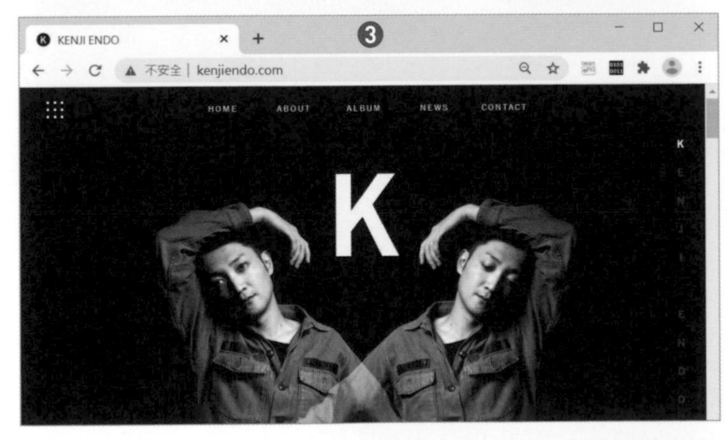

❶ 緩慢民宿網站 (https://www.theadagio.com.tw/zh-tw/space) 運用大自然素材喚起想出遊的心情

❷ 大阪環球影城網站 (https://www.usj.co.jp/web/ja/jp) 運用卡通元素激起人們的童心

❸ Kenji Endo 網站 (http://kenjiendo.com/) 運用強烈對比顯現藝術家遠藤健治的設計風格

學習評量

選擇題

(　　) 1. 我們通常會將聯絡資訊與版權聲明放在網頁的哪個區域？

A. 頁首　B. 導覽列　C. 內容區　D. 頁尾

(　　) 2. 我們通常會將連結到網站內其它網頁的超連結放在網頁的哪個區域？

A. 頁首　B. 導覽列　C. 內容區　D. 頁尾

(　　) 3. 下列關於「行動優先」的敘述何者錯誤？

A. 將過去的 PC 網頁直接移植到行動裝置

B. 要符合行動裝置的操作特性

C. 要保持頁面的清楚與明確

D. 設計網站時應以優化行動裝置體驗為主要考量

(　　) 4. 下列何者會在網頁上循環播放多張圖片，適合用來顯示最新資訊？

A. 縮圖　B. 輪播

C. 導覽列　D. 網站地圖

(　　) 5. 下列哪種設計風格最能凸顯出產品的設計美學與獨特性？

A. 極簡　B. 華麗

C. 動漫　D. 色塊

(　　) 6. 下列哪種設計趨勢的概念在於簡潔化與平面化，只保留必要的元素？

A. 響應式網頁設計　B. 磚牆式設計

C. 長形滑動頁面　D. 扁平化設計

4

HTML5 基本語法與常用元素

4-1 HTML 文件的根元素－<html> 元素

4-2 HTML 文件的標頭－<head> 元素

4-3 HTML 文件的主體－<body> 元素

4-4 HTML 文件的結構－<article>、<section>、<nav>、<header>、<footer>、<aside>、<main> 元素

4-5 內容群組元素

4-6 文字層級元素

4-7 嵌入內容元素

4-8 表格元素

4-9 表單元素

4-1 HTML 文件的根元素－<html> 元素

HTML 文件可以包含一個或多個元素，呈樹狀結構，而此樹狀結構的根元素就是 <html> 元素，其開始標籤 <html> 要放在 <!DOCTYPE html> 的後面，接著的是 HTML 文件的標頭與主體，最後還有結束標籤 </html>，如下：

```
<!DOCTYPE html>
<html>
  ...HTML文件的標頭與主體...
</html>
```

<html> 元素的屬性如下，這些屬性可以套用到所有 HTML 元素，因此稱為**全域屬性** (global attribute)：

- accesskey="..."：設定將焦點移到元素的按鍵組合。
- class="..."：設定元素的類別。
- contenteditable="{true,false,inherit}"：設定元素的內容能否被編輯。
- dir="{ltr,rtl}"：設定文字的方向，ltr (left to right) 表示由左向右，rtl (right to left) 表示由右向左。
- draggable="{true,false}"：設定元素能否進行拖放操作 (drag and drop)。
- hidden="{true,false}"：設定元素的內容是否被隱藏起來。
- id="..."：設定元素的識別字 (限英文且唯一)。
- lang="*lang-code*"：設定元素的語系，例如 en 為英文，fr 為法文、de 為德文、ja 為日文、zh-TW 為繁體中文。
- spellcheck="{true,flase}"：設定是否檢查元素的拼字與文法。
- style="..."：設定套用到元素的 CSS 樣式表。
- title="..."：設定元素的標題，瀏覽器可能用它做為提示文字。

- tabindex="*n*"：設定元素的 Tab 鍵順序，也就是按 Tab 鍵時，焦點在元素之間跳躍的順序，*n* 為正整數，數字愈小，順序就愈高，-1 表示不允許以按 Tab 鍵的方式將焦點移到元素。
- translate="{yes,no}"：設定元素是否啟用翻譯模式。

此外，還有**事件屬性** (event handler content attribute) 用來針對 HTML 元素的某個事件設定處理程式，種類相當多，下面是一些例子：

- onload="..."：設定當瀏覽器載入網頁時所要執行的 Script。
- onunload="..."：設定當瀏覽器卸載網頁時所要執行的 Script。
- onclick="..."：設定在元素上按一下滑鼠時所要執行的 Script。
- ondblclick="..."：設定在元素上按兩下滑鼠時所要執行的 Script。
- onmousedown="..."：設定在元素上按下滑鼠按鍵時所要執行的 Script。
- onmouseup="..."：設定在元素上放開滑鼠按鍵時所要執行的 Script。
- onmouseover="..."：設定當滑鼠移過元素時所要執行的 Script。
- onmousemove="..."：設定當滑鼠在元素上移動時所要執行的 Script。
- onmouseout="..."：設定當滑鼠從元素上移開時所要執行的 Script。
- onfocus="..."：設定當使用者將焦點移到元素上時所要執行的 Script。
- onblur="..."：設定當使用者將焦點從元素上移開時所要執行的 Script。
- onkeydown="..."：設定在元素上按下按鍵時所要執行的 Script。
- onkeyup="..."：設定在元素上放開按鍵時所要執行的 Script。
- onkeypress="..."：設定在元素上按下再放開按鍵時所要執行的 Script。
- onsubmit="..."：設定當使用者傳送表單時所要執行的 Script。
- onreset="..."：設定當使用者清除表單時所要執行的 Script。

4-2 HTML 文件的標頭－<head> 元素

我們可以使用 <head> 元素標示 HTML 文件的標頭，裡面可能進一步使用 <title>、<meta>、<link>、<style>、<script> 等元素設定文件的標題、文件的相關資訊、文件之間的關聯、CSS 樣式表、JavaScript 程式等資訊。

<head> 元素要放在 <html> 元素裡面，而且有結束標籤 </head>，如下，至於 <head> 元素的屬性則有第 4-1 節所介紹的全域屬性。

```
<!DOCTYPE html>
<html>
  <head>
    ...HTML文件的標頭...
  </head>
</html>
```

4-2-1 <title> 元素 (文件的標題)

<title> 元素用來設定 HTML 文件的標題，此標題會顯示在瀏覽器的標題列或索引標籤，有助於搜尋引擎優化 (SEO，Search Engine Optimization)，提高網頁被搜尋引擎找到的機率。

<title> 元素要放在 <head> 元素裡面，而且有結束標籤 </title>，如下，至於 <title> 元素的屬性則有第 4-1 節所介紹的全域屬性。

```
<!DOCTYPE html>
<html>
  <head>
    <title>我的網頁</title>
    ...其它標頭資訊...
  </head>
</html>
```

4-2-2 <meta> 元素 (文件的相關資訊)

<meta> 元素用來設定 HTML 文件的相關資訊，稱為 metadata，例如字元集、內容類型、搜尋引擎關鍵字等。<meta> 元素要放在 <head> 元素裡面，<title> 元素的前面，而且沒有結束標籤，常用的屬性如下：

- charset="..."：設定 HTML 文件的字元集 (編碼方式)，例如下面的敘述是將 HTML 文件的字元集設定為 UTF-8：

```
<meta charset="utf-8">
```

- name="..."：設定 metadata 的名稱。
- content="..."：設定 metadata 的內容，例如下面的敘述是設定 metadata 的名稱為 "viewport"，內容為 "width=device-width, initial-scale=1"，表示將網頁寬度設定為行動裝置的螢幕寬度且縮放比為 1:1：

```
<meta name="viewport" content="width=device-width, initial-scale=1">
```

- 第 4-1 節所介紹的全域屬性。

4-2-3 <link> 元素 (文件之間的關聯)

<link> 元素用來設定目前網頁與其它資源之間的關聯，<link> 元素要放在 <head> 元素裡面，而且沒有結束標籤，常用的屬性如下：

- href="*url*"：設定欲建立關聯之其它資源的網址。
- rel="..."：設定目前文件與其它資源的關聯。
- type="*content-type*"：設定內容類型，例如下面的敘述表示目前網頁會連結一個名稱為 ui.css 的 CSS 樣式表檔案：

```
<link rel="stylesheet" type="text/css" href="ui.css">
```

- 第 4-1 節所介紹的全域屬性。

4-2-4 <style> 元素 (嵌入 CSS 樣式表)

<style> 元素用來嵌入 CSS 樣式表，常用的屬性如下：

- media="{screen,print,speech,all}"：設定 CSS 樣式表的目的媒體類型 (螢幕、列印裝置、語音合成器、全部)，預設值為 all。
- type="*content-type*"：設定樣式表的內容類型。
- 第 4-1 節所介紹的全域屬性。

下面是一個例子，其中第 06 ~ 08 行所嵌入的 CSS 樣式表會套用在第 11 行的 <h1> 元素，即文字大小為 30 像素、文字色彩為藍色。

\Ch04\style.html

```
01 <!DOCTYPE html>
02 <html>
03   <head>
04     <meta charset="utf-8">
05     <title>我的網頁</title>
06     <style type="text/css">
07       h1 {font-size: 30px; color: blue;}
08     </style>
09   </head>
10   <body>
11     <h1>Hello, world!</h1>
12   </body>
13 </html>
```

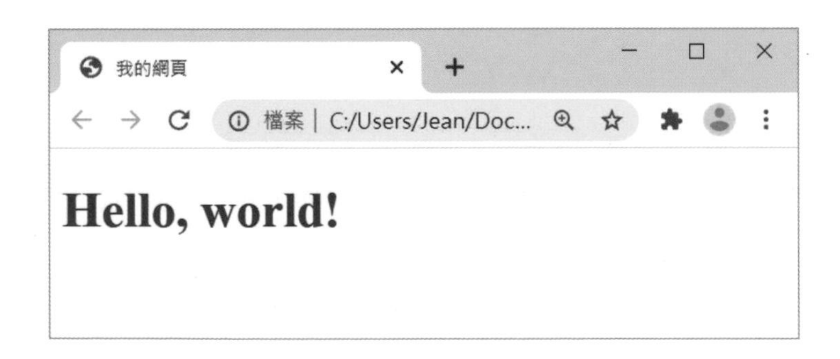

4-2-5 <script> 元素 (嵌入 JavaScript 程式)

<script> 元素用來嵌入 JavaScript 程式，常用的屬性如下：

- language="..."：設定 Script 的類型，預設值為 "javascript"。
- src="*url*"：設定 Script 的網址。
- type="*content-type*"：設定 Script 的內容類型。
- 第 4-1 節所介紹的全域屬性。

下面是一個例子，其中第 06 ~ 08 行所嵌入的 JavaScript 程式會在網頁載入時呼叫內建函式 alert()，以對話方塊顯示 "Hello, world!"。

\Ch04\script.html

```
01 <!DOCTYPE html>
02 <html>
03   <head>
04     <meta charset="utf-8">
05     <title>我的網頁</title>
06     <script>
07       alert("Hello, world!");
08     </script>
09   </head>
10   <body>
11   </body>
12 </html>
```

4-3 HTML 文件的主體－<body> 元素

我們可以使用 <body> 元素標示 HTML 文件的主體，裡面可能包含文字、圖片、影片、聲音等內容。<body> 元素要放在 <html> 元素裡面，<head> 元素的後面，而且有結束標籤 </body>。

<body> 元素的屬性有第 4-1 節所介紹的全域屬性，以及 onafterprint、onbeforeprint、onbeforeunload、onhashchange、onlanguagechange、onmessage、onoffline、ononline、onpagehide、onpageshow、onpopstate、onrejectionhandled、onstorage、onunhandledrejection、onunload 等事件屬性。

下面是一個例子，它會在網頁上顯示 Hello, world!。

\Ch04\body.html

```
<!DOCTYPE html>
<html>
  <head>
    <meta charset="utf-8">
    <title>我的網頁</title>
  </head>
  <body>
    Hello, world!
  </body>
</html>
```

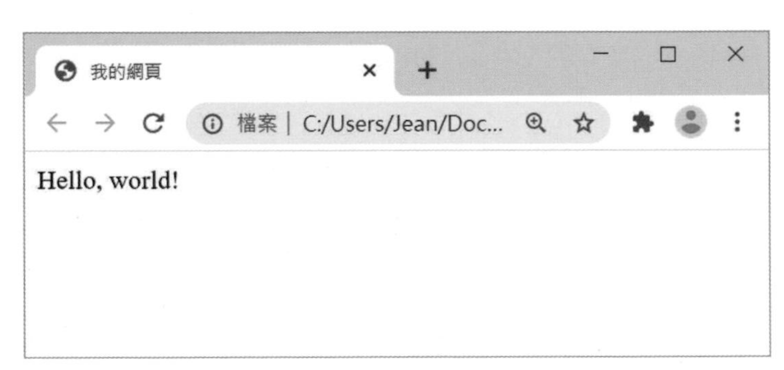

4-4 HTML 文件的結構－<article>、<section>、<nav>、<header>、<footer>、<aside>、<main> 元素

在過去，網頁設計人員通常是使用 <div> 元素來標示網頁上的某個區塊，但 <div> 元素並不具有任何語意，只能泛指通用的區塊。

為了進一步標示區塊的用途，網頁設計人員可能會利用 id 屬性設定該區塊的識別字，例如透過類似 <div id="navigate">、<div id="navbar"> 的敘述來標示做為導覽列的區塊，然而諸如此類的敘述並無法幫助瀏覽器辨識導覽列，更別說是提供快速鍵讓使用者快速切換到導覽列。

為了幫助瀏覽器辨識網頁上不同的區塊，HTML5 新增了數個具有語意的結構元素，並鼓勵網頁設計人員使用這些元素取代慣用的 <div> 元素，將網頁結構轉換成語意更明確的 HTML5 文件。

結構元素	說明
<article>	標示網頁的本文或獨立的內容，例如部落格的一篇文章、新聞網站的一則報導。
<section>	標示通用的區塊或區段，例如將網頁的本文分割為不同的主題區塊，或將一篇文章分割為不同的章節或段落。
<nav>	標示導覽列。
<header>	標示網頁或區塊的頁首。
<footer>	標示網頁或區塊的頁尾。
<aside>	標示側邊欄，裡面通常包含摘要、廣告等可以從區塊內容抽離的其它內容。
<main>	標示網頁的主要內容，裡面通常包含文章、區段、圖片或影片。
註：這些結構元素的屬性有第 4-1 節所介紹的全域屬性。	

除了上述的結構元素，我們還可以利用 <address> 和 <time> 兩個元素提供區塊的附加資訊，前者用來標示聯絡資訊，而後者用來標示日期時間。

下面是一個例子，它示範了如何使用結構元素標示網頁的頁首、導覽列、主要內容、側邊欄與頁尾，同時示範了如何在這些元素套用 CSS 樣式表。

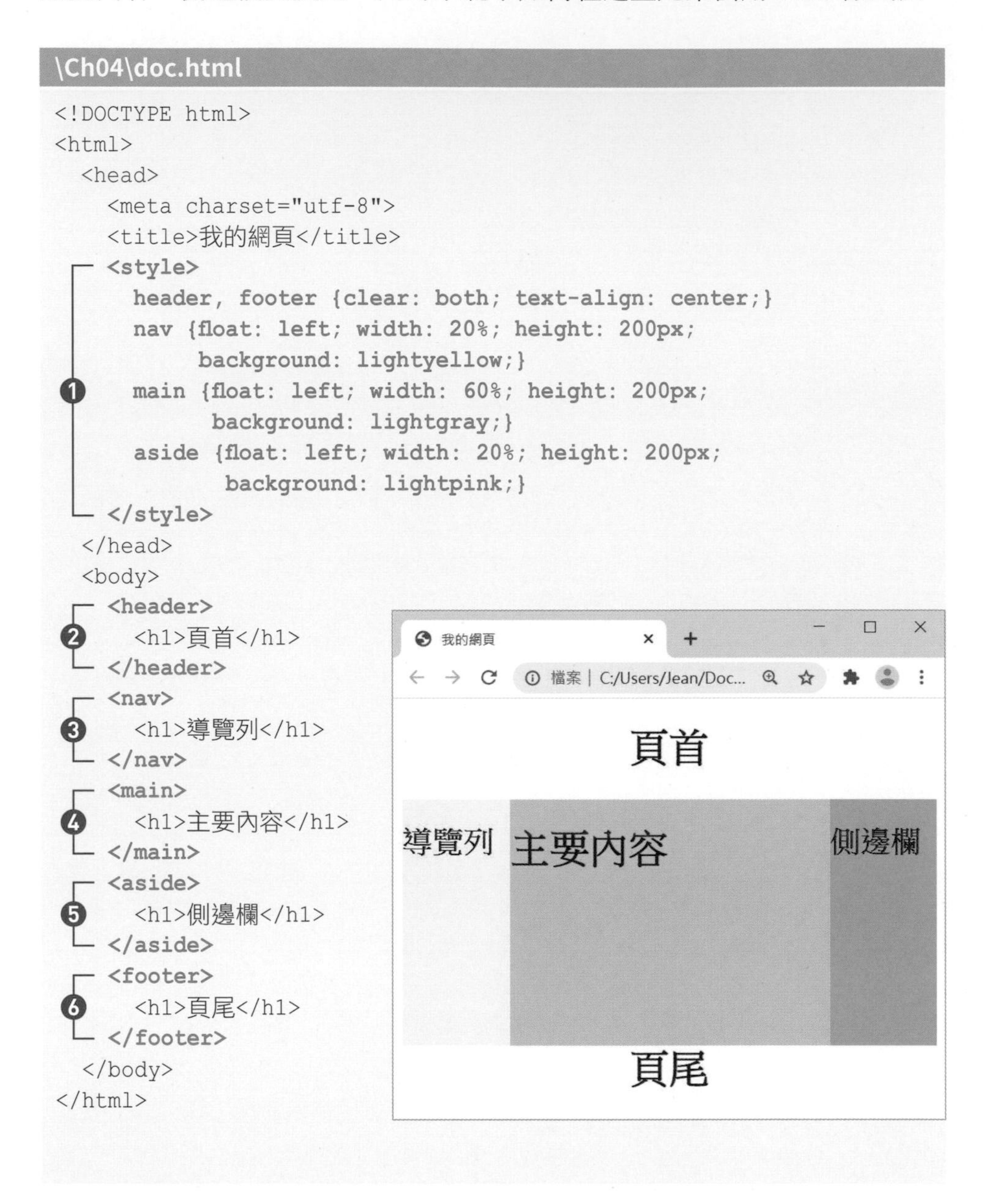

\Ch04\doc.html

```
<!DOCTYPE html>
<html>
  <head>
    <meta charset="utf-8">
    <title>我的網頁</title>
    <style>                                                    ❶
      header, footer {clear: both; text-align: center;}
      nav {float: left; width: 20%; height: 200px;
           background: lightyellow;}
      main {float: left; width: 60%; height: 200px;
            background: lightgray;}
      aside {float: left; width: 20%; height: 200px;
             background: lightpink;}
    </style>
  </head>
  <body>
    <header>                                                   ❷
      <h1>頁首</h1>
    </header>
    <nav>                                                      ❸
      <h1>導覽列</h1>
    </nav>
    <main>                                                     ❹
      <h1>主要內容</h1>
    </main>
    <aside>                                                    ❺
      <h1>側邊欄</h1>
    </aside>
    <footer>                                                   ❻
      <h1>頁尾</h1>
    </footer>
  </body>
</html>
```


❶ 針對結構元素設定 CSS 樣式表，包括文繞圖、寬度、高度、背景色彩、文字對齊方式等

❷ 頁首 ❸ 導覽列 ❹ 主要內容 ❺ 側邊欄 ❻ 頁尾

4-5 內容群組元素

在本節中，我們會先介紹 HTML 的註解符號 (<!-- -->)，接著再介紹幾個可以用來將內容群組起來的元素，例如 <h1> ~ <h6> (標題 1 ~ 6)、<p> (段落)、<pre> (預先格式化區塊)、<blockquote> (引述區塊)、<hr> (水平線)、<address> (聯絡資訊)、<div> (群組成一個區塊)、<dl>、<dt>、<dd> (定義清單)、<ul>、<ol>、<li> (項目符號與編號) 等。

4-5-1 <!-- --> (註解)

<!-- --> 用來標示註解，雖然註解不會顯示在瀏覽結果，但適當地在程式碼中加入註解，有助於日後的維護與更新，下面是一個例子。

\Ch04\comment.html

```
<!DOCTYPE html>
<html>
  <head>
    <meta charset="utf-8">
    <title>我的網頁</title>
  </head>
  <body>
    <!--以下為靜夜思--> ❶
    床前明月光，疑是地上霜。舉頭望明月，低頭思故鄉。
  </body>
</html>
```

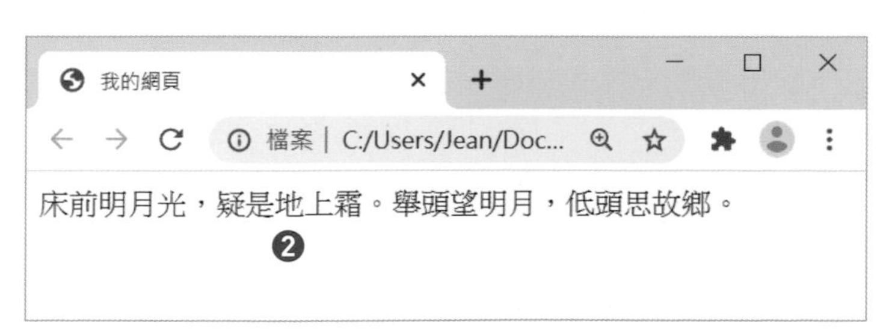

❶ 使用 <!-- --> 標示註解 ❷ 註解不會出現在瀏覽結果

4-5-2 <h1> ~ <h6> 元素 (標題 1 ~ 6)

HTML 提供了 <h1>、<h2>、<h3>、<h4>、<h5>、<h6> 等六個層次的標題，以 <h1> 元素 (標題 1) 的字體最大，<h6> 元素 (標題 6) 的字體最小。<h1> ~ <h6> 元素的屬性有第 4-1 節所介紹的全域屬性，下面是一個例子。

\Ch04\heading.html

```
<!DOCTYPE html>
<html>
  <head>
    <meta charset="utf-8">
    <title>我的網頁</title>
  </head>
  <body>
    <h1>標題1</h1>
    <h2>標題2</h2>
    <h3>標題3</h3>
    <h4>標題4</h4>
    <h5>標題5</h5>
    <h6>標題6</h6>
  </body>
</html>
```


4-5-3 <p> 元素 (段落)

瀏覽器會忽略 HTML 元素之間多餘的空白字元和 Enter 鍵，導致無法利用 Enter 鍵做分段，若要顯示不同的段落，可以使用 <p> 元素，其屬性有第 4-1 節所介紹的全域屬性，下面是一個例子。

\Ch04\p.html

```
<p>床前明月光，</p>
<p>疑是地上霜。</p>
<p>舉頭望明月，</p>
<p>低頭思故鄉。</p>
```
❶

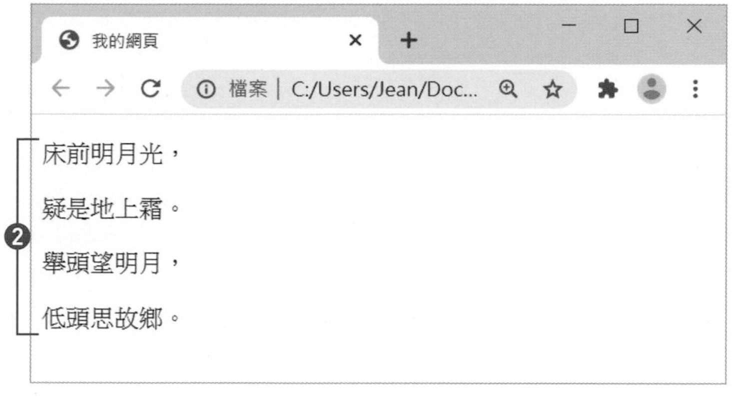
我的網頁
檔案 | C:/Users/Jean/Doc...
床前明月光，
疑是地上霜。
舉頭望明月，
低頭思故鄉。
❷

❶ 在每個詩句前後加上 <p>、</p>　❷ 每個詩句各自顯示成段落

4-5-4 <pre> 元素 (預先格式化區塊)

若要在網頁上輸入一些預先格式化的內容，例如程式碼，可以使用 <pre> 元素，其屬性有第 4-1 節所介紹的全域屬性，下面是一個例子。

\Ch04\pre.html

```
<pre>
void main()
{
  printf("Hello, world!\n");
}
</pre>
```

我的網頁

檔案 | C:/Users/Jean/Doc...

```
void main()
{
  printf("Hello, world!\n");
}
```

4-5-5 <blockquote> 元素 (引述區塊)

<blockquote> 元素用來標示引述區塊，瀏覽器通常會以縮排的形式來顯示引述區塊，其屬性有第 4-1 節所介紹的全域屬性，下面是一個例子。

\Ch04\blockquote.html

```
<blockquote>床前明月光，</blockquote>
<blockquote>疑是地上霜。</blockquote>
<p>舉頭望明月，</p>
<p>低頭思故鄉。</p>
```

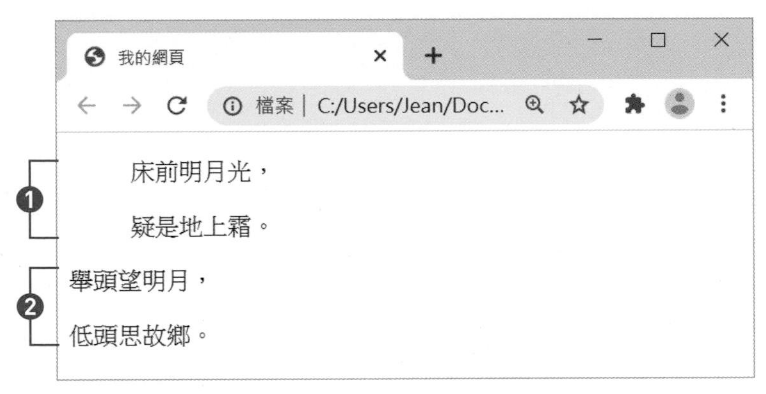

❶ 前兩個詩句為引述區塊 (會縮排) ❷ 後兩個詩句為一般的段落 (不會縮排)

4-5-6 <hr> 元素 (水平線)

<hr> 元素用來標示水平線，其屬性有第 4-1 節所介紹的全域屬性，下面是一個例子。

\Ch04\hr.html

```
<p>靜夜思</p>
<hr> ❶
<p>床前明月光，疑是地上霜。</p>
<p>舉頭望明月，低頭思故鄉。</p>
```

❶ 使用 <hr> 元素標示水平線　❷ 瀏覽結果出現水平線

4-5-7 <address> 元素 (聯絡資訊)

<address> 元素用來標示聯絡資訊，其屬性有第 4-1 節所介紹的全域屬性。下面是一個例子，其中 <a> 元素用來標示超連結，第 4-6-4 節有進一步的說明。

\Ch04\address.html

```
<address>
  <a href="mailto:jean@hotmail.com">寫信給我們</a>
</address>
```

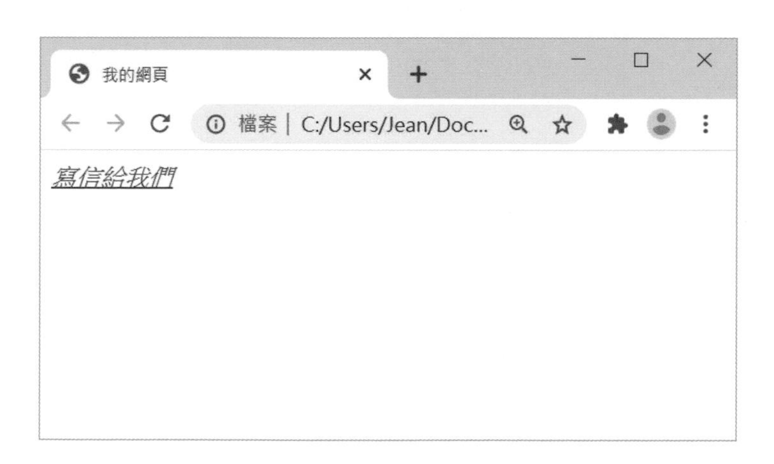

4-5-8 <div> 元素 (群組成一個區塊)

<div> 元素用來將 HTML 文件中某個範圍的內容和元素群組成一個區塊，令文件的結構更清晰。<div> 元素的屬性有第 4-1 節所介紹的全域屬性，下面是一個例子，它使用 <div> 元素將一個標題 1 和一個段落群組成一個區塊。

\Ch04\div.html

```
<div>
  <h1>靜夜思</h1>
  <p>床前明月光，疑是地上霜。舉頭望明月，低頭思故鄉。</p>
</div>
```

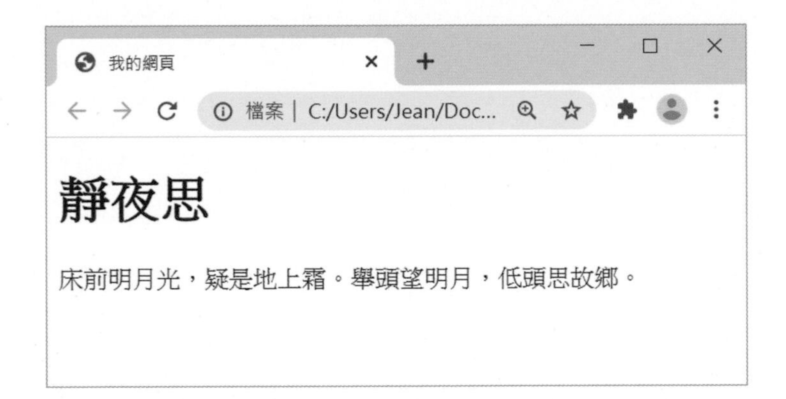

NOTE

所謂**區塊層級** (block level) 指的是元素的內容在瀏覽器中會另起一行，例如 <div>、<p>、<h1> 等均是區塊層級的元素。雖然 <div> 元素的瀏覽結果純粹是將內容另起一行，沒有什麼特別，但我們通常會搭配 class、id、style 等屬性，將 CSS 樣式表套用到 <div> 元素所群組的區塊。

此外，若元素 A 位於一個區塊層級的元素 B 裡面，那麼元素 B 就是元素 A 的**容器** (container)，例如在 \Ch04\div.html 中，<div> 元素就是 <h1> 和 <p> 兩個元素的容器。

4-5-9 <dl>、<dt>、<dd> 元素 (定義清單)

定義清單 (definition list) 用來將資料格式化成兩個層次，您可以將它想像成類似目錄的東西，第一層資料是某個名詞，而第二層資料是該名詞的解釋，或者，您也可以使用定義清單來製作巢狀清單。

製作定義清單會使用到下列三個元素，其屬性有第 4-1 節所介紹的全域屬性：

- <dl>：用來標示定義清單的開頭與結尾。
- <dt>：用來標示定義清單的第一層資料。
- <dd>：用來標示定義清單的第二層資料。

下面是一個例子。

\Ch04\dl.html

```
<dl>
  <dt>靜夜思</dt>
  <dd>床前明月光，疑是地上霜。舉頭望明月，低頭思故鄉。</dd>
  <dt>竹里館</dt>
  <dd>獨坐幽篁裏，彈琴復長嘯。深林人不知，明月來相照。</dd>
</dl>
```

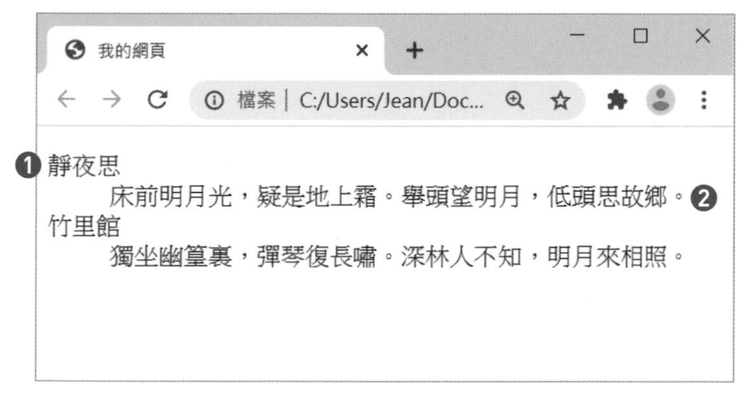

❶ 第一層資料 ❷ 第二層資料

4-5-10 <ul>、<ol>、<li> 元素 (項目符號與編號)

製作項目符號與編號會使用到下列幾個元素：

- <ul>：用來標示項目符號，其屬性有第 4-1 節所介紹的全域屬性。
- <ol>：用來標示編號，其屬性除了有第 4-1 節所介紹的全域屬性，還有下列屬性。

屬性	說明
type="{1,A,a,I,i}"	設定編號的類型為阿拉伯數字 (1.、2.、3.、...)、大寫英文字母 (A.、B.、C.、...)、小寫英文字母 (a.、b.、c.、...)、大寫羅馬數字 (I.、II.、III.、...)、小寫羅馬數字 (i.、ii.、iii.、...)，預設值為阿拉伯數字。
start="*n*"	設定編號的起始值，*n* 為數字，省略不寫的話，表示從 1.、A.、a.、I.、i. 開始。
reversed	以顛倒的編號順序顯示清單，例如 ...、5.、4.、3.、2.、1.。

- <li>：用來設定個別的項目，其屬性除了有第 4-1 節所介紹的全域屬性，還有 value="..."，用來設定一個整數給項目資料，以代表該項目資料的序數。

下面是一個例子，它先使用 <ul> 元素標示項目符號，然後使用 <li> 元素設定個別的項目。

\Ch04\ul.html

```
<ul>
  <li>靜夜思</li>
  <li>竹里館</li>
  <li>八陣圖</li>
  <li>哥舒歌</li>
</ul>
```

下面是另一個例子，它先使用 <ol> 元素標示編號，然後使用 <li> 元素設定個別的項目，其中 type="a" 屬性表示將編號設定為小寫英文字母，而 start="2" 屬性表示從 b. 開始編號。

\Ch04\ol.html

```
<ol type="a" start="2">
  <li>靜夜思</li>
  <li>竹里館</li>
  <li>八陣圖</li>
  <li>哥舒歌</li>
</ol>
```

4-6 文字層級元素

在本節中，我們會介紹一些文字層級元素，包括
 元素 (換行)、<span> 元素 (群組成一行)、文字格式元素、<a> 元素 (超連結) 等。

4-6-1
 元素 (換行)

 元素用來換行，其屬性有第 4-1 節所介紹的全域屬性，該元素沒有結束標籤。

下面是兩個例子供您做對照，左邊的例子雖然有使用空白字元和 Enter 鍵將詩句排列整齊，但瀏覽器會忽略這些字元，將所有詩句顯示成同一行，瀏覽結果如圖 ❶；而右邊的例子是使用
 元素進行換行，所以前三個詩句的後面都會換行，瀏覽結果如圖 ❷。

\Ch04\nobr.html

```
<body>
   床前明月光，
   疑是地上霜。
   舉頭望明月，
   低頭思故鄉。
</body>
```

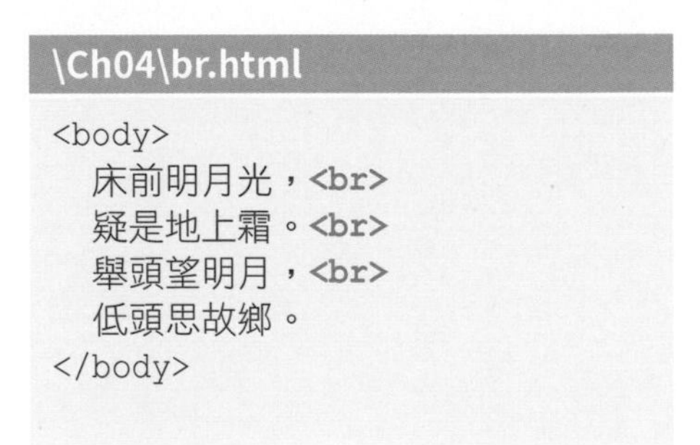

\Ch04\br.html

```
<body>
   床前明月光，<br>
   疑是地上霜。<br>
   舉頭望明月，<br>
   低頭思故鄉。
</body>
```

❶ 沒有使用
 元素會顯示在同一行

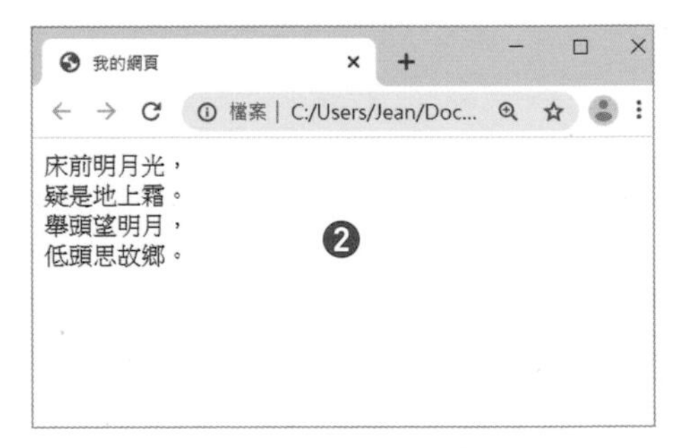

❷ 使用
 元素換行的行距比段落小

4-6-2 <span> 元素 (群組成一行)

<span> 元素用來將 HTML 文件中某個範圍的內容和元素群組成一行，其屬性有第 4-1 節所介紹的全域屬性。所謂**行內層級** (inline level) 指的是元素的內容在瀏覽器中不會另起一行，例如 <span>、<i>、<b>、<a> 等均屬於行內層級的元素。

<span> 元素最常見的用途就是搭配 class、id、style 等屬性，將 CSS 樣式表套用到 <span> 元素所群組的行內範圍，下面是一個例子。

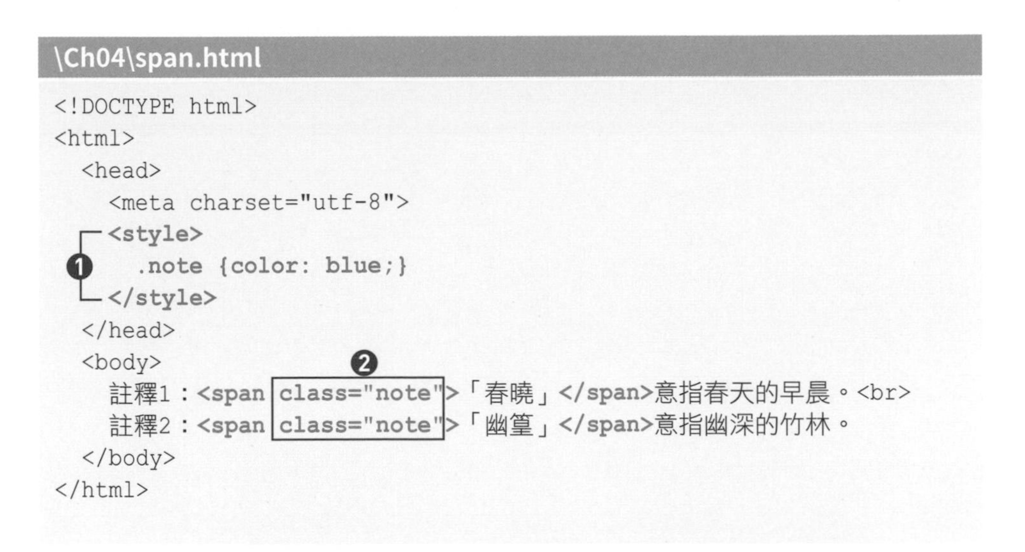

\Ch04\span.html

```
<!DOCTYPE html>
<html>
  <head>
    <meta charset="utf-8">
    <style>                                  ❶
      .note {color: blue;}
    </style>
  </head>
  <body>
    註釋1：<span class="note">「春曉」</span>意指春天的早晨。<br>     ❷
    註釋2：<span class="note">「幽篁」</span>意指幽深的竹林。
  </body>
</html>
```

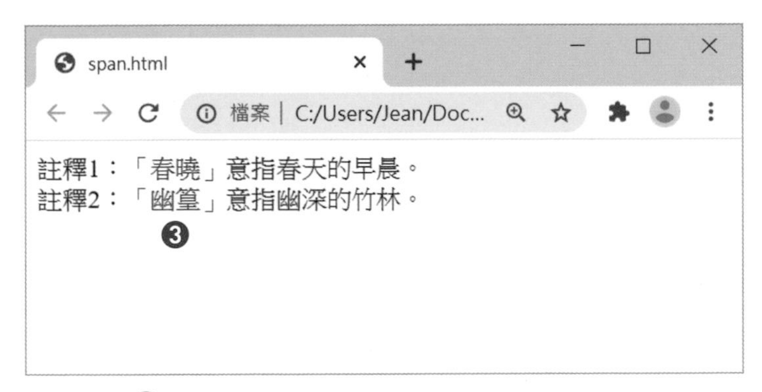

❶ 嵌入樣式表將 note 類別的文字色彩設定為藍色
❷ 將樣式表套用到行內範圍
❸ 套用樣式表的瀏覽結果

4-6-3 <b>、<i>、<u>、<sub>、<sup>、<small>、<em>、<strong>、<dfn>、<code>、<samp>、<kbd>、<var>、<cite>、<abbr>、<s>、<q>、<mark>、<time>、<ruby>、<rt> 元素

適當的文字格式可以提升網頁的可讀性和視覺效果，HTML5 提供了下列元素用來設定文字格式，這些元素的屬性有第 4-1 節所介紹的全域屬性。

文字格式元素	說明	文字格式元素	說明
<b>	粗體	<samp>	範例文字
<i>	斜體	<kbd>	鍵盤文字
<u>	底線	<var>	變數文字
<sub>	下標	<cite>	引用文字
<sup>	上標	<abbr>	縮寫
<small>	小型字	<s>	刪除字
<em>	強調斜體	<q>	引用語
<strong>	強調粗體	<mark>	螢光標記
<dfn>	定義文字	<time>	日期時間
<code>	程式碼	<ruby><rt>	注音或拼音

- 雖然 HTML5 保留了這些涉及網頁外觀的元素，但 W3C 還是鼓勵網頁設計人員使用 CSS 來取代。

- <mark> 元素是 HTML5 新增的元素，用來顯示螢光標記，它的意義和用來標示強調或重要性的 <em> 或 <strong> 元素不同。舉例來說，假設使用者在網頁上搜尋某個關鍵字，一旦搜尋到該關鍵字，就以螢光標記出來，那麼 <mark> 元素是比較適合的。

- <ruby> 與 <rt> 元素也是 HTML5 新增的元素，其中 <ruby> 元素用來包住字串及其注音或拼音，而 <rt> 元素是 <ruby> 元素的子元素，用來包住注音或拼音的部分。

下面是一個例子，它示範了這些文字格式元素的瀏覽結果。

\Ch04\text.html

```
<b>加上粗體的文字</b><br>
<i>加上斜體的文字</i><br>
<u>加上底線的文字</u><br>
H<sub>2</sub>O<br>
X<sup>3</sup><br>
<small>降低重要性的小型字</small><br>
<em>提高重要性的強調斜體字</em><br>
<strong>提高重要性的強調粗體字</strong><br>
<dfn>定義文字</dfn><br>
<code>程式碼</code><br>
<samp>範例文字</samp><br>
<kbd>鍵盤文字</kbd><br>
<var>變數文字</var><br>
<cite>引用文字</cite><br>
<abbr>縮寫，例如HTTP</abbr><br>
<s>刪除字</s><br>
<q>引用語</q><br>
<mark>螢光標記</mark><br>
<time>1999-1-25</time><br>
<ruby>漢<rt>ㄏㄢˋ</rt></ruby>
```

我的網頁
檔案 | C:/Users/Jean/Doc...

加上粗體的文字
加上斜體的文字
加上底線的文字
H_2O
X^3
降低重要性的小型字
提高重要性的強調斜體字
提高重要性的強調粗體字
定義文字
程式碼
範例文字
鍵盤文字
變數文字
引用文字
縮寫，例如HTTP
~~刪除字~~
"引用語"
螢光標記
1999-1-25
ㄏㄢˋ
漢

4-6-4 <a> 元素 (超連結)

<a> 元素用來標示超連結，常用的屬性如下：

- href="*url*"：設定超連結所連結之資源的網址。
- download：設定要下載檔案而不是要瀏覽檔案。
- 第 4-1 節所介紹的全域屬性。

下面是一個例子，它會以編號清單的方式顯示三個超連結。

\Ch04\a.html

```
<ol>
  <li><a href="style.html">連結到style.html網頁</a></li>
  <li><a href="https://www.google.com.tw/">連線到Google網站</a></li>
  <li><a href="mailto:jean@hotmail.com">寫信給我們</a></li>
</ol>
```

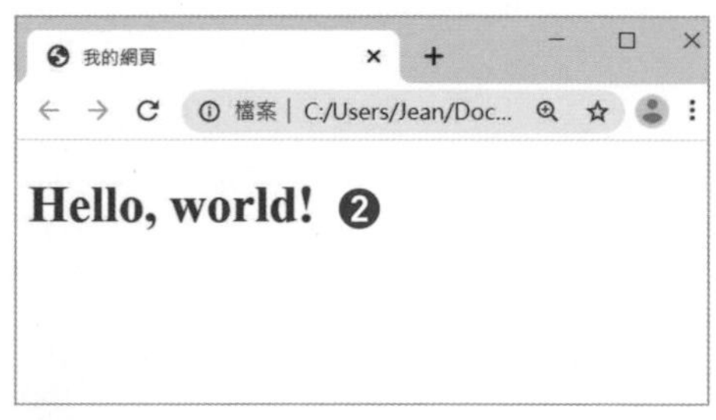

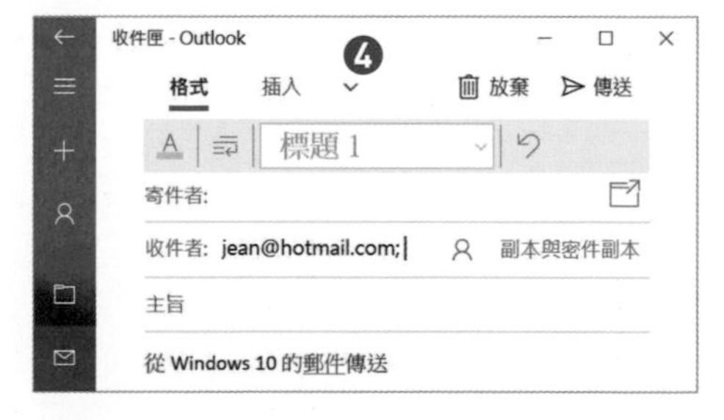

❶ 瀏覽結果
❷ 按第一個超連結會開啟 style.html
❸ 按第二個超連結會連線到 Google 網站
❹ 按第三個超連結會啟動電子郵件程式

頁內超連結

超連結也可以用來連結到網頁內的某個位置，稱為**頁內超連結**，當網頁的內容比較長時，為了方便瀏覽資料，我們可以針對網頁上的主題建立頁內超連結，日後使用者只要點取頁內超連結，就會跳到指定的主題內容。

下面是一個例子，由於網頁的內容比較長，使用者可能得移動捲軸才能瀏覽想看的資料，於是我們將項目清單中的「巴哈」、「貝多芬」、「布拉姆斯」、「蕭邦」等四個項目設定為頁內超連結，分別連結到定義清單中對應的介紹文字，令使用者一點取頁內超連結，就跳到對應的介紹文字。

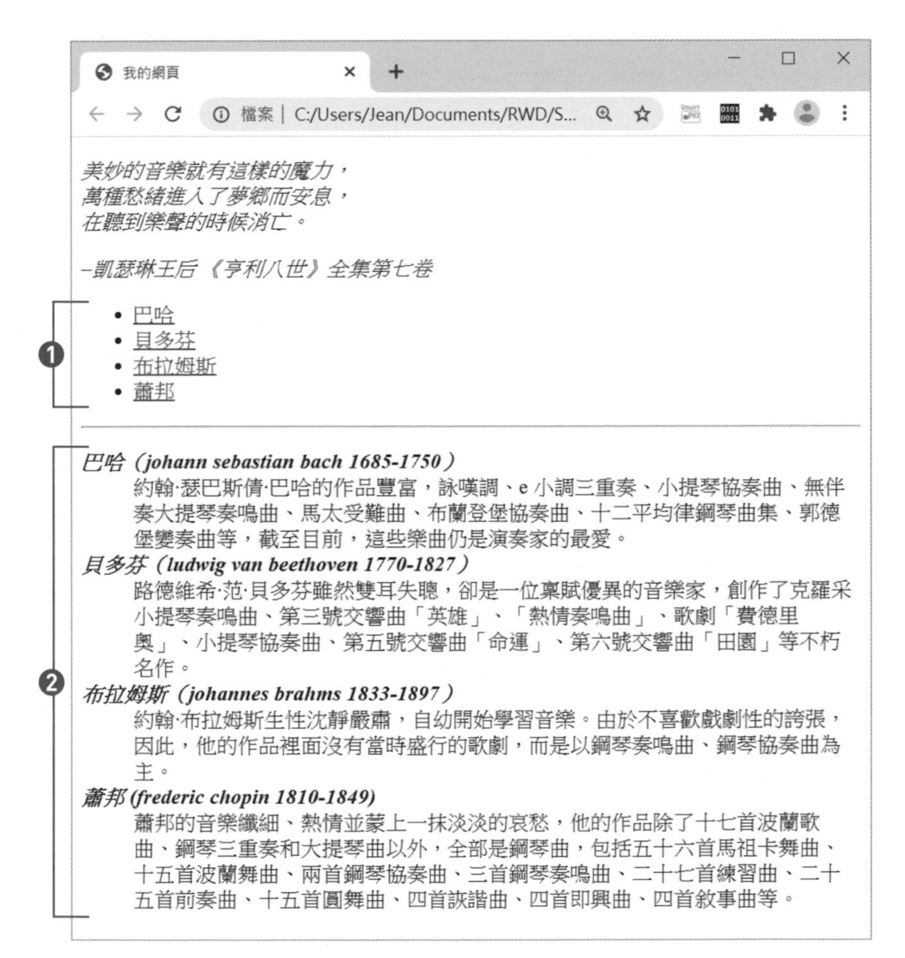

❶ 頁內超連結 ❷ 對應的介紹文字

建立頁內超連結包含下列兩個步驟：

1. 在對應的介紹文字加上 id 屬性，以設定唯一的識別字。
2. 使用頁內超連結的 href 屬性設定所連結的識別字。由於此例的 href 屬性和欲連結的識別字位於相同檔案，所以檔名省略不寫，若識別字位於其它檔案，就必須寫出檔名，例如 <a href="a2.html#bach">。此外，若 # 符號後面沒有識別字，例如 <a href="#"> 表示連結到網頁本身。

\Ch04\a2.html

```
<body>
  <p><i>美妙的音樂就有這樣的魔力，<br>
    萬種愁緒進入了夢鄉而安息，<br>
    在聽到樂聲的時候消亡。<br></i></p>
  <p><i>-凱瑟琳王后 《亨利八世》全集第七卷</i></p>
  <ul>        ❷
    <li><a href="#bach">巴哈</a></li>
    <li><a href="#beethoven">貝多芬</a></li>
    <li><a href="#brahms">布拉姆斯</a></li>
    <li><a href="#chopin">蕭邦</a></li>
  </ul>
  <hr>
  <dl>      ❶
    <dt id="bach"><b><i>巴哈 (johann sebastian bach 1685-1750) </i></b></dt>
    <dd>約翰・瑟巴斯倩・巴哈的作品豐富，詠嘆調、...。</dd>
    <dt id="beethoven"><b><i>貝多芬 (ludwig van beethoven 1770-1827) </i></b></dt>
    <dd>路德維希・范・貝多芬雖然雙耳失聰，卻是一位稟賦優異...。</dd>
     <dt id="brahms"><b><i>布拉姆斯 (johannes brahms 1833-1897) </i></b></dt>
    <dd>約翰・布拉姆斯生性沈靜嚴肅，自幼開始學習音樂...。</dd>
    <dt id="chopin"><b><i>蕭邦 (frederic chopin 1810-1849) </i></b></dt>
    <dd>蕭邦的音樂纖細、熱情並蒙上一抹淡淡的哀愁，...。</dd>
  </dl>
</body>
```

❶ 在對應的介紹文字加上 id 屬性，以設定唯一的識別字

❷ 使用 href 屬性設定所連結的識別字

4-7 嵌入內容元素

除了文字之外，我們也可以在 HTML 文件中嵌入圖片、聲音、影片或其它瀏覽器支援的物件，以下各小節有進一步的說明。

4-7-1 <img> 元素 (嵌入圖片)

<img> 元素用來嵌入圖片，該元素沒有結束標籤，常用的屬性如下：

- src="*url*"：設定圖片的網址。
- width="*n*"：設定圖片的寬度 (*n* 為像素數或容器寬度比例)。
- height="*n*"：設定圖片的高度 (*n* 為像素數或容器高度比例)。
- alt="..."：設定圖片的替代顯示文字，當圖片無法順利顯示出來時，就會顯示這個屬性所設定的文字。
- ismap：設定圖片為伺服器端影像地圖。
- usemap="*url*"：設定影像地圖所在的檔案網址及名稱。
- 第 4-1 節所介紹的全域屬性。

網頁上的圖檔格式通常是以 JPEG、GIF、PNG 為主，其比較如下。

	JPEG	GIF	PNG
色彩數目	全彩	256 色	全彩
透明度	無	有	有
動畫	無	有	無 (可以透過擴充規格 APNG 製作動態效果)
適用時機	照片、漸層圖片	簡單圖片、需要去背或動態效果的圖片	照片、漸層圖片、簡單圖片、需要去背的圖片、動態貼圖

當我們使用 <img> 元素在 HTML 文件中嵌入圖片時，除了可以透過 src="*url*" 屬性設定圖片的網址，還可以透過 width="*n*" 和 height="*n*" 屬性設定圖片的寬度與高度。若沒有設定寬度與高度，瀏覽器會以圖片的原始大小來顯示，下面是一個例子。

\Ch04\img.html

```
<img src="bird.jpg" width="30%"><br>
<img src="bird.jpg" width="200" height="150">
<img src="bird.jpg" width="100" height="75">
```

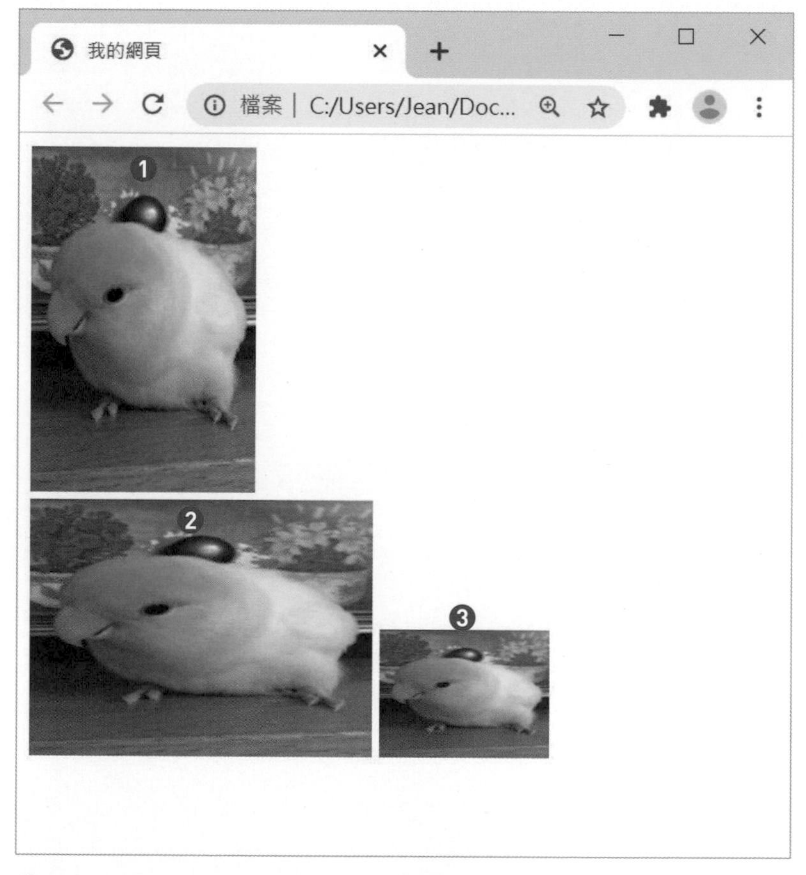

❶ 圖片的寬度為視窗寬度的 30% (高度隨著同比例縮放)

❷ 圖片的寬度為 200 像素、高度為 150 像素

❸ 圖片的寬度為 100 像素、高度為 75 像素

4-7-2 <figure>、<figcaption> 元素 (標註)

我們可以使用 HTML5 新增的 <figure> 元素將圖片、表格、程式碼等能夠從主要內容抽離的區塊標註出來，同時可以使用 <figcaption> 元素針對 <figure> 元素的內容設定說明，這兩個元素的屬性有第 4-1 節所介紹的全域屬性。<figure> 元素所標註的區塊不會影響主要內容的閱讀動線，而且可以移到附錄、網頁的一側或其它專屬的網頁。

下面是一個例子，它會使用 <figure> 元素標註一張圖片，並使用 <figcaption> 元素設定圖片的說明。

\Ch04\figure.html

```
<figure>
  <img src="white.jpg" width="100%">
  <figcaption>白水先生作品</figcaption>
</figure>
```

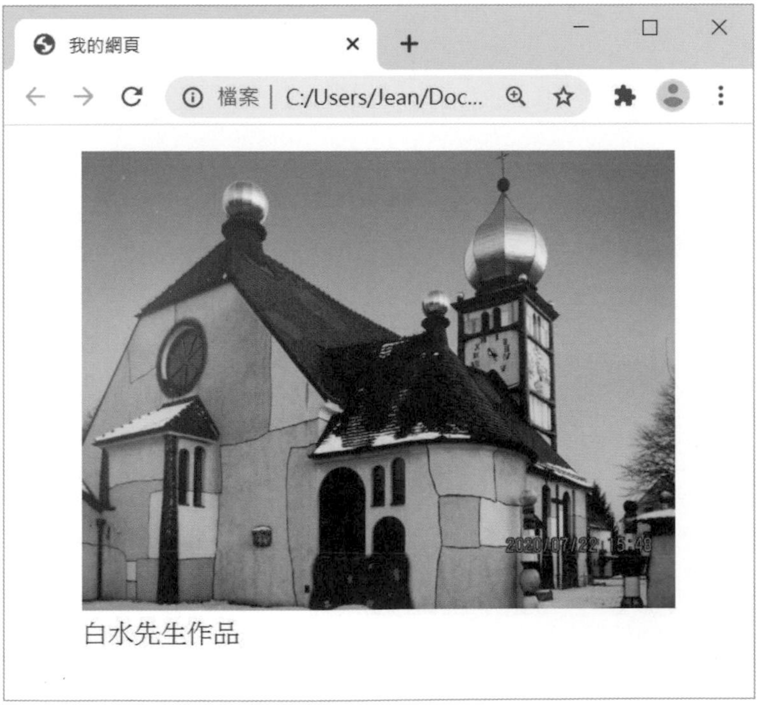

我的網頁

檔案 | C:/Users/Jean/Doc...

白水先生作品

4-7-3 <video>、<audio> 元素 (嵌入影片與聲音)

<video> 元素提供了在網頁上嵌入影片的標準方式，常用的屬性如下：

- src="*url*"：設定影片的網址。
- poster="*url*"：設定在影片下載完畢之前或播放之前所顯示的畫格。
- preload="{none,metadata,auto}"：設定是否要在載入網頁的同時將影片預先下載到緩衝區，none 表示否，metadata 表示要先取得影片的 metadata (例如畫格尺寸、片長、目錄列表、第一個畫格等)，但不要預先下載影片的內容，auto 表示由瀏覽器決定是否要預先下載影片。
- autoplay：設定讓瀏覽器在載入網頁的同時自動播放影片。
- loop：設定影片重複播放。
- muted：設定影片為靜音。
- controls：設定要顯示瀏覽器內建的控制面板。
- width="*n*"：設定影片的寬度 (*n* 為像素數)。
- height="*n*"：設定影片的高度 (*n* 為像素數)。
- 第 4-1 節所介紹的全域屬性。

至於 <audio> 元素則提供了在網頁上嵌入聲音的標準方式，常用的屬性有 src、preload、autoplay、loop、muted、controls 等，用法和 <video> 元素類似。

下面是一個例子 (\Ch04\video.html)，它會播放影片 bird.mp4，而且會顯示控制面板，載入網頁時自動播放影片，播放完畢之後會重複播放，一開始播放時為靜音模式，但使用者可以透過控制面板開啟聲音：

```
<video src="bird.mp4" controls autoplay loop muted></video>
```

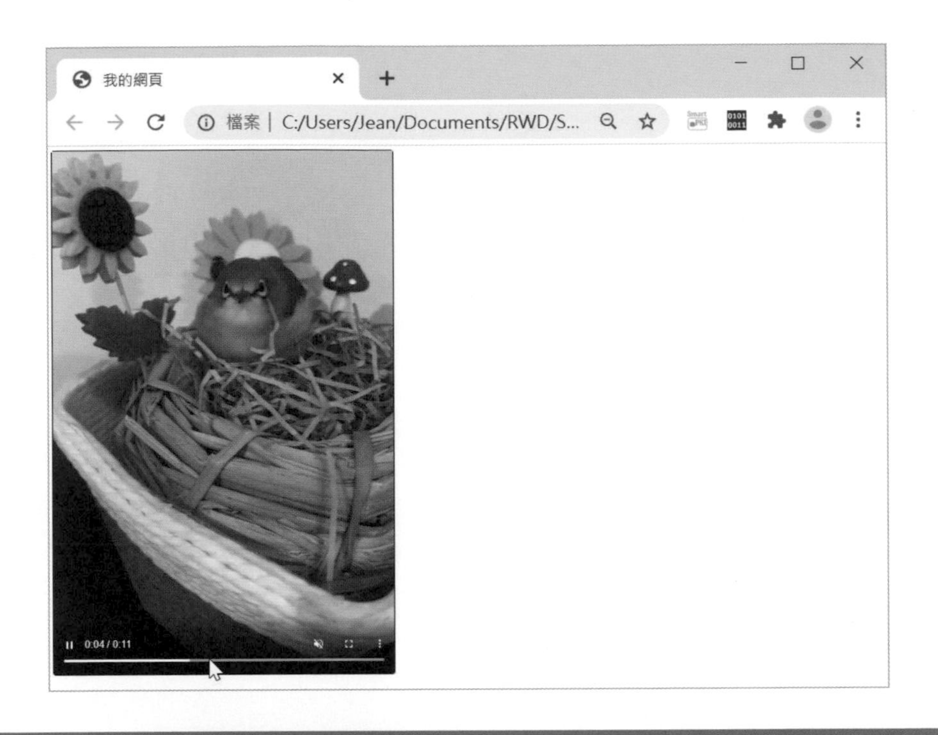

NOTE

HTML5 支援的視訊格式有 WebM (*.webm)、Ogg Theora (*.ogv)、H.264/MPEG-4 (*.mp4、*.m4v) 等，常見的瀏覽器支援情況如下。

	Chrome	Opera	Firefox	IE	Safari
WebM	Yes	Yes	Yes	No	No
Ogg Theora	Yes	Yes	Yes	No	No
H.264/MPEG-4	Yes	Yes	Yes	Yes	Yes

HTML5 支援的音訊格式有 MP3 (.mp3、.m3u)、AAC (.aac、.mp4、.m4a)、Ogg Vorbis (*.ogg) 等，常見的瀏覽器支援情況如下。

	Chrome	Opera	Firefox	IE	Safari
MP3	Yes	Yes	Yes	Yes	Yes
AAC	Yes	Yes	Yes	Yes	Yes
Ogg Vorbis	Yes	Yes	Yes	No	No

4-7-4 <object> 元素 (嵌入物件)

由於 <video> 和 <audio> 元素是 HTML5 新增的元素，若您擔心瀏覽器可能不支援這兩個元素，或者，您原有的影片檔或聲音檔並不是 <video> 和 <audio> 元素原生支援的視訊 / 音訊格式，那麼您可以使用 HTML4.01 就已經提供的 <object> 元素在 HTML 文件中嵌入圖片、影片、聲音或瀏覽器所支援的其它物件。

<object> 元素常用的屬性如下：

- width="*n*"：設定物件的寬度 (*n* 為像素數)。
- height="*n*"：設定物件的高度 (*n* 為像素數)。
- name="..."：設定物件的名稱。
- data="*url*"：設定物件資料的網址。
- type="*content-type*"：設定物件的內容類型。
- typemustmatch：設定只有在 type 屬性的值和物件的內容類型符合時，才能使用 data 屬性所設定的物件資料。
- form="*formid*"：設定物件隸屬於 id 為 *formid* 的表單。
- 第 4-1 節所介紹的全域屬性。

嵌入影片

我們可以使用 <object> 元素在 HTML 文件中嵌入影片，下面是一個例子 (\Ch04\object1.html)，它會播放影片 bird.avi，有需要的話，也可以加上 width="*n*"、height="*n*" 等屬性設定影片的寬度與高度：

```
<object data="bird.avi"></object>
```

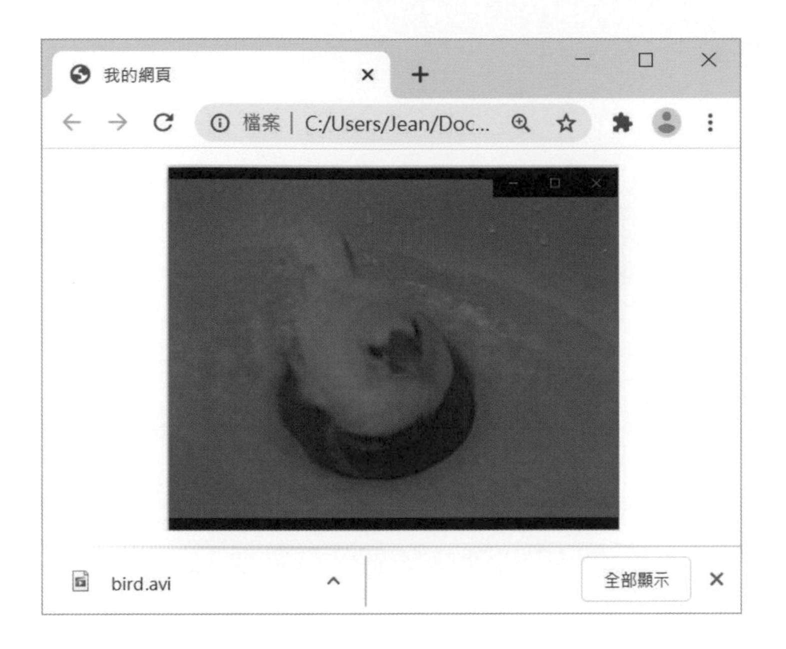

嵌入聲音

除了影片之外，我們也可以使用 <object> 元素在 HTML 文件中嵌入聲音，下面是一個例子 (\Ch04\object2.html)：

```
<object data="nanana.wav" type="audio/wav"
  width="200" height="200"></object>
```

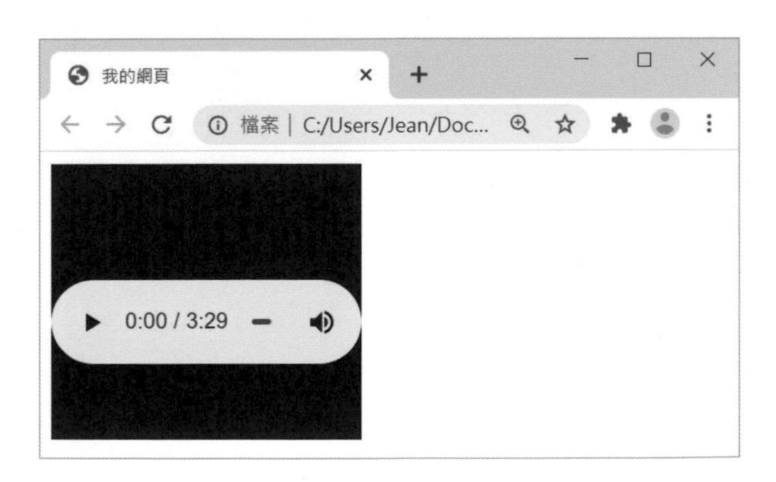

4-7-5 <iframe> 元素 (嵌入浮動框架)

<iframe> 元素用來嵌入浮動框架 (inline frame)，常用的屬性如下：

- src="*url*"：設定浮動框架的來源網頁網址。
- name="..."：設定浮動框架的名稱 (限英文且唯一)。
- width="*n*"：設定浮動框架的寬度 (*n* 為像素數或容器寬度比例)。
- height="*n*"：設定浮動框架的高度 (*n* 為像素數或容器高度比例)。
- frameborder="{1,0}"：設定是否顯示浮動框架的框線。
- allowfullscreen：允許以全螢幕顯示浮動框架的內容。
- 第 4-1 節所介紹的全域屬性。

舉例來說，假設要在網頁上透過浮動框架嵌入 YouTube 影片，步驟如下：

1. 以瀏覽器開啟 YouTube 並找到要播放的影片，然後在影片按一下滑鼠右鍵，選取 [**複製嵌入程式碼**]。

2. 將步驟 1. 複製的程式碼貼到網頁上要放置浮動框架的位置，然後儲存並執行網頁，就可以得到如下圖的瀏覽結果。當然除了 YouTube 影片之外，我們也可以在浮動框架中開啟一般網頁，只要將 <iframe> 元素的 src 屬性設定為其網址即可。

\Ch04\iframe.html

```
<!DOCTYPE html>
<html>
  <head>
    <meta charset="utf-8">
    <title>我的網頁</title>
  </head>
  <body>
    <iframe width="640" height="360"
    src="https://www.youtube.com/embed/A26JnxBLh_w" frameborder="0"
    allowfullscreen></iframe>
  </body>
</html>
```

4-8 表格元素

在本節中，我們會介紹 HTML 提供的表格元素，包括使用 <table>、<tr>、<td>、<th> 元素建立表格，以及使用 <caption>、<thead>、<tbody>、<tfoot> 元素設定表格的標題、表頭、主體與表尾。

4-8-1 <table>、<tr>、<td>、<th> 元素(建立表格)

<table> 元素

<table> 元素用來標示表格，常用的屬性如下：

- border="*n*"：設定表格的框線大小 (*n* 為像素數)。
- width="*n*"：設定表格的寬度 (*n* 為像素數或容器寬度比例)。
- cellpadding="*n*"：設定儲存格墊充 (即留白，*n* 為像素數)。
- cellspacing="*n*"：設定儲存格間距 (*n* 為像素數)。
- frame="{...}"：設定表格的外框線顯示方式，設定值如下。

void	不顯示外框線	hsides	顯示上下邊界框線
border、box	顯示四周框線	lhs	顯示左邊界框線
above	顯示上邊界框線	rhs	顯示右邊界框線
below	顯示下邊界框線	vsides	顯示左右邊界框線

- rules="{...}"：設定表格的內框線顯示方式，設定值如下。

none	不顯示內框線	rows	顯示各列之間的框線
all	顯示所有內框線	cols	顯示各欄之間的框線
groups	顯示表頭、主體或表尾之間的框線		

- 第 4-1 節所介紹的全域屬性。

<tr> 元素

<tr> 元素用來在表格中標示一列 (row)，常用的屬性如下：

- align="{left,right,center,justify,char}"：設定一列的水平對齊方式 (靠左、靠右、置中、左右對齊、對齊指定字元)。
- valign="{top,middle,bottom,baseline}"：設定一列的垂直對齊方式 (靠上、中央、靠下、基準線)。
- 第 4-1 節所介紹的全域屬性。

<td> 元素

<td> 元素用來在一列中標示儲存格，常用的屬性如下：

- colspan="*n*"：設定儲存格是由幾欄合併而成 (*n* 為欄數)。
- rowspan="*n*"：設定儲存格是由幾列合併而成 (*n* 為列數)。
- align="{left,right,center,justify,char}"：設定儲存格的水平對齊方式 (靠左、靠右、置中、左右對齊、對齊指定字元)。
- valign="{top,middle,bottom,baseline}"：設定儲存格的垂直對齊方式 (靠上、中央、靠下、基準線)。
- width="*n*"：設定儲存格的寬度 (*n* 為像素數或表格寬度比例)。
- height="*n*"：設定儲存格的高度 (*n* 為像素數或表格高度比例)。
- 第 4-1 節所介紹的全域屬性。

<th> 元素

<th> 元素用來在一列中標示標題儲存格，常用的屬性如下：

- colspan="*n*"：設定儲存格是由幾欄合併而成 (*n* 為欄數)。
- rowspan="*n*"：設定儲存格是由幾列合併而成 (*n* 為列數)。
- 第 4-1 節所介紹的全域屬性。

下面是一個例子，它會製作如下圖的 4×2 表格 (4 列 2 欄)，步驟如下：

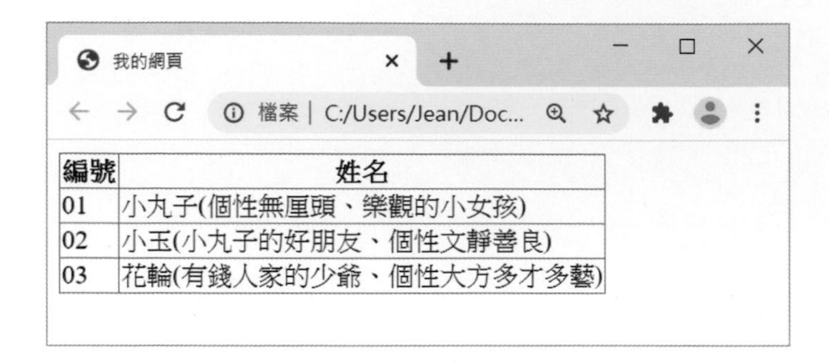

1. 首先要標示表格，請在 <body> 元素裡面加入 <table> 元素，同時利用 frame 和 rules 屬性顯示表格的四周框線和所有內框線。

```
<table frame="border" rules="all">
</table>
```

2. 接著要標示列數，請在 <table> 元素裡面加入 4 個 <tr> 元素。

```
<table frame="border" rules="all">
  <tr></tr>
  <tr></tr>
  <tr></tr>
  <tr></tr>
</table>
```

3. 繼續要在每一列標示各個儲存格，由於表格有 2 欄，而且第一列為標題列，所以在第一個 <tr> 元素裡面加入 2 個 <th> 元素，其餘各列則加入 2 個 <td> 元素，表示每一列有 2 欄。

```
<table frame="border" rules="all">
  <tr>
    <th></th>
    <th></th>
  </tr>
```

```
  <tr>
    <td></td>
    <td></td>
  </tr>
  <tr>
    <td></td>
    <td></td>
  </tr>
  <tr>
    <td></td>
    <td></td>
  </tr>
</table>
```

4. 最後，在每個 <th> 和 <td> 元素裡面輸入各個儲存格的內容，然後儲存檔案。

\Ch04\table.html

```
<table frame="border" rules="all">
  <tr>
    <th>編號</th>
    <th>姓名</th>
  </tr>
  <tr>
    <td>01</td>
    <td>小丸子(個性無厘頭、樂觀的小女孩)</td>
  </tr>
  <tr>
    <td>02</td>
    <td>小玉(小丸子的好朋友、個性文靜善良)</td>
  </tr>
  <tr>
    <td>03</td>
    <td>花輪(有錢人家的少爺、個性大方多才多藝)</td>
  </tr>
</table>
```

4-8-2 <caption> 元素 (表格的標題)

我們可以使用 <caption> 元素設定表格的標題，而且該標題可以是文字或圖片，其屬性有第 4-1 節所介紹的全域屬性，下面是一個例子。

\Ch04\table2.html

```
<table frame="border" rules="all">
❶ <caption>櫻桃小丸子人物介紹</caption>
  <tr>
    <th>編號</th>
    <th>姓名</th>
  </tr>
  <tr>
    <td>01</td>
    <td>小丸子(個性無厘頭、樂觀的小女孩)</td>
  </tr>
  <tr>
    <td>02</td>
    <td>小玉(小丸子的好朋友、個性文靜善良)</td>
  </tr>
  <tr>
    <td>03</td>
    <td>花輪(有錢人家的少爺、個性大方多才多藝)</td>
  </tr>
</table>
```

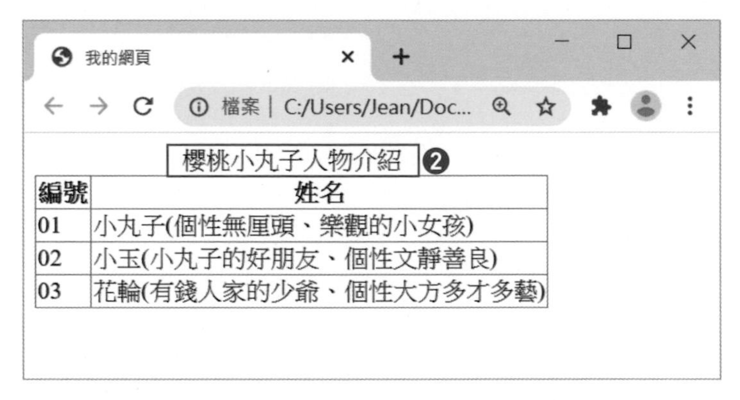

❶ 使用 <caption> 元素設定表格的標題 ❷ 瀏覽結果

4-8-3 <thead>、<tbody>、<tfoot> 元素 (表格的表頭、主體與表尾)

我們可以使用 <thead>、<tbody>、<tfoot> 元素設定表格的表頭、主體與表尾，其屬性有第 4-1 節所介紹的全域屬性，下面是一個例子。

\Ch04\table3.html

```
<table frame="border" rules="all">
  <thead>
    <tr>
      <th>編號</th>
      <th>姓名</th>
    </tr>
  </thead>

  <tboby>
    <tr>
      <td>01</td>
      <td>小丸子(個性無厘頭、樂觀的小女孩)</td>
    </tr>
    <tr>
     <td>02</td>
     <td>小玉(小丸子的好朋友、個性文靜善良)</td>
    </tr>
    <tr>
      <td>03</td>
      <td>花輪(有錢人家的少爺、個性大方多才多藝)</td>
    </tr>
  </tbody>
  <tfoot>
    <tr>
      <td colspan="2">註：櫻桃小丸子人物介紹</td>
    </tr>
  </tfoot>
</table>
```

編號	姓名
01	小丸子(個性無厘頭、樂觀的小女孩)
02	小玉(小丸子的好朋友、個性文靜善良)
03	花輪(有錢人家的少爺、個性大方多才多藝)
註：櫻桃小丸子人物介紹	

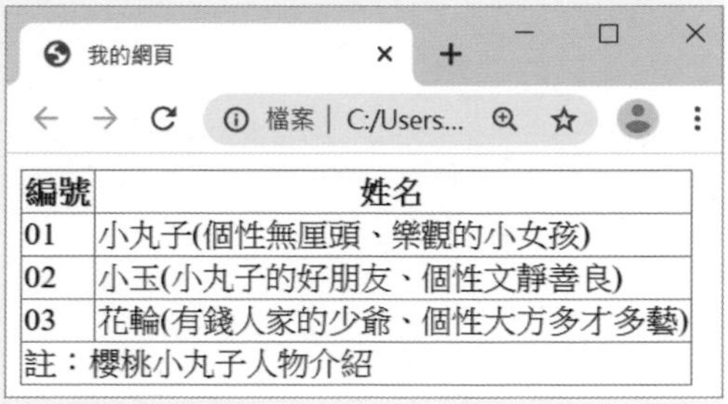

❶ 表格的表頭　❷ 表格的主體

❸ 表格的表尾　❹ 加上此屬性表示該儲存格是由 2 欄合併而成

4-9 表單元素

表單 (form) 可以提供輸入介面讓使用者輸入資料，然後將資料傳回 Web 伺服器以做進一步的處理，常見的應用有 Web 搜尋、線上投票、會員登錄、網路購物、網路民調等。表單的建立包含下列兩個部分：

1. 使　用 <form>、<input>、<textarea>、<select>、<option>、<button> 等元素設計表單介面，例如單行文字方塊、下拉式清單、選項按鈕、核取方塊、按鈕等。
2. 撰寫表單處理程式，也就是表單的後端處理，例如將表單資料傳送到電子郵件地址、寫入檔案、寫入資料庫或進行查詢等。

在本節中，我們將介紹常用的表單元素，至於表單處理程式因為需要使用到 PHP、ASP/ASP.NET、JSP、CGI 等伺服器端 Script，所以不做進一步的討論，有興趣的讀者可以參考相關書籍。

4-9-1 <form> 元素 (建立表單)

<form> 元素用來在 HTML 文件中建立表單，常用的屬性如下：

- method="{get,post}"：設定將表單資料傳送給表單處理程式的方法，預設值為 get。
- action="*url*"：設定表單處理程式的網址，例如下面的敘述是將表單處理程式設定為 handler.php：

```
<form method="post" action="handler.php">
```

- name="..."：設定表單的名稱 (限英文且唯一)。
- autocomplete="{on,off,default}"：設定是否啟用自動完成功能。
- novalidate：設定在提交表單時不要進行驗證。
- 第 4-1 節所介紹的全域屬性。

4-9-2 <input> 元素 (輸入欄位)

<input> 元素用來在表單中插入輸入欄位或按鈕，常用的屬性如下，該元素沒有結束標籤：

» type="*state*"：設定表單欄位的輸入類型。

HTML4.01 提供的 type 屬性值	輸入類型	HTML4.01 提供的 type 屬性值	輸入類型
type="text"	單行文字方塊	type="reset"	重設按鈕
type="password"	密碼欄位	type="file"	上傳檔案
type="radio"	選項按鈕	type="image"	圖片提交按鈕
type="checkbox"	核取方塊	type="hidden"	隱藏欄位
type="submit"	提交按鈕	type="button"	一般按鈕

HTML5 新增的 type 屬性值	輸入類型	HTML5 新增的 type 屬性值	輸入類型
type="email"	電子郵件地址	type="color"	色彩
type="url"	網址	type="date"	日期
type="search"	搜尋欄位	type="time"	時間
type="tel"	電話號碼	type="month"	月份
type="number"	數字	type="week"	一年的第幾週
type="range"	指定範圍的數字	type="datetime-local"	本地日期時間

» accept="..."：設定提交檔案時的內容類型，例如 <input type="file" accept="image/gif,image/jpeg">。

» autocomplete="{on,off,default}"：設定是否啟用自動完成功能。

» autofocus：設定在載入網頁時，令焦點自動移到表單欄位。

» checked：將選項按鈕或核取方塊預設為已選取的狀態。

» disabled：取消表單欄位，使該欄位的資料無法被接受或提交。

- form="*formid*"：設定表單欄位隸屬於 id 屬性為 *formid* 的表單。
- maxlength="*n*"：設定單行文字方塊、密碼欄位、搜尋欄位等表單欄位的最多字元數。
- minlength="*n*"：設定單行文字方塊、密碼欄位、搜尋欄位等表單欄位的最少字元數。
- min="*n*"、max="*n*"、step="*n*"：設定數字輸入類型或日期輸入類型的最小值、最大值和間隔值。
- multiple：設定允許使用者輸入多個值。
- name="..."：設定表單欄位的名稱 (限英文且唯一)。
- notab：設定不允許使用者以按 Tab 鍵的方式移到表單欄位。
- pattern="..."：針對表單欄位設定進一步的輸入格式，例如 <input type="tel" pattern="[0-9]{4}(\-[0-9]{6})"> 是設定輸入值必須符合 xxxx-xxxxxx 的格式，而 x 為 0 到 9 的數字。
- placeholder="..."：設定在表單欄位中顯示提示文字。
- readonly：設定不允許使用者變更表單欄位的資料。
- required：設定使用者必須在表單欄位中輸入資料，例如 <input type="search" required> 是設定使用者必須在搜尋欄位中輸入資料，否則瀏覽器會出現提示文字要求輸入。
- size="*n*"：設定單行文字方塊、密碼欄位、搜尋欄位等表單欄位的寬度 (*n* 為字元數)，這指的是使用者在畫面上可以看到的字元數。
- src="*url*"：設定圖片提交按鈕的網址 (當 type="image" 時)。
- value="..."：設定表單欄位的初始值。
- 第 4-1 節所介紹的全域屬性。

範例：單行文字方塊、密碼欄位與按鈕

在下面的例子中，我們將使用 <input> 元素在表單中插入單行文字方塊、密碼欄位與按鈕，瀏覽結果如下圖。

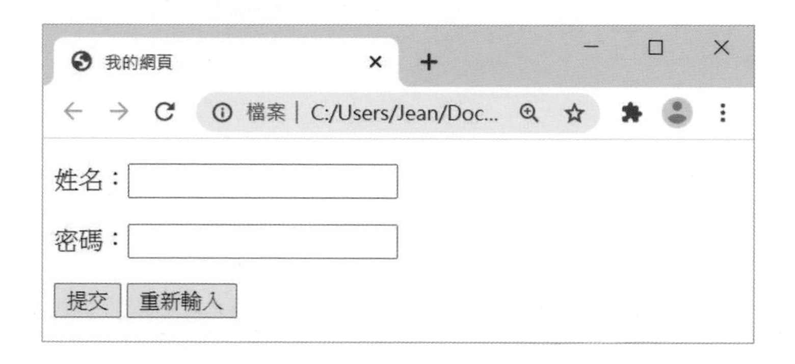

\Ch04\input1.html

```
01 <form>
02   <p>姓名：<input type="text" name="userName" size="20"></p>
03   <p>密碼：<input type="password" name="userPWD" size="20"></p>
04   <input type="submit" value="提交">
05   <input type="reset" value="重新輸入">
06 </form>
```

- 01、06：使用 <form> 元素在 HTML 文件中建立表單。
- 02：使用 <input> 元素插入寬度為 20 字元、名稱為 "userName" 的單行文字方塊 (type="text")，此欄位可以用來輸入單行文字。
- 03：使用 <input> 元素插入寬度為 20 字元、名稱為 "userPWD" 的密碼欄位 (type="password")，此欄位可以用來輸入密碼。
- 04：使用 <input> 元素插入 [提交] 按鈕 (type 屬性為 "submit")，此按鈕預設的動作會將使用者輸入的資料傳回 Web 伺服器。
- 05：使用 <input> 元素插入 [重新輸入] 按鈕 (type 屬性為 "reset")，此按鈕預設的動作會清除使用者輸入的資料。

範例：選項按鈕

在下面的例子中，我們將使用 <input> 元素在表單中插入選項按鈕，瀏覽結果如下圖。選項按鈕就像只允許單選的選擇題，適合用來詢問使用者的性別、年齡層、最高學歷等只有一個答案的問題。

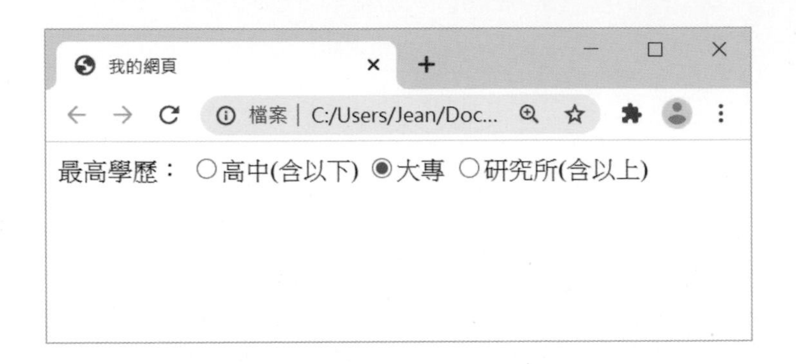

\Ch04\input2.html

```
01 <form>
02   最高學歷：
03   <input type="radio" name="education" value="e1">高中(含以下)
04   <input type="radio" name="education" value="e2" checked>大專
05   <input type="radio" name="education" value="e3">研究所(含以上)
06 </form>
```

第 03 ~ 05 行是插入一組包含 " 高中 (含以下)"、" 大專 "、" 研究所 (含以上)" 等三個選項的選項按鈕 (type="radio")，名稱均為 "education" (限英文且唯一)，表示它們屬於相同群組，而選項的值分別為 "e1"、"e2"、"e3" (中英文皆可)，相同群組中的每個選項必須擁有唯一的值，這樣在使用者點取 [提交] 按鈕，將表單資料傳回 Web 伺服器後，表單處理程式才能根據傳回的群組名稱與值判斷哪組選項按鈕的哪個選項被選取。

此外，第 04 行的選項按鈕有加上 checked 屬性，表示預設為已選取的狀態，若要取消某個選項按鈕，使之無法被選取，可以加上 disabled 屬性。

範例：核取方塊

在下面的例子中，我們將使用 <input> 元素在表單中插入核取方塊，瀏覽結果如下圖。核取方塊就像允許複選的選擇題，適合用來詢問使用者喜歡從事哪幾類的活動、使用哪些品牌的生活用品等可以複選的問題。

\Ch04\input3.html

```
01<form>
02    選擇您的興趣(可以複選):
03    <input type="checkbox" name="interest[]" value="travel" checked>旅遊
04    <input type="checkbox" name="interest[]" value="reading">閱讀
05    <input type="checkbox" name="interest[]" value="music">音樂
06    <input type="checkbox" name="interest[]" value="sport">運動
07</form>
```

第 03 ~ 06 行是插入一組包含 " 旅遊 "、" 閱讀 "、" 音樂 "、" 運動 " 等四個選項的核取方塊 (type="checkbox")，名稱均為 "interest[]" (限英文且唯一)，表示它們屬於相同群組，[] 符號表示陣列，這是為了方便表單處理程式判斷哪些選項被核取，而選項的值分別為 "travel"、"reading"、"music"、"sport" (中英文皆可)。

此外，第 03 行的核取方塊有加上 checked 屬性，表示預設為已選取的狀態，若要取消某個核取方塊，使之無法被選取，可以加上 disabled 屬性。

範例：電子郵件欄位與網址欄位

在下面的例子中，我們將使用 <input> 元素在表單中插入電子郵件欄位 (type="email") 與網址欄位 (type="url")。

當使用者輸入的資料不符合電子郵件地址格式時，瀏覽器會出現提示文字要求重新輸入，如左下圖；當使用者輸入的資料不符合網址格式時，瀏覽器會出現提示文字要求重新輸入，如右下圖。

\Ch04\input4.html

```
<form>
  <p>輸入email：<input type="email"></p>
  <p>輸入網址 ：<input type="url"></p>
  <input type="submit">
</form>
```

» email 輸入類型只能驗證使用者輸入的資料是否符合電子郵件地址格式，但無法檢查該地址是否存在。

» 若要允許使用者輸入以逗號隔開的多個電子郵件地址，例如 jean@hotmail.com, jerry@hotmail.com，可以加上 multiple 屬性，例如 <input type="email" multiple>。

» 若要設定使用者必須輸入資料，可以加上 required 屬性，例如 <input type="email" required>。

範例：日期欄位

在下面的例子中，我們將使用 <input> 元素在表單中插入日期欄位 (type="date")，瀏覽結果如下圖。

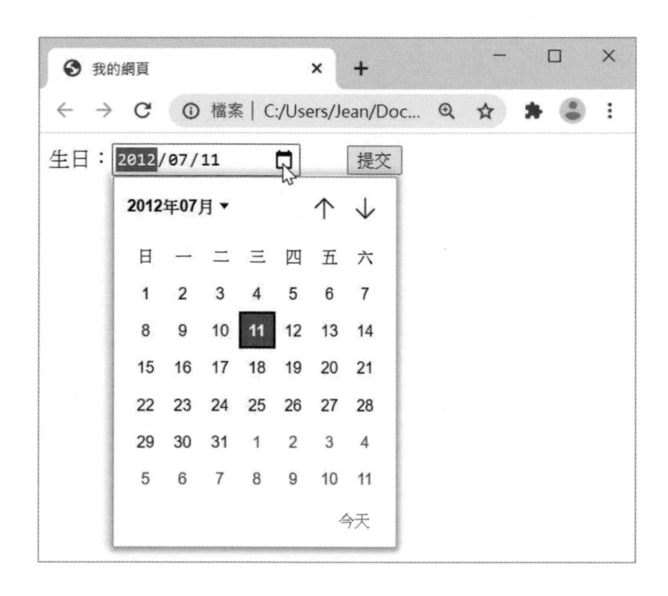

\Ch04\input5.html

```
<form>
  生日：<input type="date">
  <input type="submit">
</form>
```

HTML5 新增下列數種日期時間欄位，除了本例所示範的日期欄位，您也可以試試看其它欄位的瀏覽結果。

日期時間欄位	說明	日期時間欄位	說明
type="time"	時間	type="week"	一年的第幾週
type="month"	月份	type="datetime-local"	本地日期時間

4-9-3 <textarea> 元素 (多行文字方塊)

我們可以使用 <textarea> 元素在表單中插入多行文字方塊，讓使用者輸入多行文字，例如自我介紹、問題描述等。<textarea> 元素常用的屬性如下：

- cols="*n*"：設定多行文字方塊的寬度 (*n* 為字元數)。
- rows="*n*"：設定多行文字方塊的高度 (*n* 為列數)。
- name="..."：設定多行文字方塊的名稱 (限英文且唯一)。
- disabled：取消多行文字方塊，使之無法存取。
- readonly：設定不允許使用者變更多行文字方塊的資料。
- required：設定使用者必須在多行文字方塊輸入資料。
- autocomplete="{on,off,default}"：設定是否啟用自動完成功能。
- autofocus：設定在載入網頁時，令焦點自動移到表單欄位。
- placeholder="..."：設定在多行文字方塊顯示提示文字。
- 第 4-1 節所介紹的全域屬性。

例如下面的敘述會顯示如下圖的瀏覽結果，若要在多行文字方塊顯示預設的資料，可以將資料放在 <textarea> 元素裡面：

```
問題描述：<textarea name="userTrouble" cols="40" rows="5"></textarea>
```

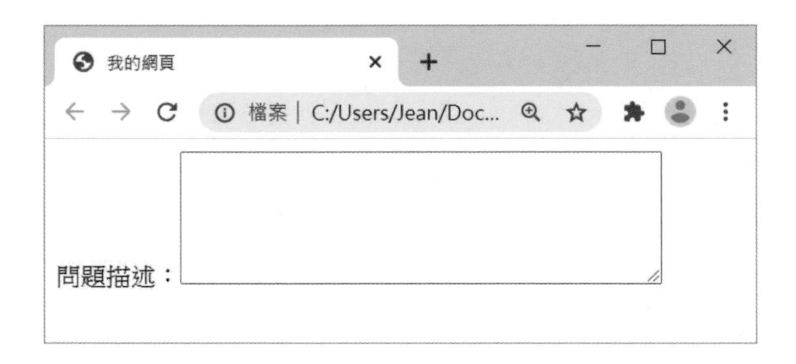

4-9-4 <select>、<option> 元素 (下拉式清單)

我們可以使用 <select> 元素搭配 <option> 元素在表單中插入下拉式清單，讓使用者從清單中選取項目，例如語系、國籍、縣市、行政區域、最高學歷、商品數量等。

<select> 元素常用的屬性如下：

- multiple：設定使用者可以在下拉式清單中選取多個項目。
- name="..."：設定下拉式清單的名稱 (限英文且唯一)。
- size="*n*"：設定下拉式清單的高度 (*n* 為列數)。
- disabled：取消下拉式清單，使之無法存取。
- form="*formid*"：設定下拉式清單隸屬於 id 屬性為 *formid* 的表單。
- required：設定使用者必須在下拉式清單中選取項目。
- autocomplete="{on,off,default}"：設定是否啟用自動完成功能。
- autofocus：設定在載入網頁時，令焦點自動移到下拉式清單。
- 第 4-1 節所介紹的全域屬性。

<option> 元素是放在 <select> 元素裡面，用來設定下拉式清單的項目，常用的屬性如下，該元素沒有結束標籤：

- disabled：取消項目，使之無法存取。
- selected：設定預先選取的項目。
- value="..."：設定項目的值。
- label="..."：設定項目的標籤文字。
- 第 4-1 節所介紹的全域屬性。

下面是一個例子，它會在表單中插入一個名稱為 "county" 的下拉式清單，裡面有五個項目，其中 " 新北市 " 為預先選取的項目。

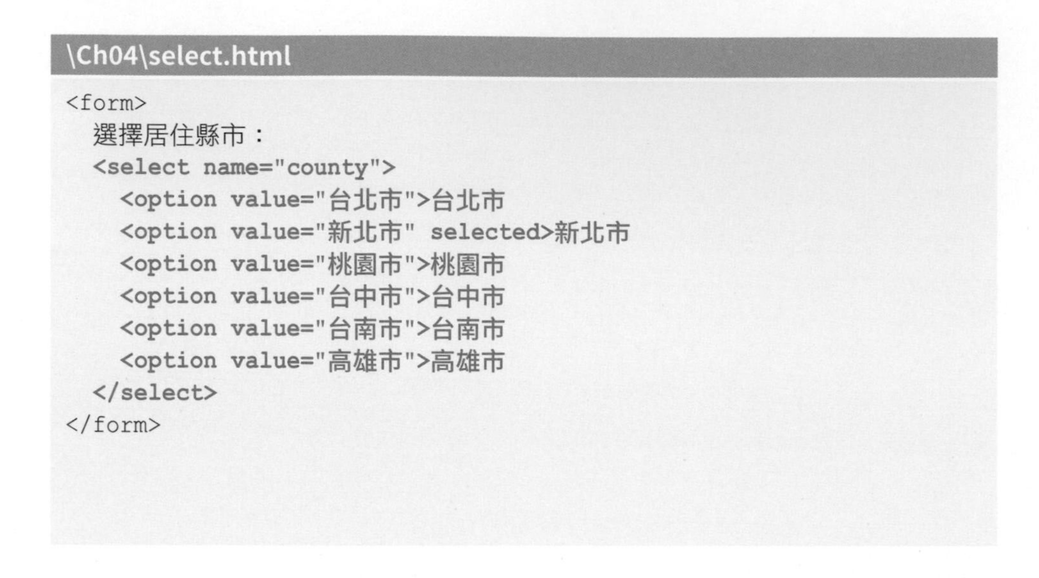

\Ch04\select.html

```
<form>
  選擇居住縣市：
  <select name="county">
    <option value="台北市">台北市
    <option value="新北市" selected>新北市
    <option value="桃園市">桃園市
    <option value="台中市">台中市
    <option value="台南市">台南市
    <option value="高雄市">高雄市
  </select>
</form>
```

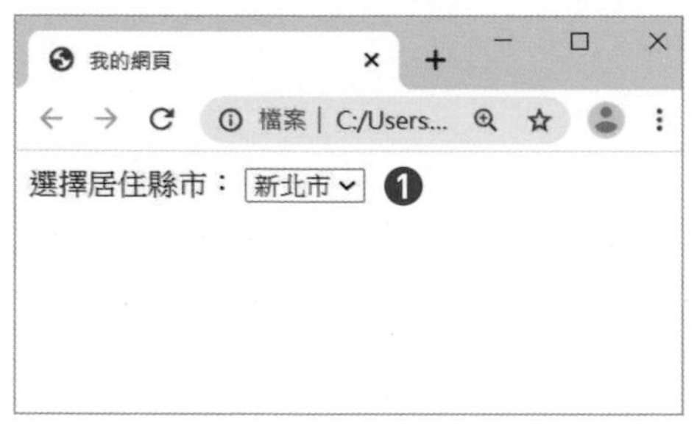

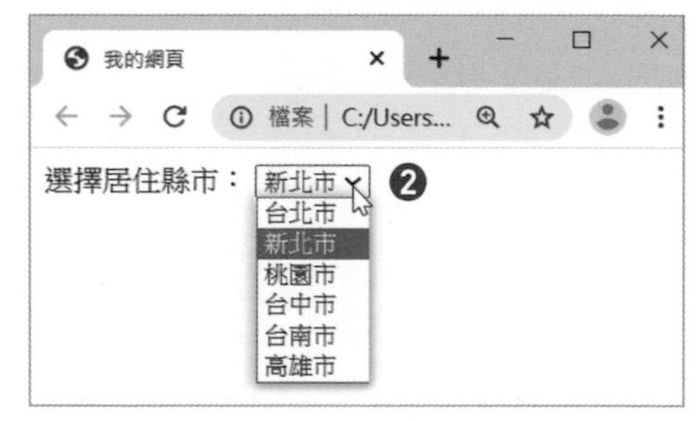

❶ 預設的高度為 1 列並顯示預先選取的項目　❷ 按向下箭頭就會顯示下拉式清單的項目

» 若要允許使用者從下拉式清單中選取多個項目，可以在 <select> 元素加上 multiple 屬性，同時將 name 屬性的值設定為陣列，例如 <select name="county[]" multiple>，這是為了方便表單處理程式判斷哪些項目被選取。

» 若要設定下拉式清單的高度，可以在 <select> 元素加上 size="*n*" 屬性，例如 <select name="county" size="3"> 是將高度設定為 3 列。

4-9-5 <button> 元素 (按鈕)

除了將 <input> 元素的 type 屬性設定為 "submit" 或 "reset" 之外，我們也可以使用 <button> 元素在表單中插入按鈕，常用的屬性如下：

- name="..."：設定按鈕的名稱 (限英文且唯一)。
- type="{submit,reset,button,menu}"：設定按鈕的類型 (提交、重新輸入、一般的按鈕、功能表)。
- value="..."：設定按鈕的值。
- disabled：取消按鈕，使之無法存取。
- autofocus：設定在載入網頁時，令焦點自動移到按鈕。
- 第 4-1 節所介紹的全域屬性。

舉例來說，我們可以將第 4-9-2 節的 \Ch04\input1.html 改寫成如下，使用 <button> 元素取代 <input> 元素來插入按鈕，瀏覽結果是相同的。

\Ch04\button.html

```
<form>
  <p>姓名：<input type="text" name="userName" size="20"></p>
  <p>密碼：<input type="password" name="userPWD" size="20"></p>
  <button type="submit">提交</button>
  <button type="reset">重新輸入</button>
</form>
```

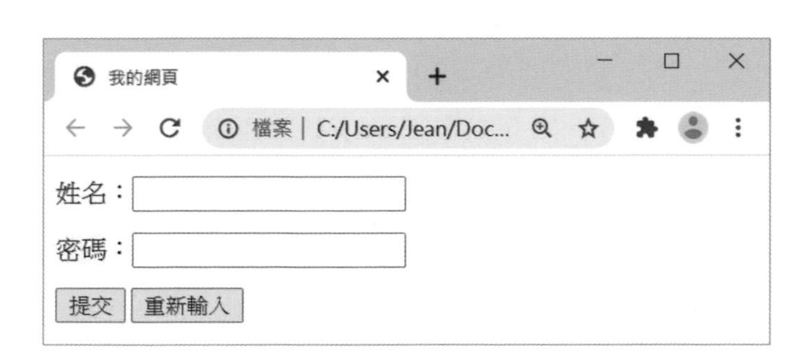

4-9-6 <label> 元素 (標籤文字)

有些表單欄位會有預設的標籤文字，例如 <input type="submit"> 敘述在 Chrome 瀏覽器所顯示的按鈕會有預設的標籤文字為「提交」。不過，多數的表單欄位並沒有標籤文字，例如 <button type="submit"></button> 敘述所顯示的按鈕就沒有標籤文字，此時可以使用 <label> 元素來設定，常用的屬性如下：

- for="*fieldid*"：針對 id 屬性為 *fielded* 的表單欄位設定標籤文字。
- 第 4-1 節所介紹的全域屬性。

下面是一個例子，它會使用 <label> 元素設定單行文字方塊與密碼欄位的標籤文字，至於緊跟在後的按鈕則是顯示預設的標籤文字。

\Ch04\label.html

```
<form>
❶ <label for="userName">姓名：</label>
  <input type="text" id="userName" size="20">
❷ <label for="userPWD">密碼：</label>
  <input type="password" id="userPWD" size="20">
  <input type="submit">
  <input type="reset">
</form>
```

❶ 針對 id 屬性為 "userName" 的表單欄位 (即單行文字方塊) 設定標籤文字

❷ 針對 id 屬性為 "userPWD" 的表單欄位 (即密碼欄位) 設定標籤文字

學習評量

一、配合題

(　　)	1. 標示 HTML 文件的標頭	A. <nav>
(　　)	2. 宣告 HTML 文件的 DOCTYPE	B. <p>
(　　)	3. 標示導覽列	C. <head>
(　　)	4. 設定瀏覽器的索引標籤文字	D. <header>
(　　)	5. 標示 HTML 文件的主體	E. <h1>
(　　)	6. 標示網頁或區塊的頁首	F. <!DOCTYPE html>
(　　)	7. 標示段落	G. <body>
(　　)	8. 嵌入 CSS 樣式表	H. <title>
(　　)	9. 嵌入 JavaScript 程式	I. <style>
(　　)	10. 標題 1	J. <script>
(　　)	11. 註解	K. <!-- -->
(　　)	12. 粗體	L. <video>
(　　)	13. 底線	M. <span>
(　　)	14. 螢光標記	N. <dl>
(　　)	15. 水平線	O. <b>
(　　)	16. 項目符號	P. <ul>
(　　)	17. 嵌入影片	Q. <div>
(　　)	18. 定義清單	R. <hr>
(　　)	19. 群組成一個區塊	S. <u>
(　　)	20. 群組成一行	T. <mark>
(　　)	21. 超連結	U. <a>
(　　)	22. 嵌入圖片	V. <table>
(　　)	23. 建立表格	W. <form>
(　　)	24. 建立表單	X. <img>

二、練習題

1. 完成如下巢狀清單。

2. 完成如下定義清單。

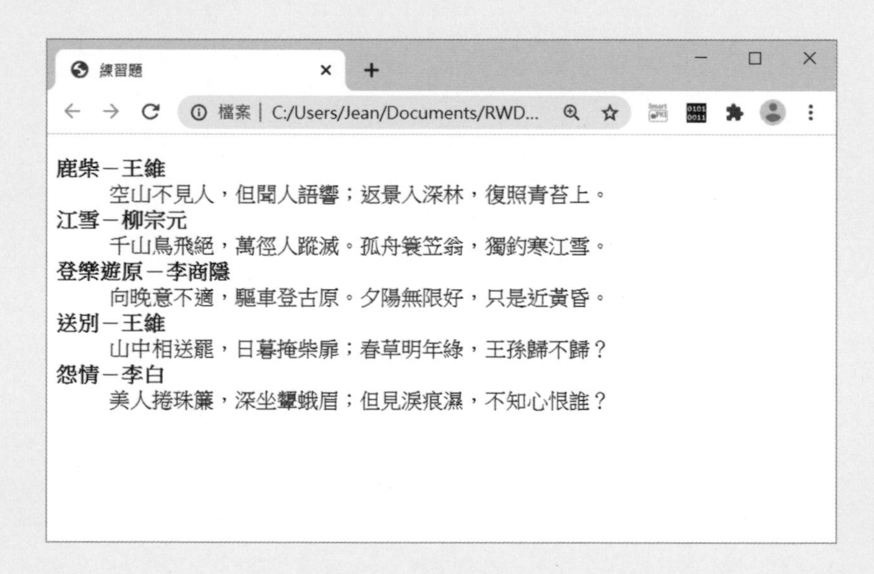

3. 完成如下表格。

練習題

檔案 | C:/Users/Jean/Documents/RWD/Sam...

統一發票對獎號碼

月份	七~八月
特獎	88888888
	同期統一發票收執聯八位數號碼與上列號碼相同者獎金二百萬元整
頭獎	11111111
	22222222
	33333333
	同期統一發票收執聯八位數號碼與上列號碼相同者獎金二十萬元整
二獎	同期統一發票收執聯七位數號碼與上列號碼與頭獎中獎號碼末七位相同者各得獎金四萬元整
三獎	同期統一發票收執聯六位數號碼與上列號碼與頭獎中獎號碼末六位相同者各得獎金一萬元整
四獎	同期統一發票收執聯五位數號碼與上列號碼與頭獎中獎號碼末五位相同者各得獎金四千元整
五獎	同期統一發票收執聯四位數號碼與上列號碼與頭獎中獎號碼末四位相同者各得獎金一千元整
六獎	同期統一發票收執聯三位數號碼與上列號碼與頭獎中獎號碼末三位相同者各得獎金二百元整

4. 完成如下表單。

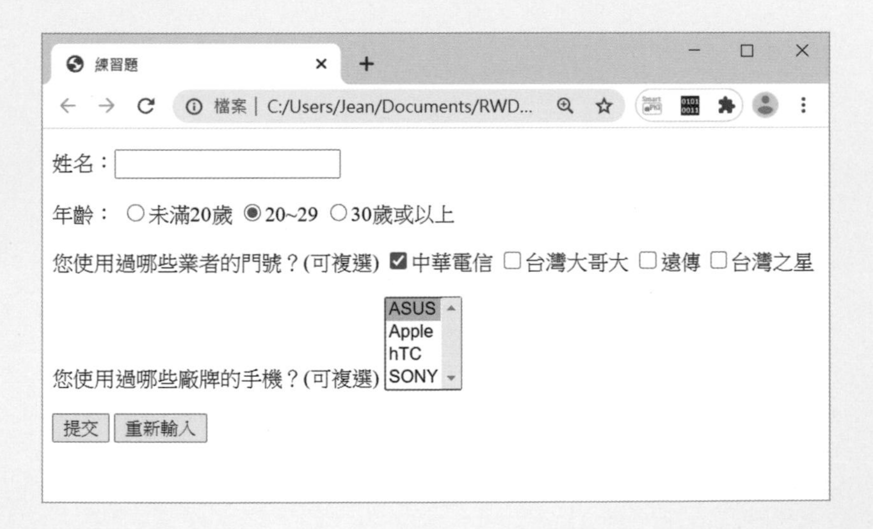

5

CSS3 基本語法與常用屬性

5-1 在 HTML 文件加入 CSS 樣式表

在本節中，我們會示範四種在 HTML 文件加入 CSS 樣式表的方式，您可以視自己的撰寫習慣或實際情況選擇適合的方式。

方式一：在 <head> 元素裡面嵌入樣式表

第一種方式是在 HTML 文件的 <head> 元素裡面使用 <style> 元素嵌入樣式表，舉例來說，我們可以在 HTML 文件嵌入第 06 行的樣式表，將網頁主體的背景色彩設定為淺黃色。至於如何定義 CSS 樣式規則，第 5-2 節有進一步的說明。

\Ch05\linkcss1.html

```
01 <!DOCTYPE html>
02 <html>
03   <head>
04     <meta charset="utf-8">
05     <style>
06       body {background: lightyellow;}
07     </style>
08   </head>
09   <body>
10     <h1>Hello, world!</h1>
11   </body>
12 </html>
```

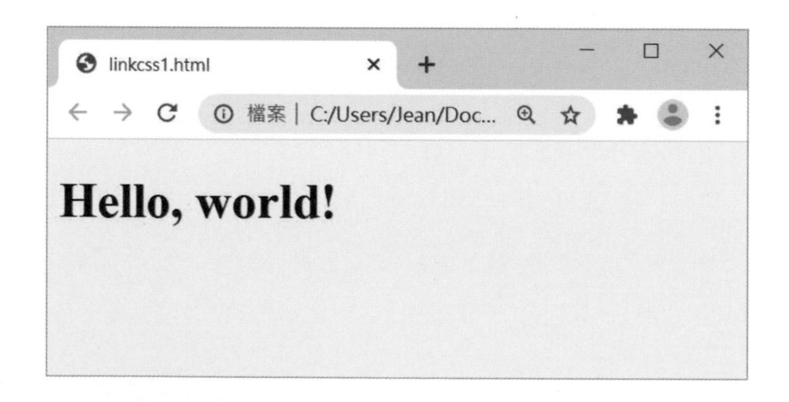

方式二：使用 HTML 元素的 style 屬性設定樣式表

第二種方式是使用 HTML 元素的 style 屬性設定樣式表，舉例來說，我們可以將 \Ch05\linkcss1.html 改寫成如下，換使用 <body> 元素的 style 屬性將網頁主體的背景色彩設定為淺黃色。

\Ch05\linkcss2.html

```
<!DOCTYPE html>
<html>
  <head>
    <meta charset="utf-8">
  </head>
  <body style="background: lightyellow;">
    <h1>Hello, world!</h1>
  </body>
</html>
```


方式三：將外部的樣式表連結至 HTML 文件

第三種方式是將樣式表放在外部檔案，然後使用 <link> 元素連結至 HTML 文件。舉例來說，我們可以將 \Ch05\linkcss1.html 所定義的樣式表（第 06 行）儲存在另一個純文字檔 \Ch05\body.css，然後使用 <link> 元素連結該檔案，就會得到相同的瀏覽結果。

\Ch05\linkcss3.html

```
<!DOCTYPE html>
<html>
  <head>
    <meta charset="utf-8">
    <link rel="stylesheet" type="text/css" href="body.css">
  </head>
  <body>
    <h1>Hello, world!</h1>
  </body>
</html>
```

方式四：將外部的樣式表匯入 HTML 文件

第四種方式是將樣式表放在外部檔案，然後使用 **@import** 指令匯入 HTML 文件。舉例來說，我們可以將 \Ch05\linkcss1.html 所定義的樣式表（第 06 行）儲存在另一個純文字檔 \Ch05\body.css，然後使用 @import 指令匯入該檔案，就會得到相同的瀏覽結果。

\Ch05\linkcss4.html

```
<!DOCTYPE html>
<html>
  <head>
    <meta charset="utf-8">
    <style>
      @import url("body.css");
    </style>
  </head>
  <body>
    <h1>Hello, world!</h1>
  </body>
</html>
```

NOTE

在前述的四種方式中，以第二種方式的優先順序最高，其它三種方式則取決於定義的早晚，愈晚定義的樣式表，優先順序就愈高。舉例來說，假設我們先透過第三種方式將文字色彩設定為綠色，之後又透過第四種方式將文字色彩設定為紅色，那麼瀏覽結果的文字色彩將是紅色。

5-2 CSS 樣式規則

CSS 樣式表是由一條一條的**樣式規則** (style rule) 所組成，而樣式規則包含**選擇器** (selector) 與**宣告** (declaration) 兩個部分，例如：

- **選擇器** (selector)：用來設定要套用樣式規則的對象，以上面的樣式規則為例，選擇器 h1 表示要套用樣式規則的對象是 <h1> 元素，即標題 1。

- **宣告** (declaration)：用來設定此對象的樣式，以大括號 ({}) 括起來，裡面包含**屬性** (property) 與**值** (value)，兩者以冒號 (:) 連接，至於多個屬性的中間則以分號 (;) 隔開。

  以上面的樣式規則為例，color: red 是將 color 屬性的值設定為 red，即前景色彩為紅色，font-style: italic 是將 font-style 屬性的值設定為 italic，即文字為斜體。

  若屬性的值包含英文字母、阿拉伯數字 (0 ~ 9)、減號 (-) 或小數點 (.) 以外的字元 (例如空白、換行)，那麼屬性的值前後必須加上雙引號或單引號 (例如 font-family: "Arial Black")，否則雙引號 (") 或單引號 (') 可以省略不寫。

延伸閱讀

CSS 注意事項

- CSS 會區分英文字母的大小寫。
- CSS 的註解符號為 /* */，例如：

```
p {font-size: 10px;}         /*將段落的文字大小設定為 10 像素*/
```

- 若遇到具有相同宣告的樣式規則，可以將之合併，例如下面兩條樣式規則的宣告都是將 color 屬性設定為藍色：

```
p {color: blue;}
h1 {color: blue;}
```

因為是相同宣告，所以這兩條樣式規則可以合併成一條：

```
p, h1 {color: blue;}
```

- 若遇到針對相同選擇器所設計的樣式規則，可以將之合併，例如下面兩條樣式規則的選擇器都是 <p> 元素：

```
p {font-size: 10px;}
p {color: blue;}
```

因為是相同選擇器，所以這兩條樣式條規則可以合併成一條：

```
p {font-size: 10px; color: blue;}
```

若宣告裡面有多個屬性與值，可以寫在同一行，例如：

```
p {font-size: 10px; color: blue;}
```

也可以寫在不同行，排列整齊即可，例如：

```
p {
  font-size: 10px;
  color: blue;
}
```

5-3 選擇器的類型

CSS 提供了數種選擇器 (selector)，以下為您介紹一些常見的類型。

5-3-1 通用選擇器

通用選擇器 (universal selector) 用來選擇所有 HTML 元素，語法為 * (星號)，通常用來替所有元素設定共同的樣式，例如下面的樣式規則可以替所有元素去除瀏覽器預設的留白與邊界：

```
* {padding: 0; margin: 0;}
```

5-3-2 類型選擇器

類型選擇器 (type selector) 用來選擇指定的 HTML 元素，語法為 HTML 元素的名稱，例如下面的樣式規則會套用到 <a> 元素：

```
a {color: red;}
```

5-3-3 子選擇器

子選擇器 (child selector) 用來選擇子元素，語法為 *s1 > s2*，其中 *s2* 是 *s1* 的子元素，例如下面的樣式規則會套用到 <ul> 元素的子元素 <li>：

```
ul > li {color: red;}
```

5-3-4 子孫選擇器

子孫選擇器 (descendant selector) 用來選擇子孫元素 (不僅是子元素)，語法為 *s1 s2*，其中 *s2* 是 *s1* 的子孫元素，例如下面的樣式規則會套用到 <p> 元素的子孫元素 <a>：

```
p a {color: red;}
```

5-3-5 相鄰兄弟選擇器

相鄰兄弟選擇器 (adjacent sibling selector) 用來選擇相鄰兄弟元素，語法為 *s1+s2*，其中 *s2* 是 *s1* 後面的第一個兄弟節點，例如下面的樣式規則會套用到 <img> 元素後面的第一個兄弟元素 <p>：

```
img + p {color: red;}
```

5-3-6 全體兄弟選擇器

全體兄弟選擇器 (general sibling selector) 用來選擇全體兄弟元素，語法為 *s1~s2*，其中 *s2* 是 *s1* 後面的所有兄弟節點，例如下面的樣式規則會套用到 <img> 元素後面的所有兄弟元素 <p>：

```
img ~ p {color: red;}
```

5-3-7 類別選擇器

類別選擇器 (class selector) 用來選擇隸屬於指定類別的 HTML 元素，語法為 **.XXX* 或 *.XXX*，* (星號) 可以省略不寫，例如下面的樣式規則會套用到 class 屬性為 "odd" 的 HTML 元素：

```
.odd {background: linen;}
```

而下面的樣式規則會套用到 class 屬性為 "even" 的 HTML 元素：

```
.even {background: pink;}
```

5-3-8 ID 選擇器

ID 選擇器 (ID selector) 用來選擇符合指定 id 的 HTML 元素，語法為 **#XXX* 或 *#XXX*，* (星號) 可以省略不寫，例如下面的樣式規則會套用到 id 屬性為 "row1" 的 HTML 元素：

```
#row1 {background: linen;}
```

5-3-9 屬性選擇器

屬性選擇器 (attribute selector) 用來選擇具有指定屬性值的 HTML 元素，常用的語法如下。

語法	範例
[*att*] 選擇有設定 *att* 屬性的元素	[class] {color: red;} 將樣式規則套用到有設定 class 屬性的元素
[*att*=*val*] 選擇 *att* 屬性的值為 *val* 的元素	[class="coffee"] {color: red;} 將樣式規則套用到 class 屬性的值為 "coffee" 的元素
[*att*~=*val*] 選擇 *att* 屬性的值為 *val*，或以空白字元隔開並包含 *val* 的元素	[class~="coffee"] {color: red;} 將樣式規則套用到 class 屬性的值為 "coffee"，或以空白字元隔開並包含 "coffee" 的元素
[*att*|=*val*] 選擇 *att* 屬性的值為 *val*，或以 *val*- 開頭的元素	[class|="coffee"] {color: red;} 將樣式規則套用到 class 屬性的值為 "coffee"，或以 "coffee-" 開頭的元素
[*att*^=*val*] 選擇 *att* 屬性的值以 *val* 開頭的元素	[class^="coffee"] {color: red;} 將樣式規則套用到 class 屬性的值以 "coffee" 開頭的元素
[*att*$=*val*] 選擇 *att* 屬性的值以 *val* 結尾的元素	[class$="coffee"] {color: red;} 將樣式規則套用到 class 屬性的值以 "coffee" 結尾的元素
[*att**=*val*] 選擇 *att* 屬性的值包含 *val* 的元素	[class*="coffee"] {color: red;} 將樣式規則套用到 class 屬性的值包含 "coffee" 的元素

5-3-10 虛擬元素

虛擬元素 (pseudo-element) 用來選擇元素的某個部分，常用的如下。

虛擬元素	說明
::first-line	元素的第一行。
::first-letter	元素的第一個字。
::before	在元素前面加上內容。
::after	在元素後面加上內容。
::selection	元素被選取的部分。

5-3-11 虛擬類別

虛擬類別 (pseudo-class) 用來選擇符合特定條件的資訊，或其它簡單的選擇器所無法表達的資訊。

CSS 提供許多虛擬類別，常用的如下，完整的說明可以到 https://www.w3.org/TR/selectors-3/ 查看。

虛擬類別	說明
:hover	游標移到但尚未點選的元素。
:focus	取得焦點的元素。
:active	點選的元素。
:first-child	第一個子元素。
:last-child	最後一個子元素。
:link	尚未瀏覽的超連結。
:visited	已經瀏覽的超連結。
:enabled	表單中啟用的欄位。
:disabled	表單中停用的欄位。
:checked	表單中選取的選項按鈕或核取方塊。

範例：類別選擇器

在這個例子中，我們使用 .odd 和 .even 兩個類別選擇器，將表格的奇數列和偶數列設定成不同的背景色彩。

\Ch05\class.html

```
<!DOCTYPE html>
<html>
  <head>
    <meta charset="utf-8">
    <title>我的網頁</title>
    <style>
    ❶ .odd {background: lightyellow;} /*類別選擇器 .odd */
    ❷ .even {background: lightpink;}  /*類別選擇器 .even*/
    </style>
  </head>
  <body>
    <table>
   ┌ <tr class="odd"><td>01</td><td>小丸子</td></tr>
 ❸ │ <tr class="even"><td>02</td><td>小玉</td></tr> ┐
   └ <tr class="odd"><td>03</td><td>花輪</td></tr>   │ ❹
     <tr class="even"><td>04</td><td>丸尾</td></tr> ┘
    </table>
  </body>
</html>
```

❶ 針對奇數列定義樣式規則　❷ 針對偶數列定義樣式規則

❸ 在奇數列套用 .odd 樣式規則　❹ 在偶數列套用 .even 樣式規則

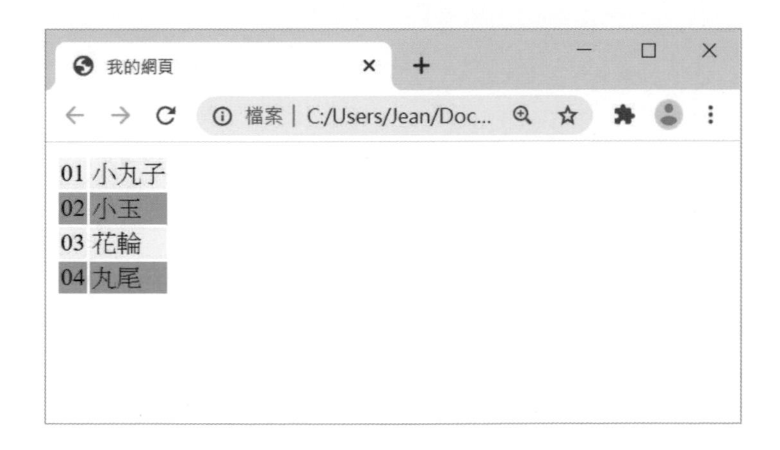

範例：ID 選擇器

在這個例子中，我們使用 #row1、#row2、#row3 和 #row4 四個 ID 選擇器，將表格的每一列設定成不同的背景色彩。

\Ch05\ID.html

```
<!DOCTYPE html>
<html>
  <head>
    <meta charset="utf-8">
    <title>我的網頁</title>
    <style>
      #row1 {background: lightyellow;}   /* ID選擇器 #row1 */
      #row2 {background: lightpink;}     /* ID選擇器 #row2 */
      #row3 {background: lightgray;}     /* ID選擇器 #row3 */
      #row4 {background: lightblue;}     /* ID選擇器 #row4 */
    </style>
  </head>
  <body>
    <table>
      <tr id="row1"><td>01</td><td>小丸子</td></tr>
      <tr id="row2"><td>02</td><td>小玉</td></tr>
      <tr id="row3"><td>03</td><td>花輪</td></tr>
      <tr id="row4"><td>04</td><td>丸尾</td></tr>
    </table>
  </body>
</html>
```

❶ 針對每一列定義樣式規則　❷ 在每一列套用各自的樣式規則

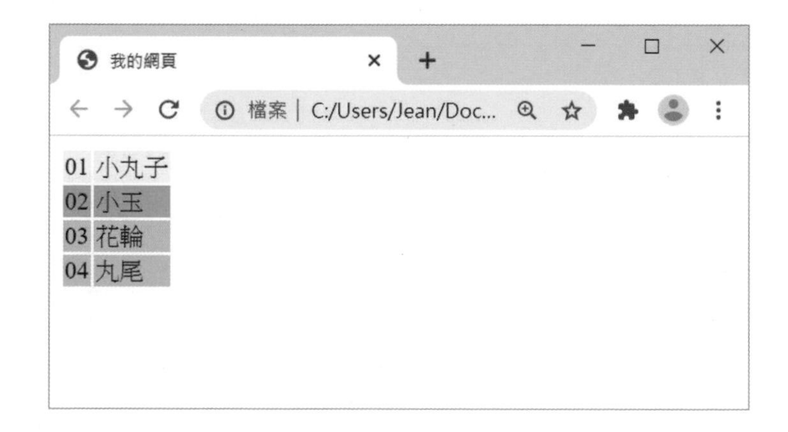

範例：屬性選擇器

在這個例子中，我們使用屬性選擇器將樣式規則套用在 class 屬性的值為 "coffee" 或以 "coffee-" 開頭的元素，瀏覽結果如下圖，第一、二個項目會顯示成藍色。

\Ch05\attribute.html

```
<!DOCTYPE html>
<html>
  <head>
    <meta charset="utf-8">
    <title>我的網頁</title>
    <style>
      [class|="coffee"] {color: blue;}             /*屬性選擇器*/
    </style>
  </head>
  <body>
    <ul>
      <li class="coffee">精選咖啡</li>
      <li class="coffee-vanilla">香草拿鐵</li>
      <li class="coffee au lait">咖啡歐雷</li>
      <li class="Irish coffee">愛爾蘭咖啡</li>
      <li class="Vienna coffee">維也納咖啡</li>
    </ul>
  </body>
</html>
```

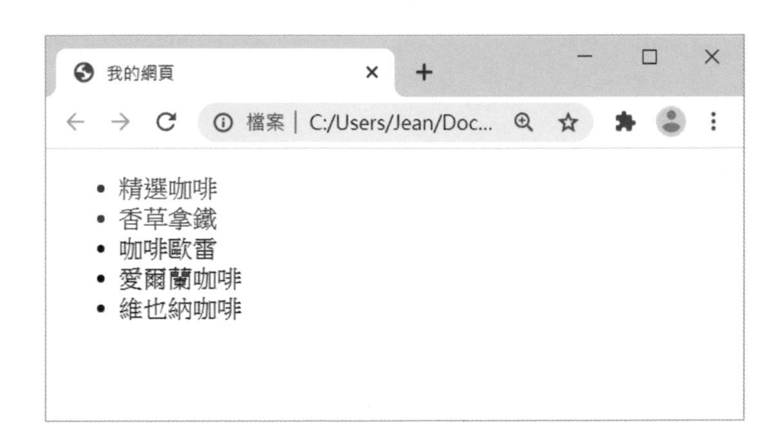

範例：虛擬元素

在這個例子中，我們先使用虛擬元素 ::before 在 <p> 元素前面加上「♥」，此處是使用 content 屬性設定內容；接著使用虛擬元素 ::after 在 <p> 元素後面加上「(海明威)」，並將前景色彩設定為藍色，因此，在瀏覽結果中，名言前面會加上「♥」，而名言後面會加上藍色的「(海明威)」。

\Ch05\pseudo1.html

```
<!DOCTYPE html>
<html>
  <head>
    <meta charset="utf-8">
    <title>我的網頁</title>
    <style>
      p::before {content: "♥";}   /*虛擬元素*/
      p::after {                 /*虛擬元素*/
        content: "(海明威)";
        color: blue;
      }
    </style>
  </head>
  <body>
    <p>世界是個美好的地方，值得我們去奮鬥。</p>
  </body>
</html>
```

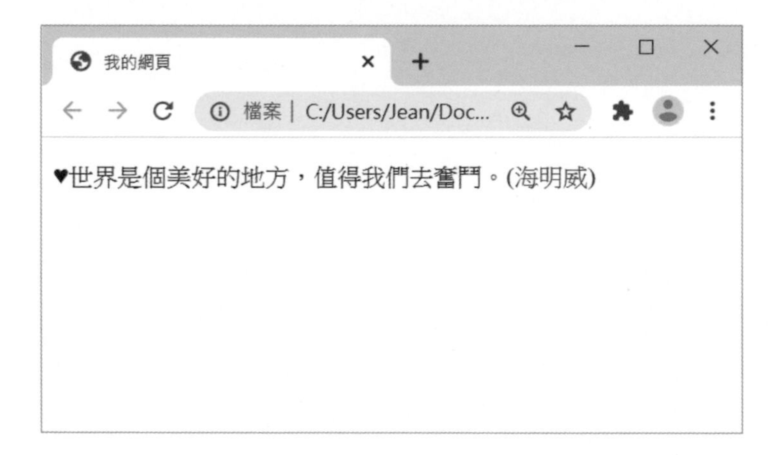

範例：虛擬類別

在這個例子中，我們使用虛擬類別設定尚未瀏覽、已經瀏覽和游標所移到的超連結色彩。由於愈晚定義的樣式表，優先順序就愈高，所以在第 06 ~ 08 行中，a:hover 必須放在 a:link 和 a:visited 後面，才不會被覆蓋。

\Ch05\pseudo2.html

```
01 <!DOCTYPE html>
02 <html>
03   <head>
04     <meta charset="utf-8">
05     <style>
06       a:link        {color: black;}     /*尚未瀏覽的超連結為黑色*/
07       a:visited     {color: red;}       /*已經瀏覽的超連結為紅色*/
08       a:hover       {color: green;}     /*游標所移到的超連結為綠色*/
09     </style>
10   </head>
11   <body>
12     <ul>
13       <li><a href="poem1.html">靜夜思</a></li>
14       <li><a href="poem2.html">竹里館</a></li>
15       <li><a href="poem3.html">哥舒歌</a></li>
16     </ul>
17   </body>
18 </html>
```

5-4 常用的 CSS 屬性

在本節中，我們會介紹一些常用的 CSS 屬性，包括字型、文字、清單、色彩、背景、漸層、邊界、留白、框線、定位方式、文繞圖等。

5-4-1 字型屬性

font-family (文字字型)

font-family 屬性用來設定 HTML 元素的文字字型，其語法如下：

```
font-family: 字型名稱1[, 字型名稱2[, 字型名稱3...]]
```

例如下面的樣式規則是將網頁主體的文字字型設定為「標楷體」，若用戶端電腦沒有安裝此字型，就設定為第二順位的「微軟正黑體」，若用戶端電腦仍沒有安裝此字型，就設定為系統預設的字型：

```
body {font-family: 標楷體, 微軟正黑體;}
```

font-size (文字大小)

font-size 屬性用來設定 HTML 元素的文字大小，其語法如下：

```
font-size: 長度 | 百分比 | 絕對大小 | 相對大小
```

- **長度**：使用 px (像素)、pt (點，1/72 英吋)、pc (pica，1/6 英吋)、em (大寫字母 M 的寬度)、ex (小寫字母 x 的高度)、in (英吋)、cm (公分)、mm (公厘) 等度量單位設定文字大小，例如 h1 {font-size: 30px;} 是將標題 1 的文字大小設定為 30 像素。

- **百分比**：將文字大小設定為目前文字大小的百分比，例如 h1 {font-size: 150%;} 是將標題 1 的文字大小設定為目前文字大小的 150%。

- **絕對大小**：CSS 定義的絕對大小有 xx-small、x-small、small、medium（預設值）、large、x-large、xx-large 等 7 級大小，例如 h1 {font-size: x-large;} 是將標題 1 的文字大小設定為 x-large 等級。
- **相對大小**：CSS 定義的相對大小有 smaller 和 larger，分別表示比目前文字縮小一級或放大一級，例如 h1 {font-size: larger;} 是將標題 1 的文字大小設定為比目前文字放大一級。

font-style (文字樣式)

font-style 屬性用來設定 HTML 元素的文字樣式，其語法如下，有 normal（正常）、italic（斜體）、oblique（粗體）等設定值，預設值為 normal：

```
font-style: normal | italic | oblique
```

例如下面的樣式規則是將段落的文字樣式設定為斜體：

```
p {font-style: italic;}
```

font-weight (文字粗細)

font-weight 屬性用來設定 HTML 元素的文字粗細，其語法如下：

```
font-weight: 絕對粗細 | 相對粗細
```

- **絕對粗細**：normal 表示正常（預設值），bold 表示粗體，另外還有 100、200、300、400（相當於 normal)、500、600、700（相當於 bold)、800、900 等 9 級粗細，數字愈大，文字就愈粗，例如 h1 {font-weight: 900;} 是將標題 1 的文字粗細設定為 900 等級。
- **相對粗細**：bolder 和 lighter 所顯示的文字粗細是相對於目前文字粗細而言，bolder 表示更粗，lighter 表示更細，例如 h1 {font-weight: bolder;} 是將標題 1 的文字粗細設定為比目前文字更粗一級。

line-height (行高)

line-height 屬性用來設定 HTML 元素的行高，其語法如下：

```
line-height: normal | 數字 | 長度 | 百分比
```

- **normal**：例如 line-height: normal 表示正常行高，此為預設值。
- **數字**：使用數字設定幾倍行高，例如 line-height: 3 表示三倍行高。
- **長度**：使用 px、pt、pc、em、ex、in、cm、mm 等度量單位設定行高，例如 line-height: 30px 表示行高為 30 像素。
- **百分比**：使用百分比設定百分之幾行高，例如 line-height: 150% 表示 150% 行高，即 1.5 倍行高。

font-variant (文字變化)

font-variant 屬性用來設定 HTML 元素的文字變化，其語法如下，有 normal（正常）、small-caps（小型大寫字）等設定值，預設值為 normal：

```
font-variant: normal | small-caps
```

font (字型屬性速記)

font 屬性是綜合了 font-style、font-variant、font-weight、font-size、line-height、font-family 等屬性的速記，其語法如下：

```
font: [[<font-style> || <font-variant > || <font-weight>]
      <font-size> [/<line-height>] <font-family>]
```

例如下面的樣式規則是將段落設定成文字樣式為斜體、文字大小為 10 像素、行高為 15 像素、文字字型為標楷體：

```
p {font: italic 10px/15px 標楷體;}
```

隨堂練習

完成如下網頁，其中標題 1 和段落的外觀請使用 CSS 樣式表來設定。

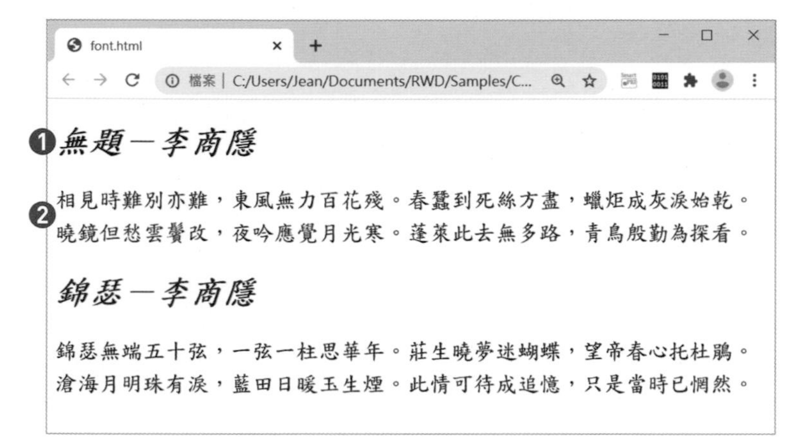

❶ 標楷體、30px 大小、斜體　❷ 標楷體、20px 大小、1.5 倍行高

解答

\Ch05\font.html

```
<!DOCTYPE html>
<html>
  <head>
    <meta charset="utf-8">
    <style>
      h1 {font-family: 標楷體; font-size: 30px; font-style: italic;}
      p {font-family: 標楷體; font-size: 20px; line-height: 150%;}
    </style>
  </head>
  <body>
    <h1>無題－李商隱</h1>
    <p>相見時難別亦難，...，青鳥殷勤為探看。</p>
    <h1>錦瑟－李商隱</h1>
    <p>錦瑟無端五十弦，...，只是當時已惘然。</p>
  </body>
</html>
```

5-4-2 文字屬性

letter-spacing (字母間距)

letter-spacing 屬性用來設定 HTML 元素的字母間距，其語法如下：

```
letter-spacing: normal | 長度
```

- **normal**：例如 letter-spacing: normal 表示正常的字母間距 (預設值)。
- **長度**：使用 px、pt、pc、em、ex、in、cm、mm 等度量單位設定字母間距的長度，例如 letter-spacing: 3px 表示字母間距為 3 像素。

word-spacing (文字間距)

word-spacing 屬性用來設定 HTML 元素的文字間距，設定值和 letter-spacing 屬性相同，例如 word-spacing: normal 表示正常的文字間距，而 word-spacing: 3px 表示文字間距為 3 像素。

「文字間距」指的是單字與單字之間的距離，而「字母間距」指的是字母與字母之間的距離，以 I love birds 為例，I、love、birds 為單字，而 I、l、o、v、e、b、i、r、d、s 則為字母。

text-align (文字對齊方式)

text-align 屬性用來設定 HTML 元素的文字對齊方式，其語法如下，有 left (靠左)、right (靠右)、center (置中)、justify (左右對齊) 等設定值，預設值為 left：

```
text-align: left | right | center | justify
```

例如下面的樣式規則是將標題 1 的文字對齊方式設定為置中：

```
h1 {text-align: center;}
```

text-indent (首行縮排)

text-indent 屬性用來設定 HTML 元素的首行縮排，其語法如下：

```
text-indent: 長度 | 百分比
```

- **長度**：使用 px、pt、pc、em、ex、in、cm、mm 等度量單位設定首行縮排的長度，例如 p {text-indent: 30px;} 是將段落的首行縮排設定為 30 像素。
- **百分比**：使用百分比設定首行縮排佔容器寬度的比例，例如 p {text-indent: 10%;} 是將段落的首行縮排設定為容器寬度的 10%。

text-decoration (線條裝飾)

text-decoration 屬性用來設定 HTML 元素的線條裝飾，其語法如下，有 none (無)、underline (底線)、overline (頂線)、line-through (刪除線)、blink (閃爍) 等設定值，預設值為 none：

```
text-decoration: none | underline | overline | line-through | blink
```

text-transform (大小寫轉換方式)

text-transform 屬性用來設定 HTML 元素的大小寫轉換方式，其語法如下，none 表示無 (預設值)，capitalize 表示單字的第一個字母大寫，uppercase 表示全部大寫，lowercase 表示全部小寫，full-width 表示全形：

```
text-transform: none | capitalize | uppercase | lowercase | full-width
```

例如下面的敘述會在網頁上顯示 HAPPY BIRTHDAY TO YOU!，每個單字均轉換成全部大寫：

```
<p style="text-transform: uppercase;">Happy birthday to you!</p>
```

text-shadow (文字陰影)

text-shadow 屬性用來設定 HTML 元素的文字陰影，其語法如下，none 表示無，「水平位移」是陰影在水平方向的位移為幾像素，「垂直位移」是陰影在垂直方向的位移為幾像素，「模糊」是陰影的模糊輪廓為幾像素，「色彩」是陰影的色彩，而且可以設定多重陰影，中間以逗號隔開：

```
text-shadow: none | [[水平位移 垂直位移 模糊 色彩] [,...]]
```

下面是一個例子，它會在兩個字串設定文字陰影，而且第二個字串有兩層文字陰影。

\Ch05\shadow.html

```
<!DOCTYPE html>
<html>
  <head>
    <meta charset="utf-8">
  </head>
  <body>
    <h1 style="text-shadow: 12px 8px 5px lightpink;">
      Merry Christmas!</h1>
    <h1 style="text-shadow: 10px 10px 2px lightgray, 20px 20px 2px cyan;">
      Merry Christmas!</h1>
  </body>
</html>
```

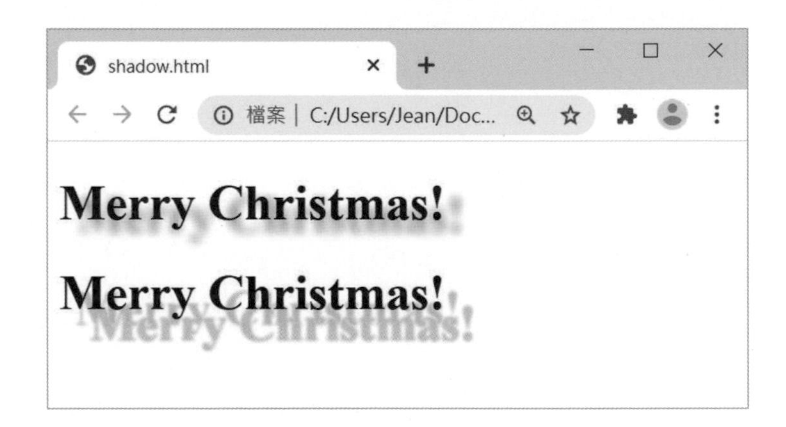

隨堂練習

完成如下網頁，其中標題 1 和段落的外觀請使用 CSS 樣式表來設定。

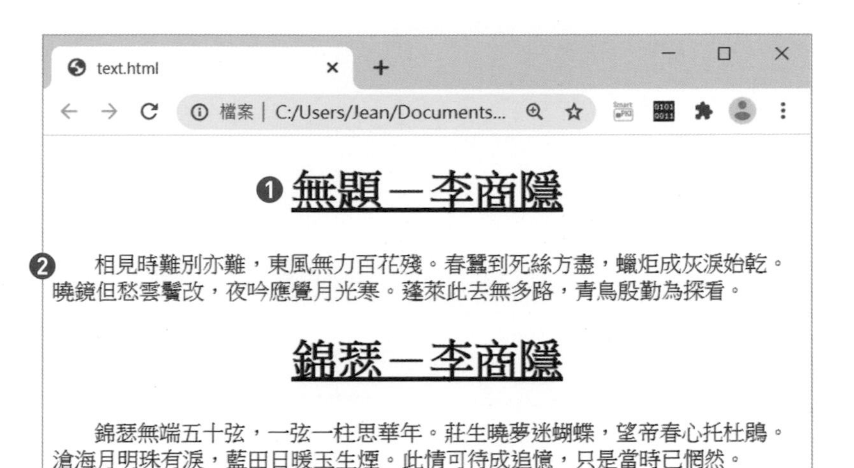

❶ 底線、置中　❷ 首行縮排 30px

解答

\Ch05\text.html

```
<!DOCTYPE html>
<html>
  <head>
    <meta charset="utf-8">
    <style>
      h1 {text-decoration: underline; text-align: center;}
      p {text-indent: 30px;}
    </style>
  </head>
  <body>
    <h1>無題－李商隱</h1>
    <p>相見時難別亦難，...，青鳥殷勤為探看。</p>
    <h1>錦瑟－李商隱</h1>
    <p>錦瑟無端五十弦，...，只是當時已惘然。</p>
  </body>
</html>
```

5-4-3 清單屬性

list-style-type (項目符號與編號類型)

list-style-type 屬性用來設定清單的項目符號與編號類型，其語法如下：

```
list-style-type: disc | circle | square | none | 編號
```

設定值		說明
項目符號	disc (預設值)	實心圓點 ●
	circle	空心圓點 ○
	square	實心方塊 ■
	none	不顯示項目符號
編號	decimal (預設值)	阿拉伯數字 (1、2、3、4…)
	decimal-leading-zero	前面冠上 0 的阿拉伯數字 (01、02、…、99)
	lower-roman	小寫羅馬數字 (i、ii、iii、iv、v…)
	upper-roman	大寫羅馬數字 (I、II、III、IV、V…)
	lower-alpha、lower-latin	小寫英文字母 (a、b、c、...、z)
	upper-alpha、upper-latin	大寫英文字母 (A、B、C、...、Z)
	lower-greek	小寫希臘字母 (α 、 β 、 γ ...)
	georgian	傳統喬治亞數字 (an、ban、gan、...)

例如下面的樣式規則是將 <ul> 元素的項目符號類型設定為實心方塊：

```
ul {list-style-type: square;}
```

而下面的樣式規則是將 <ol> 元素的編號類型設定為阿拉伯數字：

```
ol {list-style-type: decimal;}
```

list-style-image (圖片項目符號)

list-style-image 屬性用來設定圖片項目符號的圖檔名稱，其語法如下，預設值為 none (無)：

```
list-style-image: none | url(圖檔名稱)
```

例如下面的樣式規則是將 <ul> 元素的項目符號設定為 block.gif 圖檔：

```
ul {list-style-image: url(block.gif);}
```

list-style-position (項目符號與編號位置)

list-style-position 屬性用來設定項目符號與編號位置，其語法如下，預設值為 outside，表示項目符號與編號位於項目文字區塊的外部，而 inside 表示項目符號與編號位於項目文字區塊的內部：

```
list-style-position: outside | inside
```

list-style (清單屬性速記)

list-style 屬性是綜合了前述清單屬性的速記，其語法如下：

```
list-style: 屬性值1 [屬性值2 [...]]
```

例如下面的樣式規則是將 <ol> 元素的編號類型設定為小寫羅馬字母、位於項目文字區塊的外部：

```
ol {list-style: lower-roman outside;}
```

而下面的樣式規則是將 <ul> 元素的項目符號設定為 block.gif 圖檔，若找不到圖檔，就使用第二順位的空心圓點：

```
ul {list-style: url(blockred.gif) circle;}
```

隨堂練習

完成如下網頁，其中清單的外觀請使用 CSS 樣式表來設定。

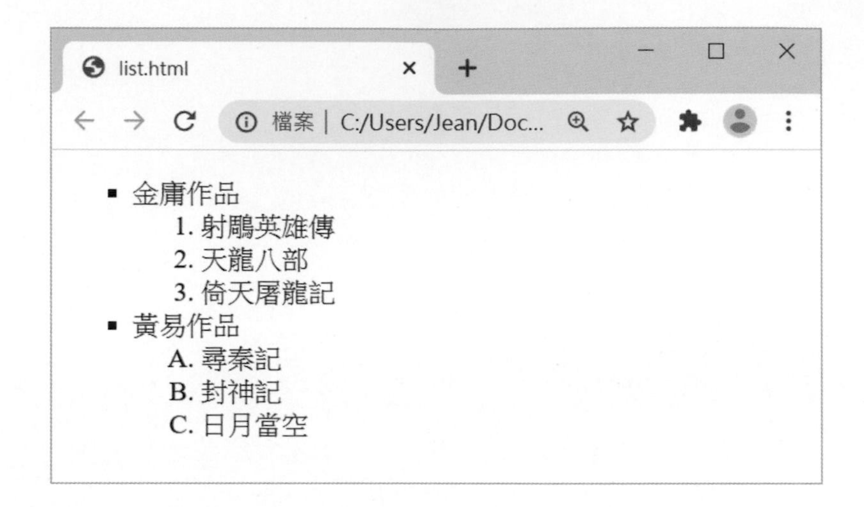

解答

\Ch05\list.html

```
<ul style="list-style: square;">
  <li>金庸作品
    <ol style="list-style: decimal;">
      <li>射鵰英雄傳</li>
      <li>天龍八部</li>
      <li>倚天屠龍記</li>
    </ol>
  </li>
  <li>黃易作品
    <ol style="list-style: upper-alpha;">
      <li>尋秦記</li>
      <li>封神記</li>
      <li>日月當空</li>
    </ol>
  </li>
</ul>
```

5-4-4 色彩屬性

color (前景色彩)

color 屬性用來設定 HTML 元素的前景色彩，其語法如下：

```
color: 色彩名稱 | rgb(rr, gg, bb) | #rrggbb | rgba(rr, gg, bb, alpha)
```

- **色彩名稱**：以 red、green、blue、black、white 等色彩名稱來設定色彩，例如下面的樣式規則是將段落的前景色彩設定為紅色：

```
p {color: red;}
```

- **rgb(*rr, gg, bb*)**：以紅、綠、藍的混合比例來設定色彩，例如下面的樣式規則是將段落的前景色彩設定為紅 100%、綠 0%、藍 0% (即紅色)：

```
p {color: rgb(100%, 0%, 0%);}
```

  除了混合比例之外，也可以將紅、綠、藍三色各自劃分成 0 ~ 255 共 256 個級數，改以級數來設定色彩，例如上面的樣式規則可以改寫成如下，100%、0%、0% 轉換成級數後會對應到 255、0、0：

```
p {color: rgb(255, 0, 0);}
```

- ***#rrggbb***：這是前一種方式的十六進位表示法，以 # 開頭，後面跟著三組十六進位數字，代表紅、綠、藍級數，例如上面的樣式規則可以改寫成如下，255、0、0 轉換成十六進位後會對應到 ff、00、00：

```
P {color： #ff0000;}
```

- **rgba(*rr, gg, bb, alpha*)**：參數 *alpha* 用來表示透明度，值為 0.0 ~ 1.0 的數字，表示完全透明 ~ 完全不透明，例如下面的樣式規則是將段落的前景色彩設定為紅色、透明度為 0.5：

```
p {color: rgba(255, 0, 0, 0.5);}
```

opacity (透明度)

opacity 屬性用來設定 HTML 元素的透明度，其語法如下，「透明度」為 0.0 ~ 1.0 的數字，表示完全透明 ~ 完全不透明：

```
opacity: 透明度
```

下面是一個例子。

```
<h1 style="color: green;">我的寵物鳥—包包</h1>
<h1 style="color: green; opacity: 0.5;">我的寵物鳥—包包</h1>
<img src="bird.jpg" width="200">
<img src="bird.jpg" width="200" style="opacity: 0.5;">
\Ch05\opacity.html
```

❶ 綠色的標題 1 ❷ 綠色、透明度 0.5 的標題 1
❸ 原始圖片 ❹ 透明度 0.5 的圖片

5-4-5 背景屬性

background-color (背景色彩)

background-color 屬性用來設定 HTML 元素的背景色彩，其語法如下，預設值為 transparent (透明)，也就是沒有背景色彩：

```
background-color: 色彩 | transparent
```

例如下面的樣式規則是將網頁主體的背景色彩設定為粉紅色：

```
body {background-color: pink;}
```

background-image (背景圖片)

background-image 屬性用來設定 HTML 元素的背景圖片，其語法如下，預設值為 none (無)，也就是沒有背景圖片：

```
background-image: url(圖檔名稱) | none
```

例如下面的樣式規則是將網頁主體的背景圖片設定為 a.jpg：

```
body {background-image: url(a.jpg);}
```

background-attachment (背景圖片是否捲動)

background-attachment 屬性用來設定背景圖片是否會隨著內容捲動，其語法如下，預設值為 scroll，表示會隨著內容捲動，而 fixed 表示不會隨著內容捲動：

```
background-attachment: scroll | fixed
```

例如下面的樣式規則是將網頁主體的背景圖片設定為不會隨著內容捲動：

```
body {background-image: url(a.jpg); background-attachment: fixed;}
```

background-repeat (背景圖片是否重複排列)

background-repeat 屬性用來設定 HTML 元素的背景圖片是否重複排列，其語法如下，預設值為 repeat：

```
background-repeat: repeat | repeat-x | repeat-y | no-repeat | space | round
```

設定值	說明
repeat	在水平及垂直方向重複排列背景圖片。
repeat-x	在水平方向重複排列背景圖片。
repeat-y	在垂直方向重複排列背景圖片。
no-repeat	取消重複排列，背景圖片依照原始大小顯示。
space	在水平及垂直方向重複排列背景圖片時調整其間距，使之填滿 HTML 元素並完整顯示出來。
round	在水平及垂直方向重複排列背景圖片時調整其大小，使之填滿 HTML 元素並完整顯示出來。

下面是一個例子 \Ch05\bg1.html，花朵圖案會在水平及垂直方向重複排列，直到填滿區塊，但區塊右側和下方的花朵圖案不一定會完整顯示出來。

```
<div style="background-image: url(a.jpg); background-repeat: repeat;">
  <h1>春曉</h1>
  <h1>送別</h1>
</div>
```

若要確保區塊右側和下方的花朵圖案會完整顯示出來，可以將 background-repeat 屬性設定為 space 或 round，例如下圖是設定為 round 的瀏覽結果，瀏覽器會調整背景圖片的大小，使之填滿區塊並完整顯示出來。

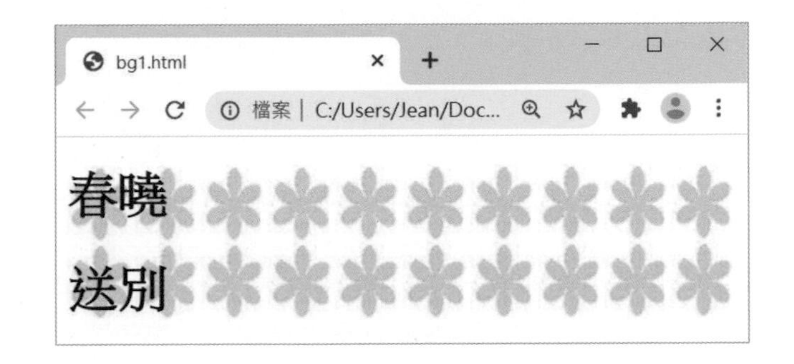

background-position (背景圖片起始位置)

background-position 屬性用來設定背景圖片起始位置，也就是從 HTML 元素的哪個位置開始顯示，其語法如下，預設值為 0%，表示左上方：

```
background-position: [長度 | 百分比 | left | center | right]
                     [長度 | 百分比 | top  | center | bottom]
```

設定值	說明
長度	使用 px、pt、pc、em、ex、in、cm、mm 等度量單位設定背景圖片起始位置。
百分比	使用容器百分比設定背景圖片起始位置。
水平方向起始點 垂直方向起始點	使用 left、center、right 三個水平方向起始點和 top、center、bottom 三個垂直方向起始點設定背景圖片起始位置。

例如下面的敘述是設定背景圖片從 <pre> 區塊的水平方向 5 公分及垂直方向 2 公分處開始顯示：

```
<pre style="background-image: url(a.jpg); background-position: 5cm 2cm;">
```

background

background 屬性是綜合了前述背景屬性的速記，下面是一個例子 \Ch05\bg2.html，它將網頁的背景圖片設定為 a.jpg、不重複排列、從右上方處開始顯示。

```
<body style="background: url(a.jpg) no-repeat right top;">
  <h1>春曉</h1>
</body>
```

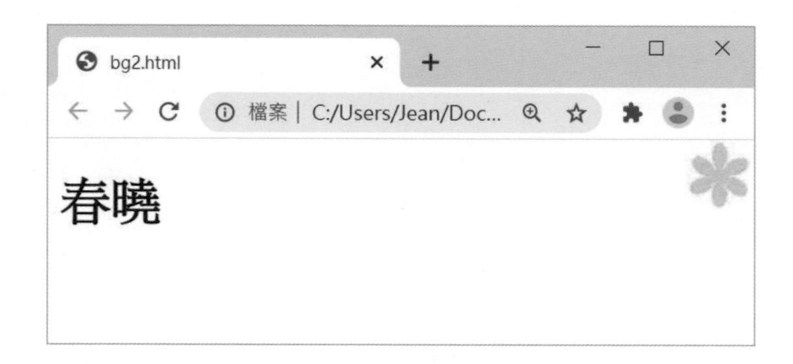

下面是另一個例子 \Ch05\bg3.html，它將網頁的背景色彩設定為橘色，標題 1 區塊的背景色彩設定為白色加上透明度參數 0.5。

```
<body style="background: orange;">
  <h1 style="background: rgba(255, 255, 255, 0.5);">春曉</h1>
</body>
```

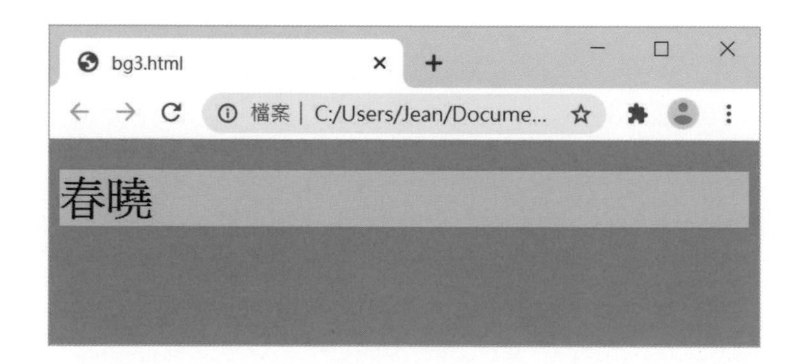

5-4-6 漸層表示法

linear-gradient() (線性漸層)

linear-gradient() 表示法用來設定線性漸層，其語法如下：

```
linear-gradient(角度|方向, 色彩停止點1 , 色彩停止點2, ...)
```

- **角度 | 方向**：使用度數設定線性漸層的角度，例如 0deg (0 度) 表示由左往右漸層，90deg (90 度) 表示由下往上漸層；或者，也可以使用 to [left | right] || [top | bottom] 設定線性漸層的方向，例如 to right 表示由左往右漸層，to top 表示由下往上漸層。
- **色彩停止點**：包括色彩的值與位置，中間以空白字元隔開，例如 yellow 0% 表示起點為黃色，orange 100% 表示終點為橘色。

下面是一個例子 \Ch05\gradient1.html。

```
<h1 style="background: linear-gradient(to top, yellow, lightgreen);">春曉</h1>
<h1 style="background: linear-gradient(to top right, red, white, blue);">送別</h1>
<h1 style="background: linear-gradient(yellow 0%, orange 100%);">紅豆</h1>
```

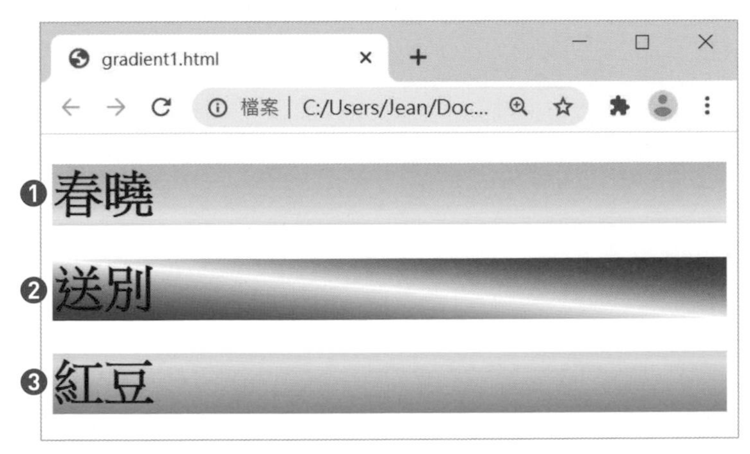

❶ 黃色、淺綠色由下往上漸層

❷ 紅白藍三色由左下往右上漸層

❸ 起點為黃色、終點為橘色兩色漸層

radial-gradient() (放射狀漸層)

radial-gradient() 表示法用來設定放射狀漸層，其語法如下：

```
linear-gradient(形狀 大小 位置, 色彩停止點1 , 色彩停止點2, ...)
```

- **形狀**：漸層的形狀可以是 circle (圓形) 或 ellipse (橢圓形)。
- **大小**：使用下列設定值設定漸層的大小。

設定值	說明
長度	以度量單位設定圓形或橢圓形的半徑。
closest-side	從圓形或橢圓形的中心點到區塊最近邊的距離當作半徑。
farthest-side	從圓形或橢圓形的中心點到區塊最遠邊的距離當作半徑。
closest-corner	從圓形或橢圓形的中心點到區塊最近角的距離當作半徑。
farthest-corner	從圓形或橢圓形的中心點到區塊最遠角的距離當作半徑。

- **位置**：在 at 後面加上 left、right、bottom 或 center 設定漸層的位置。
- **色彩停止點**：包括色彩的值與位置，中間以空白字元隔開，例如 yellow 0% 表示起點為黃色，orange 100% 表示終點為橘色。

下面是一個例子 \Ch05\gradient2.html。

```
<h1 style="background: radial-gradient(circle, white, lightgreen);">春曉</h1>
<h1 style="background: radial-gradient(red, yellow, lightgreen);">送別</h1>
```

repeating-linear-gradient() (重複線性漸層)

repeating-linear-gradient() 表示法用來設定重複線性漸層，其語法和 linear-gradient() 相同。

repeating-radial-gradient() (重複放射狀漸層)

repeating-radial-gradient() 表示法用來設定重複放射狀漸層，其語法和 radial-gradient() 相同。

下面是一個例子 \Ch05\gradient3.html。

```
<h1 style="background: repeating-linear-gradient(90deg, yellow 0%,
  lightgreen 30%);">春曉</h1>
<h1 style="background: repeating-linear-gradient(45deg, lightgreen,
  yellow 7%, white 10%);">送別</h1>
<h1 style="background: repeating-radial-gradient(orange, yellow
  20px, orange 40px);">夜雨寄北</h1>
<h1 style="background: repeating-radial-gradient(circle, yellow
  10px, white, orange 50px)">楓橋夜泊</h1>
```

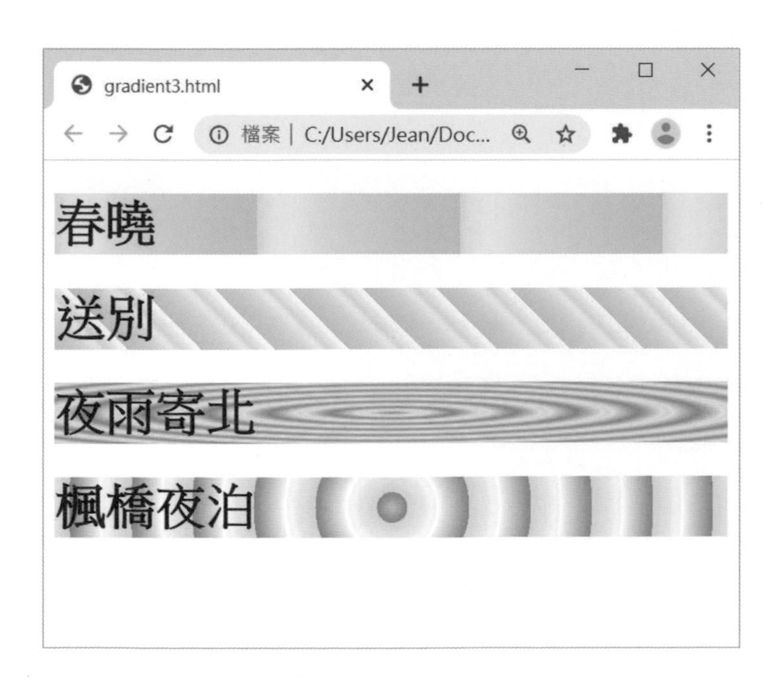

5-4-7 邊界、留白與框線屬性

在介紹常用的邊界、留白與框線屬性之前，我們先來說明何謂 Box Model（方塊模式），Box Model 指的是 CSS 將每個 HTML 元素看成一個矩形方塊，稱為 Box，由內容 (content)、留白 (padding)、框線 (border) 與邊界 (margin) 所組成，如下圖，Box 決定了 HTML 元素的顯示方式。

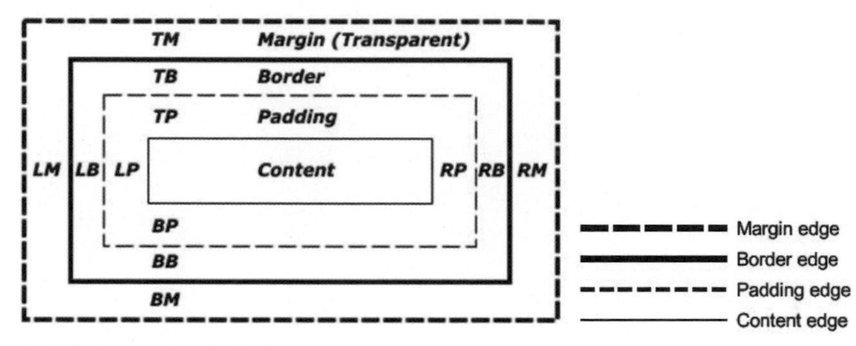

（圖片來源：CSS 官方文件 https://www.w3.org/TR/CSS2/box.html）

- **內容** (content)：這是元素所包含的資料。
- **留白** (padding)：這是環繞在內容四周的部分，當我們設定元素的背景時，背景色彩或背景圖片會顯示在內容與留白。
- **框線** (border)：這是加在留白外緣的線條，而且線條可以設定不同的寬度或樣式。
- **邊界** (margin)：這是在框線外面透明的區域，通常用來控制元素彼此之間的距離。

從上面的示意圖可以看到，留白、框線與邊界又有上 (top)、下 (bottom)、左 (left)、右 (right) 之分，因此，我們使用類似 TM、BM、LM、RM 等縮寫來表示 Top Margin（上邊界）、Bottm Margin（下邊界）、Left Margin（左邊界）、Right Margin（右邊界），至於其它像 TB、BB、LB、RB、TP、BP、LP、RP 請依此類推。

margin (邊界)

margin 屬性用來設定 HTML 元素的邊界，其語法如下，設定值有「長度」、「百分比」、auto (自動) 等，預設值為 0：

```
margin: 設定值1 [設定值2 [設定值3 [設定值4]]]
```

設定值可以有一到四個，中間以空白字元隔開，當有一個值時，該值會套用至上下左右邊界；當有兩個值時，第一個值會套用至上下邊界，而第二個值會套用至左右邊界；當有三個值時，第一個值會套用至上邊界，第二個值會套用至左右邊界，而第三個值會套用至下邊界；當有四個值時，會分別套用至上右下左邊界。

下面是一個例子 \Ch05\margin.html，其中第一個段落的上下邊界和左右邊界分別為 1cm、2cm，而第二個段落的上下左右邊界則採預設值為 0：

```
<p style="background: pink; margin: 1cm 2cm;">相見時難別亦難，...。</p>
<p style="background: pink;">錦瑟無端五十弦，...。</p>
```

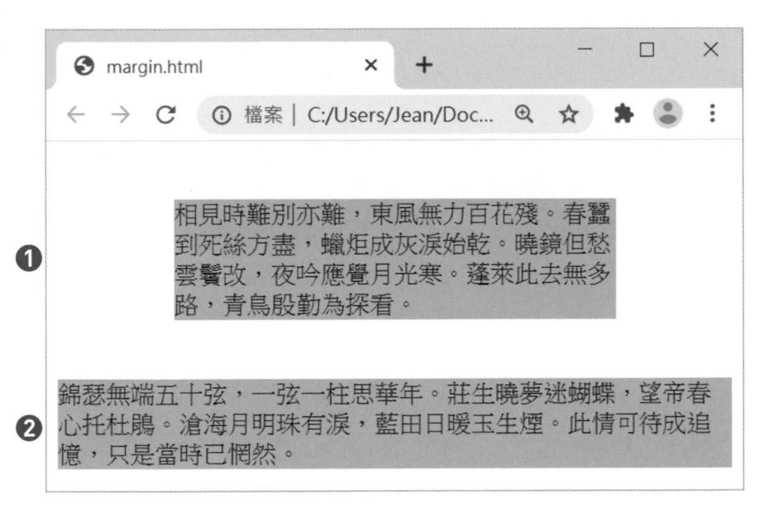

❶ 此段落的上下邊界為 1cm、左右邊界為 2 公分

❷ 此段落的邊界為 0

padding (留白)

padding 屬性用來設定 HTML 元素的留白，其語法如下，設定值有「長度」、「百分比」等，預設值為 0：

```
padding: 設定值1 [設定值2 [設定值3 [設定值4]]]
```

設定值可以有一到四個，中間以空白字元隔開，當有一個值時，該值會套用至上下左右留白；當有兩個值時，第一個值會套用至上下留白，而第二個值會套用至左右留白；當有三個值時，第一個值會套用至上留白，第二個值會套用至左右留白，而第三個值會套用至下留白；當有四個值時，會分別套用至上右下左留白。

下面是一個例子 \Ch05\padding.html，其中第一個段落的上下留白和左右留白分別為 1cm、2cm，而第二個段落的上下左右留白則採預設值為 0：

```
<p style="background: pink; padding: 1cm 2cm;">相見時難別亦難，...。</p>
<p style="background: pink;">錦瑟無端五十弦，...。</p>
```

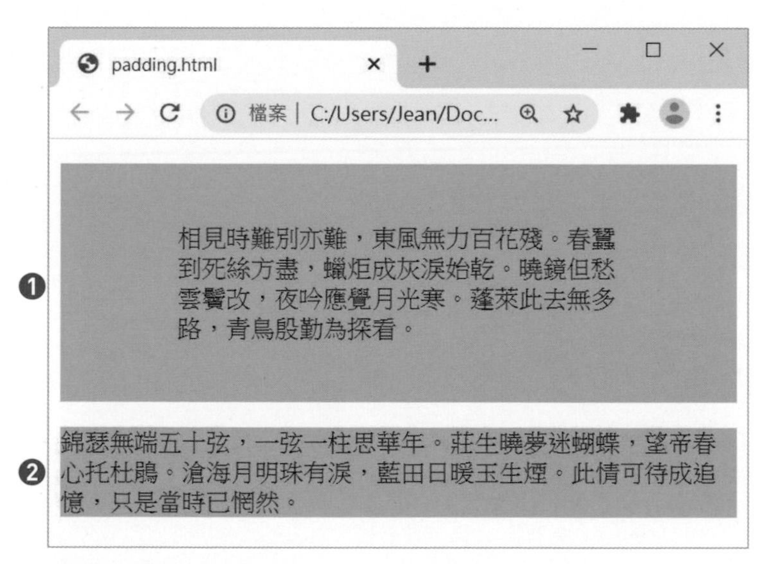

❶ 此段落的上下留白為 1cm、左右留白為 2 公分

❷ 此段落的留白為 0

border-top、border-bottom、border-left、border-right、border (框線)

border-top、border-bottom、border-left、border-right、border 屬性用來設定 HTML 元素的上、下、左、右及四周的框線樣式、框線色彩與框線寬度，其語法如下：

```
border-top: [框線樣式] [框線色彩] [框線寬度]
border-bottom: [框線樣式] [框線色彩] [框線寬度]
border-left: [框線樣式] [框線色彩] [框線寬度]
border-right: [框線樣式] [框線色彩] [框線寬度]
border: [框線樣式] [框線色彩] [框線寬度]
```

- 框線樣式的設定值有 none (不顯示框線)、hidden (不顯示框線)、dotted (點狀框線)、dashed (虛線框線)、solid (實線框線)、double (雙線框線)、groove (3D 立體內凹框線)、ridge (3D 立體外凸框線)、inset (內凹框線)、outset (外凸框線)，如下圖，預設值為 none (無)。

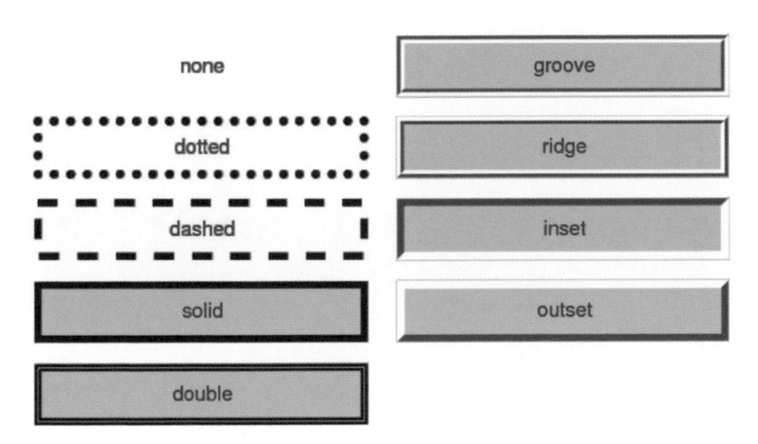

- 框線色彩的設定值有第 5-4-4 節所介紹的設定方式，預設值為 color 屬性的值 (即前景色彩)。

- 框線樣式的設定值有 thin (細)、medium (中)、thick (粗) 和「長度」等設定方式，預設值為 medium。

下面是一個例子 \Ch05\border.html，其中第一個段落的下框線設定為虛線、10 像素、橘色，而第二個段落的四周框線設定為點線、5 像素、黃色。

```
<p style="background: lightgreen; border-bottom: dashed 10px orange;">
相見時難別亦難，...。</p>
<p style="background: lightgreen; border: dotted 5px yellow;">
錦瑟無端五十弦，...。</p>
```

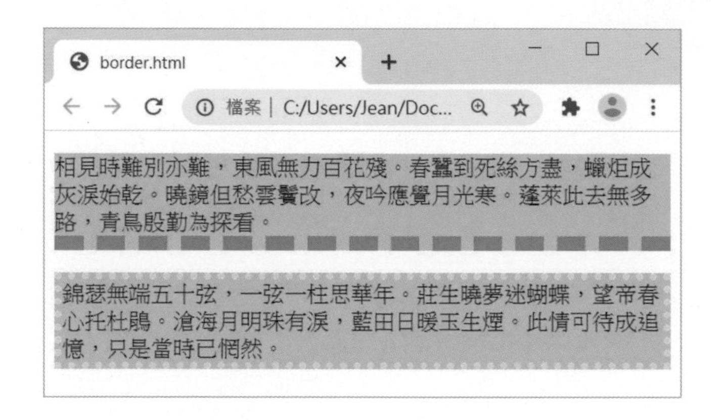

border-radius (框線圓角)

border-radius 屬性用來設定 HTML 元素的框線圓角，其語法如下，設定值有「長度」、「百分比」等，表示圓角的半徑：

```
border-radius: 設定值1 [設定值2 [設定值3 [設定值4]]]
```

例如下面的敘述是將框線四個角設定為半徑 10px 的圓角，瀏覽結果如下圖：

```
<h1 style="border: solid 10px orange; border-radius: 10px;">春曉</h1>
```

5-4-8 寬度與高度屬性

width、height、max-width、min-width、max-height、min-height 屬性用來設定 HTML 元素的寬度、高度、最大寬度、最小寬度、最大高度、最小高度，其語法如下，設定值有「長度」、「百分比」、auto (自動) 等：

```
width: 長度 | 百分比 | auto
height: 長度 | 百分比 | auto
max-width: 長度 | 百分比 | auto
min-width: 長度 | 百分比 | auto
max-height: 長度 | 百分比 | auto
min-height: 長度 | 百分比 | auto
```

下面是一個例子 \Ch05\WH.html，其中第一個區塊的寬度與高度為 300 像素和 200 像素，而第二個區塊的寬度為容器寬度的 100%，高度為 100 像素：

```
<div style="background: lightgreen; width: 300px; height: 200px;"></div>
<div style="background: orange; width: 100%; height: 100px;"></div>
```

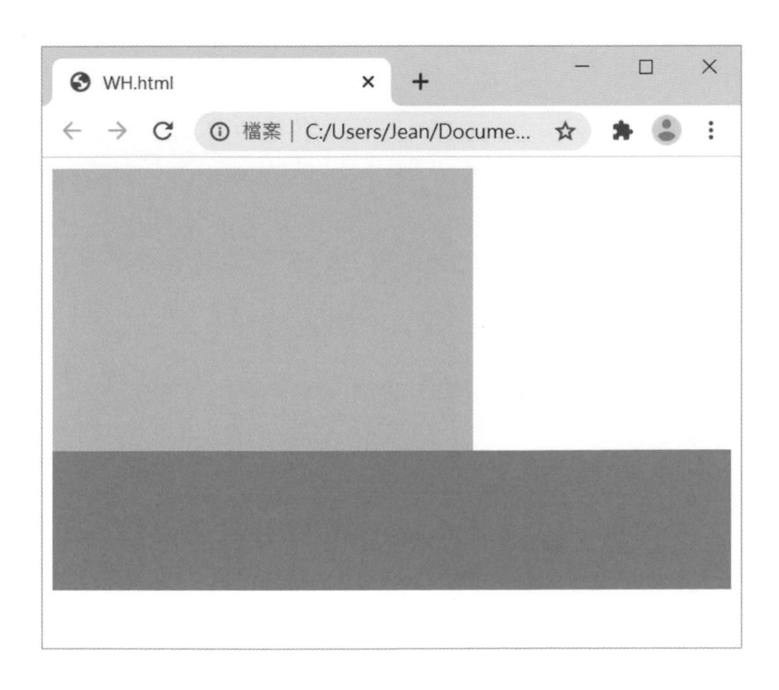

5-4-9 定位方式屬性

display (HTML元素的顯示層級)

display 屬性用來設定 HTML 元素的顯示層級，其語法如下，常用的設定值有 none (無，不顯示亦不佔用網頁位置)、block (區塊層級)、inline (行內層級)、inline-block (令區塊層級元素像行內層級元素一樣不換行，但可以設定寬度、高度、留白與邊界)：

```
display: 設定值
```

top、bottom、left、right

top、bottom、left、right 等屬性用來設定 Block Box 的上下左右位移量，其語法如下，預設值為 auto (自動)：

```
top: 長度 | 百分比 | auto
bottom: 長度 | 百分比 | auto
left: 長度 | 百分比 | auto
right: 長度 | 百分比 | auto
```

position (Box的定位方式)

position 屬性用來設定 Box 的定位方式，其語法如下：

```
position: static | relative | absolute | fixed
```

設定值	說明
static	正常順序 (預設值)。
relative	相對定位 (相對於正常順序來做定位)。
absolute	絕對定位。
fixed	固定定位 (屬於絕對定位的一種，但位置不會隨著內容捲動)。

範例：相對定位

在下面的例子中，為了提升視覺效果，我們透過第 08 行設定注釋的樣式，先使用 position 屬性設定 <span> 元素採取相對定位，接著使用 top 屬性設定 <span> 元素的上緣比在正常順序的位置下移 5 像素，然後設定文字大小為 12 像素、文字色彩為藍色。

\Ch05\position.html

```
01 <!DOCTYPE html>
02 <html>
03   <head>
04     <meta charset="utf-8">
05     <style>
06       p {display: block; font-size: 15px; line-height: 2;}
07       span {display: inline;}
08       .note {position: relative; top: 5px; font-size: 12px; color: blue;} ❶
09     </style>
10   </head>
11   <body>
12     <p>青山橫北郭，白水繞東城。此地一為別，孤蓬万里征。
13       <span class="note">注釋：「郭」意指城外</span></p>
14     <p>浮云游子意，落日故人情。揮手自茲去，蕭蕭班馬鳴。
15       <span class="note">注釋：「茲」意指現在</span></p>
16   </body>
17 </html>
```

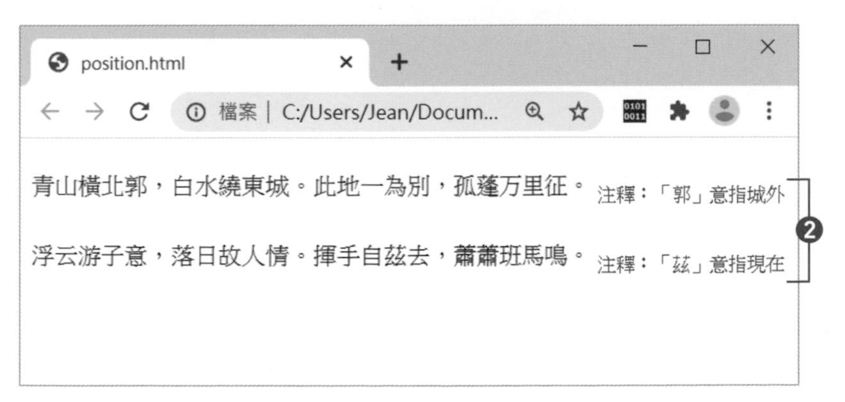

❶ 設定注釋的樣式

❷ 兩個注釋會相對於詩句的位置下移 5 像素

範例：絕對定位與固定定位

在下面的例子中，我們令兒歌的歌詞採取正常順序，圖片採取絕對定位，其上緣比網頁主體下移 20 像素，而其左緣比網頁主體右移 300 像素，同時會隨著內容捲動 (網頁圖片來源：Designed by BiZkettE1 / Freepik)。

\Ch05\position2.html

```
01 <!DOCTYPE html>
02 <html>
03    <head>
04      <meta charset="utf-8">
05      <style>
06     ❶ img {display: inline; width: 150px; position: absolute;
              top: 20px; left: 300px;}
07     ❷ p {display: block; width: 300px; white-space: pre-line;}
08      </style>
09    </head>
10    <body>
11      <img src="bg5.jpg">
12      <h1>小星星</h1>
13      <p>一閃一閃亮晶晶
14         滿天都是小星星
15         掛在天上放光明
16         好像許多小眼睛
17         一閃一閃亮晶晶
18         滿天都是小星星</p>
18     <h1>造飛機</h1>
20     <p>造飛機
21        造飛機
22        來到青草地
23        蹲下來
24        蹲下來
25        …
26        飛上去
27        飛到白雲裡</p>
28   </body>
29 </html>
```

❶ 將 <img> 元素設定為行內層級，採取絕對定位，上位移為 20 像素、左位移為 300 像素

❷ 將 <p> 元素設定為區塊層級，寬度為 300 像素、顯示換行

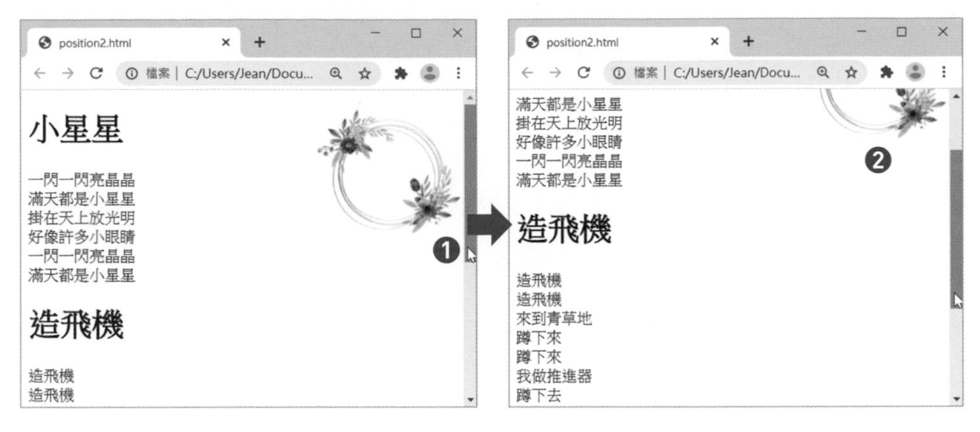

❶ 移動捲軸將內容向下捲動 ❷ 圖片會隨著捲動

若要讓圖片顯示在固定的位置，不會隨著內容捲動，可以將第 06 行的 position 屬性設定為 fixed，改採取固定定位，然後另存新檔為 \Ch05\position3.html。

```
05        <style>
06          img {display: inline; width: 150px; position: fixed; top: 20px;
                left: 300px;}
07          p {display: block; width: 300px; white-space: pre-line;}
08        </style>
```

❶ 移動捲軸將內容向下捲動 ❷ 圖片不會隨著捲動

5-4-10 文繞圖屬性

從字面來看，「文繞圖」指的是文環繞在圖旁邊，不過，CSS 所說的圖並不一定是圖片，可以是包含任何文字或圖片的 Block Box 或 Inline Box，CSS 提供的文繞圖屬性有 float 與 clear。

float (設定文繞圖)

float 屬性用來設定文繞圖的方向，其語法如下，預設值為 none (無)，表示沒有文繞圖，left 表示靠左文繞圖，right 表示靠右文繞圖：

```
float: none | left | right
```

clear (解除文繞圖)

clear 屬性用來設定 Inline Box 的哪一邊不要緊鄰著文繞圖 Box，也就是清除該邊繞圖的動作，其語法如下，預設值為 none (無)，表示不清除，left 表示清除左邊繞圖的動作，right 表示清除右邊繞圖的動作，both 表示清除兩邊繞圖的動作，一旦清除 Inline Box 某一邊繞圖的動作，該 Inline Box 上方的邊界會變大，進而將 Inline Box 向下推擠，以閃過被設定為文繞圖的 Box：

```
clear: none | left | right | both
```

下面是一個例子，為了讓您容易瞭解，我們直接使用圖片來做示範，您也可以換用其它區塊試試看。

\Ch05\float.html

```
01 <body>
02   <img src="white.jpg" width="300" style="float: right;">
03   <h1>白水先生作品</h1>
04   <p>白水先生是20世紀末期奧地利知名畫家...。</p>
05   <p>白水先生的作品具有強烈的個人色彩，...。</p>
06 </body>
```

瀏覽結果如下圖，由於第 02 行設定圖片靠右文繞圖，所以圖片會向右移動，直到抵達包含該圖片之區塊的右邊界，而圖片後面的資料會從圖片的左邊開始顯示。

圖片靠右文繞圖

若將第 05 行改寫成如下，清除第二段右邊繞圖的動作，第二段將會被向下推擠，以閃過被設定為靠右文繞圖的圖片，瀏覽結果如下圖。

```
05    <p style="clear: right;">白水先生的作品具有強烈的個人色彩，...。</p>
```

圖片靠右文繞圖，但清除第二段右邊繞圖的動作

5-4-11 垂直對齊屬性

vertical-align 屬性用來設定行內層級元素的垂直對齊方式，其語法如下，預設值為 baseline (基準線)：

```
vertical-align: 設定值
```

設定值	說明
baseline	將元素對齊父元素的基準線 (預設值)。
top	將元素對齊整行元素的頂端。
text-top	將元素對齊整行文字的頂端。
bottom	將元素對齊整行元素的底部。
middle	將元素對齊整行文字的中間。
text-bottom	將元素對齊整行文字的底部。
sub	將元素對齊父元素的下標。
supper	將元素對齊父元素的上標。
長度	將元素往上移指定的長度，若為負值，表示往下移。
百分比	將元素往上移指定的百分比，若為負值，表示往下移。

下面是一個例子 \Ch05\vertical1.html，其中 2 為下標，而 3 為上標，有需要的話可以使用 font-size 屬性將上標和下標設定成較小的文字。

```
H<span style="vertical-align:sub;">2</span>
O<span style="vertical-align:super;">3</span>
```

下面是一個例子，它示範了幾種不同的垂直對齊方式。

\Ch05\vertical2.html

```
<!DOCTYPE html>
<html>
  <head>
    <meta charset="utf-8">
    <style>
      #img1 {vertical-align: text-top;}
      #img2 {vertical-align: text-bottom;}
      #img3 {vertical-align: 30px;}
    </style>
  </head>
  <body>
    <p>東京<img id="img1" src="disney.jpg" width="100px">迪士尼</p>
    <p>東京<img id="img2" src="disney.jpg" width="100px">迪士尼</p>
    <p>東京<img id="img3" src="disney.jpg" width="100px">迪士尼</p>
  </body>
</html>
```

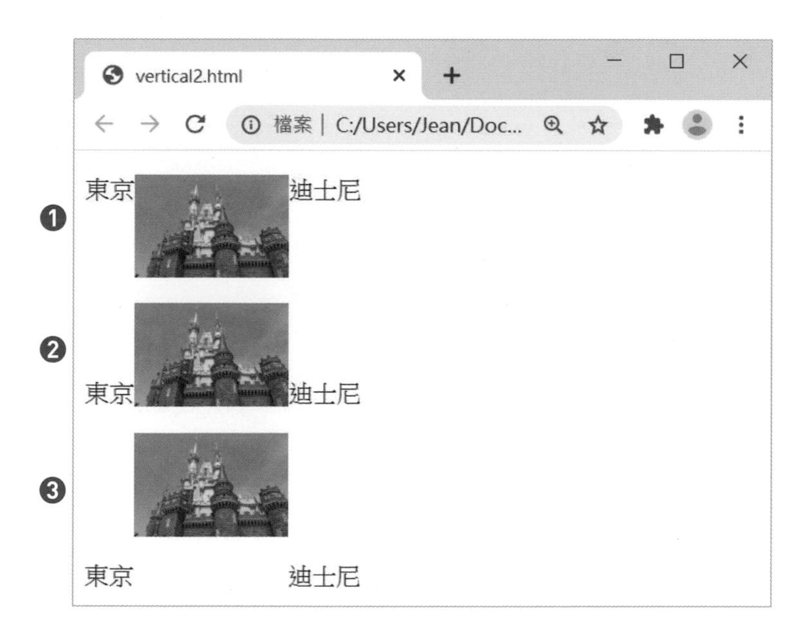

❶ 圖片對齊整行文字的頂端 ❷ 圖片對齊整行文字的底部 ❸ 圖片向上移 30 像素

5-4-12 Box陰影屬性

box-shadow 屬性用來設定 Box 陰影，其語法如下，預設值為 none (無)，若要設定多重陰影，中間以逗號隔開即可：

```
text-shadow: none | [[水平位移 垂直位移 模糊 色彩] [,...]]
```

- **水平位移**：陰影在水平方向的位移為幾像素。
- **垂直位移**：陰影在垂直方向的位移為幾像素。
- **模糊**：陰影的模糊輪廓為幾像素。
- **色彩**：陰影的色彩。

下面是一個例子，第一個標題有一層陰影，水平位移 10px、垂直位移 10px、模糊 5px、淺灰色；而第二個標題有兩層陰影，分別是淺灰色和淺黃色。

\Ch05\boxshadow.html

```
<body>
  <h1 style="background: pink; box-shadow: 10px 10px 5px
  lightgray;">春曉</h1>
  <h1 style="background: lightgreen; box-shadow: 10px 10px 10px
  lightgray, 20px 20px 20px lightyellow;">送別</h1>
</body>
```

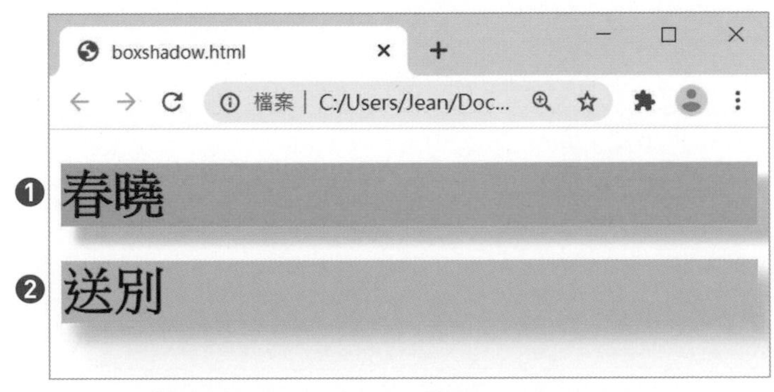

❶ 此標題有一層陰影 ❷ 此標題有兩層陰影

學習評量

一、配合題

( ) 1.	設定 HTML 元素的文字字型	A. text-shadow
( ) 2.	設定 HTML 元素的文字大小	B. list-style-type
( ) 3.	設定 HTML 元素的行高	C. background-color
( ) 4.	設定 HTML 元素的文字對齊方式	D. opacity
( ) 5.	設定 HTML 元素的垂直對齊方式	E. border
( ) 6.	設定 HTML 元素的首行縮排	F. vertical-align
( ) 7.	設定 HTML 元素的文字陰影	G. font-size
( ) 8.	設定 HTML 元素的 Box 陰影	H. linear-gradient()
( ) 9.	設定清單的項目符號與編號類型	I. box-shadow
( )10.	設定圖片項目符號	J. clear
( )11.	設定 HTML 元素的前景色彩	K. padding
( )12.	設定 HTML 元素的背景色彩	L. list-style-image
( )13.	設定 HTML 元素的透明度	M. font-family
( )14.	設定 HTML 元素的背景圖片是否重複排列	N. line-height
( )15.	設定 HTML 元素的背景圖片起始位置	O. float
( )16.	設定線性漸層	P. height
( )17.	設定放射狀漸層	Q. width
( )18.	設定 HTML 元素的邊界	R. background-repeat
( )19.	設定 HTML 元素的留白	S. text-align
( )20.	設定 HTML 元素的框線	T. margin
( )21.	設定 HTML 元素的寬度	U. radial-gradient()
( )22.	設定 HTML 元素的高度	V. background-position
( )23.	設定文繞圖	W. color
( )24.	解除文繞圖	X. text-indent

二、選擇題

(　　) 1. 下列關於 HTML 與 CSS 的敘述何者錯誤？

A. HTML 適合用來定義網頁的內容，CSS 適合用來定義網頁的外觀
B. CSS 樣式表是由一條一條的樣式規則所組成
C. HTML 不會區分英文字母的大小寫
D. CSS 不會區分英文字母的大小寫

(　　) 2. CSS 的註解符號為何？

A. <!-- -->　　B. //
C. /* */　　D. ‘

(　　) 3. p {color: white;} 的套用對象為下列何者？

A. 索引標籤　　B. 段落
C. 標題 1　　D. 超連結

(　　) 4. 假設有下列三條規則，試問，在段落內的超連結文字色彩為何？

```
p {color: blue;}
a {color: green;}
p a {color: red;}
```

A. 藍色　　B. 綠色
C. 紅色　　D. 黃色

(　　) 5. 類別選擇器的命名格式是以下列哪個符號開頭？

A. *　　B. .
C. !　　D. #

(　　) 6. 下列哪種選擇器適合用來為網頁的所有元素加上共同的樣式？

A. 屬性選擇器　　B. 萬用選擇器
C. 類別選擇器　　D. ID 選擇器

(　　) 7. 我們可以在 <head> 元素裡面使用下列哪個元素嵌入樣式表？

A. <style>　B. <div>
C. <span>　D. <link>

(　　) 8. 我們可以使用下列何者在 HTML 文件匯入樣式表檔案？

A. !important　B. #using
C. <link>　D. @import

(　　) 9. 下列哪個虛擬類別可以針對取得焦點的元素定義樣式規則？

A. :enabled　B. :hover
C. :active　D. :focus

(　　) 10. 下列哪個虛擬類別可以針對尚未瀏覽的超連結定義樣式規則？

A. :visited　B. :disabled
C. :link　D. :hover

(　　) 11. 下列哪種設定文字大小的方式錯誤？

A. font-size: xxx-large　B. font-size: larger
C. font-size: 200%　D. font-size: 20px

(　　) 12. 下列哪個敘述可以將文字設定為斜體？

A. font-weight: italic　B. font-style: italic
C. font-style: oblique　D. font-variant: small-caps

(　　) 13. line-height:1.5 的意義為何？

A. 行距為目前行距的 1.5 倍　B. 行高為 1.5 倍行高
C. 文字粗細為目前文字的 150%　D. 字距為目前字距的 1.5 倍

(　　) 14. 以 p {font: italic bold 120%/200% 標楷體 ;} 為例，試問，裡面的 200% 代表的是下列何者？

A. 文字大小　B. 字距
C. 文字粗細　D. 行高

(　　) 15. 下列哪個敘述可以將 HTML 元素的文字對齊方式設定為左右對齊？

A. text-indent: justify　　B. vertical-align: justify
C. text-align: center　　D. text-align: justify

(　　) 16. 下列敘述何者錯誤？

A. list-style-type: 01.gif 可以將項目符號設定為圖檔 01.gif
B. list-style: decimal 會顯示 1、2、4、4、5... 的編號
C. ul {list-style: none;} 表示 <ul> 元素的項目不會加上項目符號
D. list-style-position: inside 會將項目符號顯示在項目文字區塊的內部

(　　) 17. 下列哪種色彩的設定方式錯誤？

A. color: red
B. color: rgba(100%, 100%, 20%, 0.5)
C. color: #ffccaa
D. color: rgb(256, 0, 0)

(　　) 18. 下列哪個敘述可以將段落區塊的背景圖片設定為 bg.gif？

A. p {background-image: bg.gif;}
B. p {background-image: url(bg.gif);}
C. p {background: bg.gif;}
D. p {background-image=url(bg.gif);}

(　　) 19. 根據樣式規則 p {margin: 20px 15px 30px;} 的定義，左邊界的大小為何？

A. 20px　　B. 15px　　C. 30px　　D. 沒有定義

(　　) 20. 根據樣式規則 img {border-style: solid dashed;} 的定義，下框線的樣式為何？

A. 不顯示框線　　B. 點狀框線
C. 虛線框線　　D. 實線框線

6

Bootstrap 網格系統

6-1 認識 Bootstrap

Bootstrap 原名 Twitter Blueprint，由 Twitter 的 Mark Otto 和 Jacob Thornton 兩位工程師所開發，目的是製作一套可以保持一致性的工具與框架 (framework)，後來更名為 Bootstrap 並釋出成為開放原始碼專案。之後專案繼續由 Mark Otto、Jacob Thornton 和一個核心開發小組維護，並有來自社群的眾多貢獻者。

Bootstrap 是目前最受歡迎的 HTML、CSS 與 JavaScript 框架之一，用來開發響應式 (RWD)、行動優先 (mobile first) 的網頁，使用者無須撰寫 CSS 或 JavaScript 程式碼，就可以輕鬆設計出響應式網頁。

事實上，Bootstrap 官方網站 (https://getbootstrap.com/) 本身就是響應式網頁設計的最佳實踐，會隨著瀏覽器的寬度自動調整版面配置，如下圖，除了提供 Bootstrap 套件免費下載，更有完整的線上說明與範例。

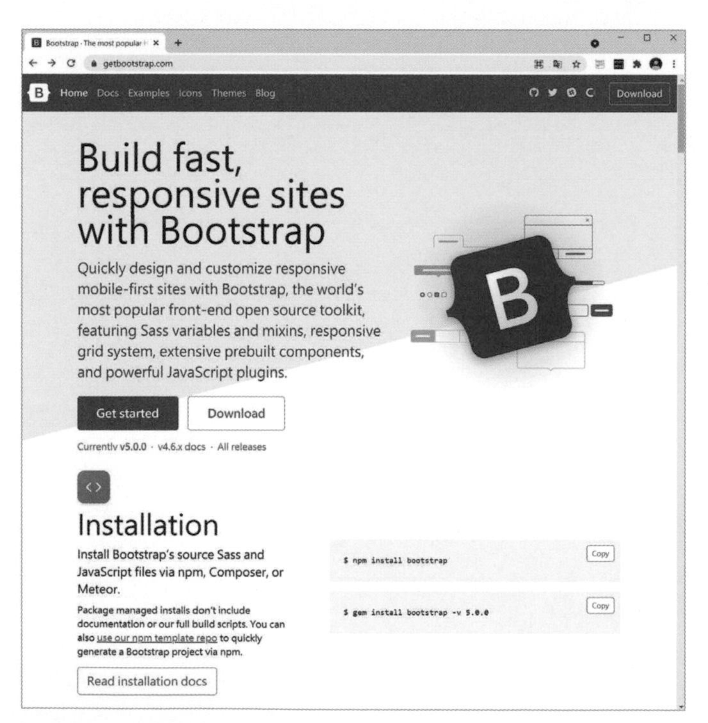

6-2 Bootstrap 的版本

Bootstrap 和目前主流的 Microsoft Edge、Google Chrome、Firefox、Opera、Safari、Internet Explorer 瀏覽器相容，相關的版本如下：

- **2.0 版**：支援響應式網頁設計，能夠根據使用者的瀏覽器環境自動調整網頁的版面配置，以提供最佳的顯示結果。
- **3.0 版**：以行動裝置優先作為主要的設計方針，強調響應式網頁設計。
- **4.0 版**：支援 Sass 與 Flexbox，其中 Sass 是一個將指令碼解譯成 CSS 的 Script 語言，稱為 SassScript，它可以讓我們以更快速便利的方式撰寫 CSS 樣式表；而 Flexbox 是 CSS 的一種排版方式。
- **5.0 版**：相較於前面幾個版本，5.0 版做出極大的變革，比較顯著的如下：
  - Bootstrap 5 已經移除 jQuery，不再相依於 jQuery，也就是無須下載或參考 jQuery 套件，如此一來，使用 Bootstrap 5 建構的專案檔案大小不僅變得輕巧，也會加快頁面載入速度。
  - 單純使用 JavaScript，提升 JavaScript 執行速度與程式碼品質。
  - 放棄支援 Internet Explorer 10/11。
  - 改良的網格系統 (grid system)。
  - 改良的文件說明 (documentation)。
  - 改良的表單。
  - 改良的模組化。
  - 全新的響應式字型 (responsive font)。
  - 全新的公用程式與 API。

6-3 取得 Bootstrap 套件

使用 Bootstrap 開發網頁需要取得 Bootstrap 套件，例如 Bootstrap 5 的相關檔案如下，但不包含文件說明、原始檔或其它選擇性的 JavaScript 檔案，例如 Popper.js：

- **編譯且最小化的 CSS 檔案**，例如 bootstrap.min.css、bootstrap-grid.min.css、bootstrap-reboot.min.css、bootstrap-utilities.min.css 等。
- **編譯且最小化的 JavaScript 檔案**，例如 bootstrap.bundle.min.js、bootstrap.min.js、bootstrap.esm.min.js 等。

方式一：下載 Bootstrap 套件

我們可以到 Bootstrap 官方網站下載相關檔案，步驟如下：

1. 到 Bootstrap 官方網站 (https://getbootstrap.com/docs/5.0/getting-started/download/) 下載 Bootstrap 套件，例如 bootstrap-5.0.0-dist.zip。

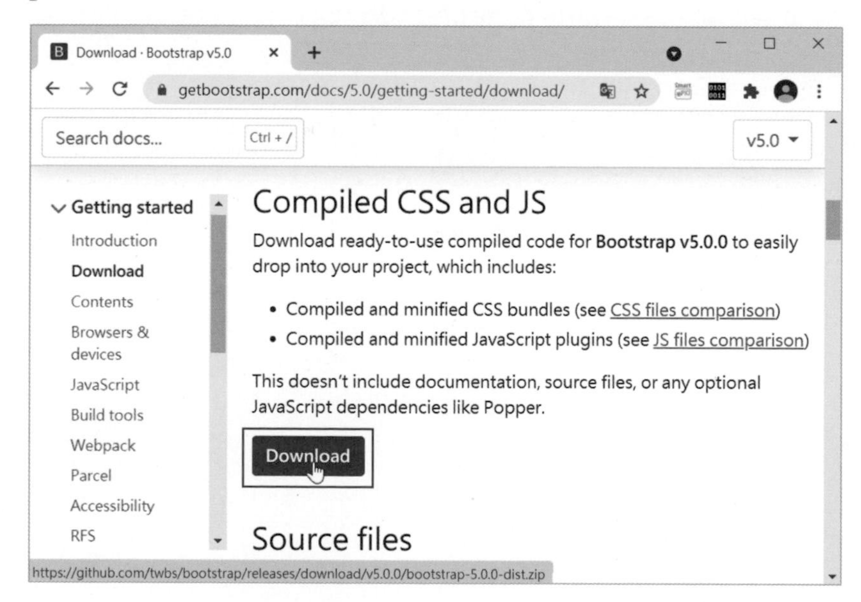

2. 將下載回來的檔案解壓縮，裡面有 css 和 js 兩個資料夾，將之複製到網站根目錄。

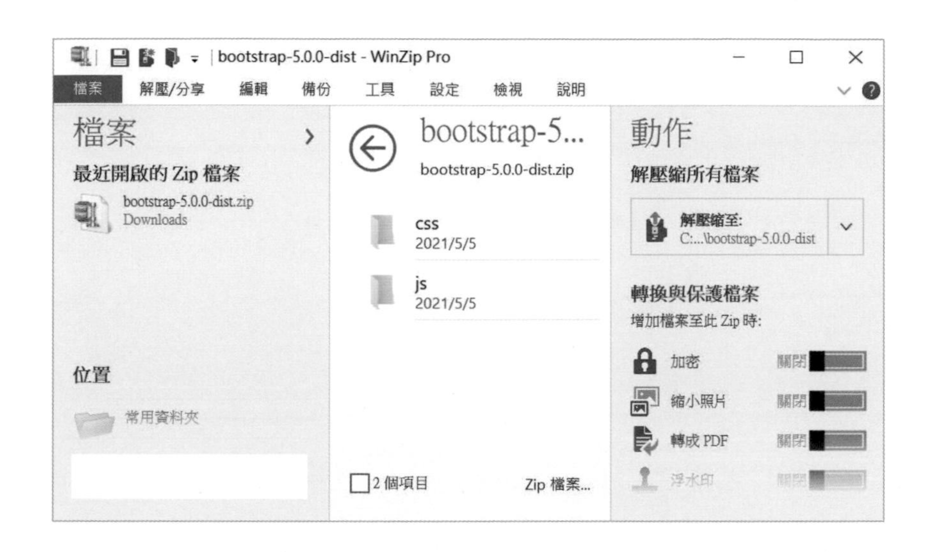

3. 在網頁的 <head> 區塊加入第 05 行的程式碼，至於第 09 行的程式碼則可以放在 </body> 結尾標籤前面。

```
01 <!DOCTYPE html>
02 <html>
03   <head>
04     …
05     <link rel="stylesheet" href="css/bootstrap.min.css">
06   </head>
07   <body>
08     …
09     <script src="js/bootstrap.bundle.min.js"></script>
10   </body>
11 </html>
```

NOTE

由於 Bootstrap 仍在持續維護與更新中，未來還會推出更新版本，有興趣的讀者可以定期到 Bootstrap 官方網站查看，本書則是以 v5 為主。

方式二：透過 CDN 參考 Bootstrap 套件

我們可以透過 CDN (Content Delivery Networks) 在網頁中參考相關檔案，Bootstrap 官方網站提供了如下的 v5 CDN，您可以將第 01 行和第 02 行的程式碼都放在網頁的 <head> 區塊，也可以將第 02 行的程式碼放在 </body> 結尾標籤前面。

```
01 <link rel="stylesheet"
   href="https://cdn.jsdelivr.net/npm/bootstrap@5.0.0/dist/css/
   bootstrap.min.css">
02 <script
   src="https://cdn.jsdelivr.net/npm/bootstrap@5.0.0/dist/js/
   bootstrap.bundle.min.js">
   </script>
```

使用 CDN 的優點如下：

- 無需下載任何套件。
- 減少網路流量，因為 Web 伺服器送出的檔案較小。
- 若使用者之前已經透過相同的 CDN 參考 Bootstrap 的檔案，那麼這些檔案會存在瀏覽器的快取中，進而加快執行速度。

TIP

由於 Bootstrap 5 許多元件會使用到 JavaScript 功能，例如輪播、摺疊功能、下拉式清單、響應式導覽列、工具提示、彈出提示等，因此，第 02 行的 bootstrap.bundle.min.js 檔案也要一併參考。若您有使用官方網站編譯的 JavaScript 檔案，並希望分開載入 Popper.js，可以在 JavaScript 檔案前面先行載入 Popper.js，如下：

```
<script src="https://cdn.jsdelivr.net/npm/@popperjs/core@2.9.2/dist/umd/popper.min.js">
</script>
<script src="https://cdn.jsdelivr.net/npm/bootstrap@5.0.0/dist/js/bootstrap.min.js">
</script>
```

6-4 Bootstrap 網頁的基本結構

我們在第 2-3 節介紹過 HTML5 網頁的基本結構，而 Bootstrap 網頁也差不多，下面是一個例子，它會在網頁上顯示標題 1 格式的 "Hello, Bootstrap!" 字串。

\Ch06\BS1.html

```
01 <!DOCTYPE html>
02 <html>
03   <head>
04     <meta charset="utf-8">
05     <meta name="viewport" content="width=device-width, initial-scale=1">
06     <!-- Bootstrap CDN -->
07     <link rel="stylesheet" href="https://cdn.jsdelivr.net/npm/bootstrap@5.0.0/
       dist/css/bootstrap.min.css">
08     <script src="https://cdn.jsdelivr.net/npm/bootstrap@5.0.0/dist/js/
       bootstrap.bundle.min.js"></script>
09     <title>我的Bootstrap網頁</title>
10   </head>
11   <body>
12     <h1>Hello, Bootstrap!</h1>
13   </body>
14 </html>
```

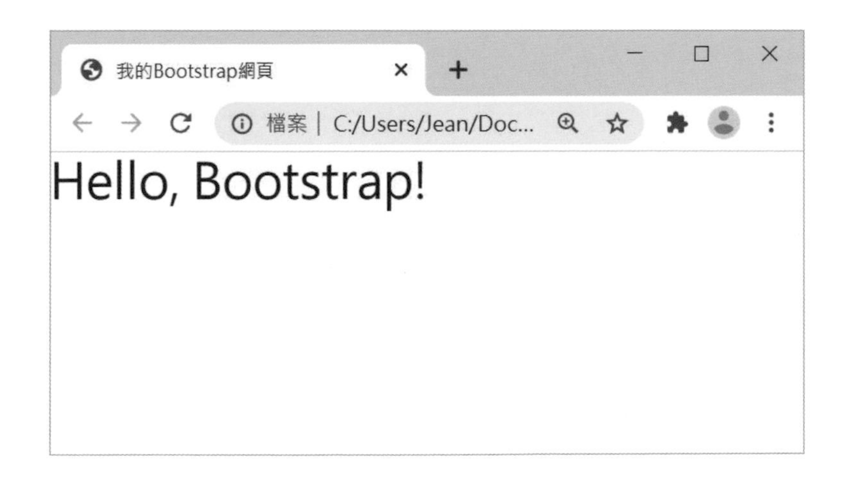

» 01：Bootstrap 網頁會使用到 HTML5 元素，所以要設定為 HTML5 網頁。

» 05：將網頁寬度設定為行動裝置的螢幕寬度且縮放比為 1:1。

» 07：透過 CDN 參考 Bootstrap 核心 CSS 檔案 bootstrap.min.css，注意此行不能分行。

» 08：透過 CDN 參考 JavaScript 檔案 bootstrap.bundle.min.js，這裡面其實已經包含 Popper，注意此行不能分行。

NOTE

▶ Bootstrap 可以在新版的 PC 瀏覽器和行動瀏覽器順利運作，至於像 Internet Explorer 8 和 9 這種舊版的瀏覽器，因為不支援某些 HTML5 元素及部分 CSS3 屬性，所以可能無法發揮 Bootstrap 的所有功能。事實上，新版的 Bootstrap 5 已經放棄支援 Internet Explorer 10/11。

▶ 您也可以將 Bootstrap 套件複製到網站的根目錄，然後將第 07、08 行改寫成如下，就會得到相同的瀏覽結果。

```
07      <link rel="stylesheet" href="css/bootstrap.min.css">
08      <script src="js/bootstrap.bundle.min.js"></script>
```

▶ 誠如前面提到的，第 08 行可以放在 <head> 區塊，也可以放在 </body> 結尾標籤前面，而且 bootstrap.bundle.min.js 已經包含 Popper，所以無須再另外載入 Popper.js。

▶ 仔細觀察瀏覽結果會發現，"Hello, Bootsrtap!" 字串緊貼著瀏覽器的邊緣，視覺效果不是很好。為了有適當的對齊與留白，Bootstrap 提供了容器類別用來放置網頁上的元素，第 6-5-2 節有進一步的說明。

6-5 網格系統

Bootstrap 提供了一個**網格系統** (gird system)，讓使用者藉此開發適應不同裝置的網頁，達到響應式網頁設計的目的。網格系統其實是一種平面設計方式，利用固定的格子分割版面來設計布局，將內容排列整齊。

Bootstrap 網格系統是透過橫向的 row (列) 和直向的 column (行) 來設計網頁版面，它將網頁寬度平均分割為 12 等分，稱為 12 個 column，如下圖。

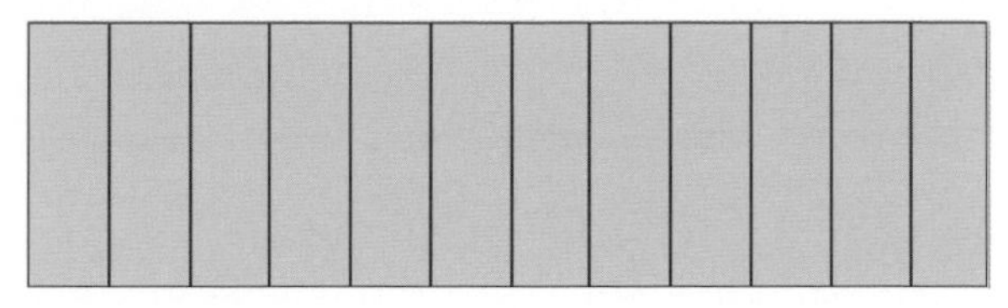

假設要使用兩個 <div> 元素製作寬度為 1:1 的雙欄版面，那麼這兩個 <div> 元素是位於相同的 row，並分別占用 6 個 column，如下圖。

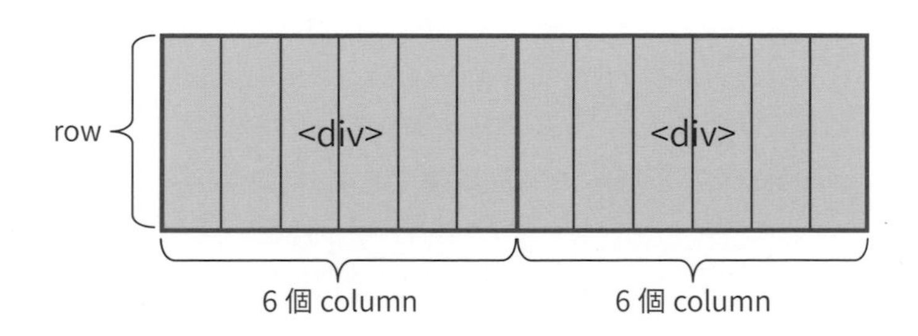

同理，假設要使用三個 <div> 元素製作寬度為 1:3:2 的三欄版面，那麼這三個 <div> 元素是位於相同的 row 並分別占用 2、6 和 4 個 column，如下圖。

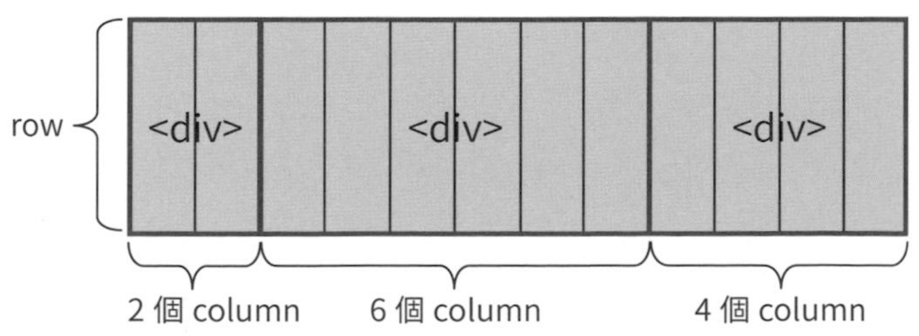

使用原則

當您使用 Bootstrap 網格系統時，請遵守下列原則：

- Bootsrtap 支援六種響應式斷點，斷點是基於媒體查詢的最小寬度，我們可以透過斷點控制容器 (container) 和行 (column) 的大小與行為。
- 內容是放在 column 中，而 column 則是放在 row 中。
- 每個 row 最多包含 12 個 column，超過的會顯示在下一個 row。
- 為了有適當的對齊與留白，row 必須放在 .container、.container-fluid 或 .container-{breakpoint} 類別的容器中。
- 使用 .row、.col-*、.col-sm-*、.col-md-*、.col-lg-*、.col-xl-*、.col-xxl-* 等預先定義的網格類別來設計版面。

  我們可以透過 Sass 變數、對映 (map) 和 mixin 增強網格功能，若您不想在 Bootstrap 中使用預定義的網格類別，可以使用 Sass 自訂網路類別，提供更大的靈活性。有關 Sass 進一步的使用說明，有興趣的讀者可以在網路上及 Bootstrap 網站找到相關資訊。

NOTE

Sass (Syntactically Awesome Stylesheets) 最初是由 Hampton Catlin 設計、Natalie Weizenbaum 開發的階層樣式表語言，之後由 Weizenbaum 和 Chris Eppstein 透過 SassScript 來擴充 Sass 的功能，SassScript 是一個在 Sass 檔案中使用的小型 Script 語言。

Sass 可以將指令碼解譯成 CSS 的手稿語言，包括兩套語法，一開始的語法叫做「縮排語法」，使用縮排來區分代碼塊，並用換行將不同規則分開。後來較新的語法叫做 SCSS，使用和 CSS 一樣的語法，利用大括號將不同的規則分開。原則上，兩者以 .sass 與 .scss 兩個副檔名做區隔。

網格選項

Bootstrap 針對不同的螢幕尺寸提供了數種網格選項，裡面有 576px、768px、992px、1200px、1400px 等響應式斷點可供選擇。

螢幕尺寸	X-Small <576px	Small ≥ 576px	Medium ≥ 768px	Large ≥ 992px	Extra large ≥ 1200px	Extra extra large ≥ 1400px
容器（最大寬度）	無（自動）	540px	720px	960px	1140px	1320px
類別前置詞	.col-	.col-sm-	.col-md-	.col-lg-	.col-xl-	.col-xxl-
column 數	12					
留白寬度	1.5rem (左右各 0.75rem)					

註：rem 屬於相對單位，實際大小是透過「倍數」乘以根元素的 px 值，舉例來說，假設一層 div 區塊是使用 1.5rem，而根元素 <html> 元素的 font-size 預設為 16px，則區塊裡面的文字大小是 16px × 1.5 ＝ 24px。

類別前置詞後面接著的是 1 ~ 12，表示占用幾個 column，例如：

- <576px 的超小螢幕裝置 (例如手機) 使用 .col-1 ~ .col-12 類別。
- ≥576px 的小螢幕裝置 (例如手機) 使用 .col-sm-1 ~ .col-sm-12 類別。
- ≥768px 的中螢幕裝置 (例如平板電腦) 使用 .col-md-1 ~ .col-md-12 類別。
- ≥992px 的大螢幕裝置 (例如桌機) 使用 .col-lg-1 ~ .col-lg-12 類別。
- ≥1200px 的超大螢幕裝置使用 .col-xl-1 ~ .col-xl-12 類別。
- ≥1400px 的超大螢幕裝置使用 .col-xxl-1 ~ .col-xxl-12 類別。

舉例來說，假設要使用三個 <div> 元素製作寬度為 1:3:2 的三欄版面，那麼這三個 <div> 元素是位於相同的 row，並分別占用 2、6 和 4 個 column，如下圖。

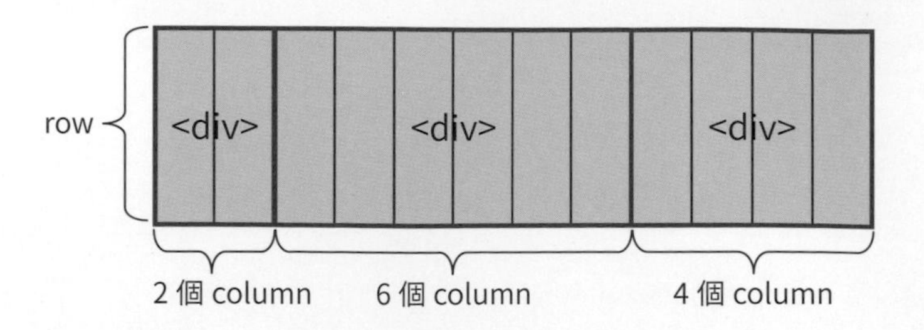

\Ch06\grid1.html

```
01 <!DOCTYPE html>
02 <html>
03   <head>
04     <meta charset="utf-8">
05     <meta name="viewport" content="width=device-width, initial-scale=1">
06     <link rel="stylesheet"
       href="https://cdn.jsdelivr.net/npm/bootstrap@5.0.0/dist/css/bootstrap.min.css">
07     <title>我的Bootstrap網頁</title>
08     <style>
09       div[class^="col"] {background-color: #EBDEF0; border: 0.5px solid purple;}
10     </style>
11   </head>
12   <body>
13     <div class="container">
14       <div class="row">
15         <div class="col-sm-2">
16           區塊1 of 3
17         </div>
18         <div class="col-sm-6">
19           區塊2 of 3
20         </div>
21         <div class="col-sm-4">
22           區塊3 of 3
23         </div>
24       </div>
25     </div>
26   </body>
27 </html>
```

❶ 容器 ❷ 列 ❸ 區塊 1 ❹ 區塊 2 ❺ 區塊 3

- 06：透過 CDN 參考 Bootstrap 核心 CSS 檔案 bootstrap.min.css。
- 08 ~ 10：這些 CSS 樣式表用來設定區塊的背景色彩與框線，有助於看清楚區塊的位置。
- 13、25：在第一層的 <div> 元素加上 .container 類別，表示做為容器。
- 14、24：在第二層的 <div> 元素加上 .row 類別，表示做為列。
- 15 ~ 17、18 ~ 20、21 ~ 23：在第三層的三個 <div> 元素各自加上 .col-sm-2、.col-sm-6 和 .col-sm-4 類別，表示分別占用 2、6 和 4 個欄。

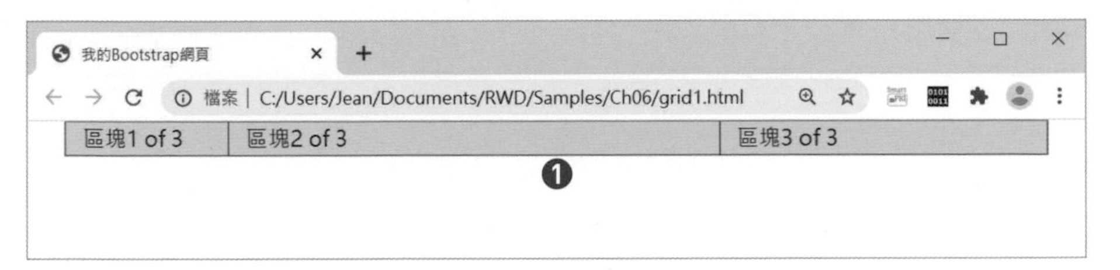

❶ 當瀏覽器寬度夠大時三欄會排成一列

❷ 當瀏覽器寬度不夠時三欄會各自一列

NOTE

在 Bootstrap 提供的網格選項中，只有第一個選項的最大容器寬度為「無」，表示最大容器寬度會隨著瀏覽器的寬度自動調整，其它三個選項則會根據不同的響應式斷點變更最大容器寬度，例如 .col-sm-* 類別的最大容器寬度為 540px，而 .col-md-* 類別的最大容器寬度為 720px。

6-5-1 斷點

斷點 (breakpoint) 是響應式網頁設計的基礎，我們可以透過斷點讓網頁根據裝置大小來調整版面配置，而且 Bootstrap 正是使用媒體查詢根據斷點來建構 CSS。

斷點的目標是行動優先與響應式設計，使用最少的樣式讓最小斷點能夠運作，然後逐漸調整樣式以適用於較大的裝置，Bootstrap 提供下列 6 個預設的斷點。

斷點 Breakpoint	類別前置詞 Class infix	螢幕尺寸 Dimensions
X-Small	無	< 576px
Small	sm	≧ 576px
Medium	md	≧ 768px
Large	lg	≧ 992px
Extra large	xl	≧ 1200px
Extra extra large	xxl	≧ 1400px

6-5-2 容器

容器 (container) 是 Bootstrap 最基本的版面配置元素，可以讓網格系統的列與欄保持適當的邊界和留白。

Bootstrap 提供下列三種不同的容器：

- .container：根據不同的響應式斷點變更最大容器寬度。
- .container-fluid：容器寬度是瀏覽器的 100% 寬度，兩側沒有留白。
- .container-{breakpoint}：容器寬度是瀏覽器的 100% 寬度，直到超過指定的斷點，兩側才會有留白，其比較如下。

螢幕尺寸	Extra small <576px	Small ≧ 576px	Medium ≧ 768px	Large ≧ 992px	X-Large ≧ 1200px	XX-Large ≧ 1400px
.container	100%	540px	720px	960px	1140px	1320px
.container-sm	100%	540px	720px	960px	1140px	1320px
.container-md	100%	100%	720px	960px	1140px	1320px
.container-lg	100%	100%	100%	960px	1140px	1320px
.container-xl	100%	100%	100%	100%	1140px	1320px
.container-xxl	100%	100%	100%	100%	100%	1320px
.container-fluid	100%	100%	100%	100%	100%	100%

下面是一個例子。

\Ch06\BS2.html （下頁續 1/2）

```
01 <!DOCTYPE html>
02 <html>
03   <head>
04     <meta charset="utf-8">
05     <meta name="viewport" content="width=device-width, initial-scale=1">
06     <link rel="stylesheet"
        href="https://cdn.jsdelivr.net/npm/bootstrap@5.0.0/dist/css/bootstrap.min.css">
07     <title>我的Bootstrap網頁</title>
08     <style>
09     ❶ div[class^="col"] {background-color: #EBDEF0; border: 0.5px solid purple;}
10     </style>
11   </head>
12   <body>
13   ┌─<div class="container">
14   │    <div class="row">
15   │      <div class="col-8">區塊1</div>
16 ❷│      <div class="col-4">區塊2</div>
17   │    </div>
18   └─</div>
```

❶ 這些 CSS 樣式表用來設定區塊的背景色彩與框線，有助於看清楚區塊的位置

❷ 第 1 個容器使用 .container 類別

\Ch06\BS2.html （接上頁 2/2）

```
19  ┌<div class="container-md">
20  │   <div class="row">
21  │     <div class="col-8">區塊3</div>
22 ❸│     <div class="col-4">區塊4</div>
23  │   </div>
24  └</div>
25  ┌<div class="container-fluid">
26  │   <div class="row">
27  │     <div class="col-8">區塊5</div>
28 ❹│     <div class="col-4">區塊6</div>
29  │   </div>
30  └</div>
31  </body>
32 </html>
```

❸ 第 2 個容器使用 .container-md 類別

❹ 第 3 個容器使用 .container-fluid 類別

» 06：透過 CDN 參考 Bootstrap 核心 CSS 檔案 bootstrap.min.css。

» 13 ~ 18：在第一層的 <div> 元素加上 .container 類別，表示做為容器；在第二層的 <div> 元素加上 .row 類別，表示做為列；第 15、16 行的 <div> 元素分別使用 .col-8 和 .col-4 類別，所以會顯示 2:1 的雙欄版面，而且會根據不同的響應式斷點變更最大容器寬度，超過 576px 時兩側會有留白。

» 19 ~ 24：在第一層的 <div> 元素加上 .container-md 類別，表示做為容器；在第二層的 <div> 元素加上 .row 類別，表示做為列；第 21、22 行的 <div> 元素分別使用 .col-8 和 .col-4 類別，所以會顯示 2:1 的雙欄版面，而且容器寬度是瀏覽器的 100% 寬度，直到超過指定的斷點，此例為 768px，兩側才會有留白。

» 25 ~ 30：在第一層的 <div> 元素加上 .container-fluid 類別，表示做為容器；在第二層的 <div> 元素加上 .row 類別，表示做為列；第 27、28 行的 <div> 元素分別使用 .col-8 和 .col-4 類別，所以會顯示 2:1 的雙欄版面，而且容器寬度是瀏覽器的 100% 寬度，兩側沒有留白。

瀏覽結果如下圖。

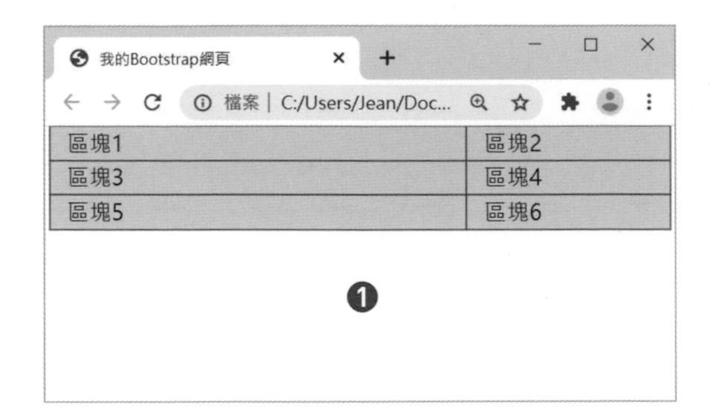

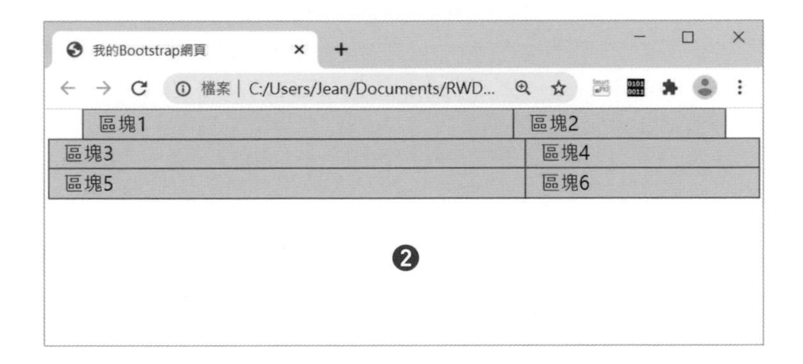

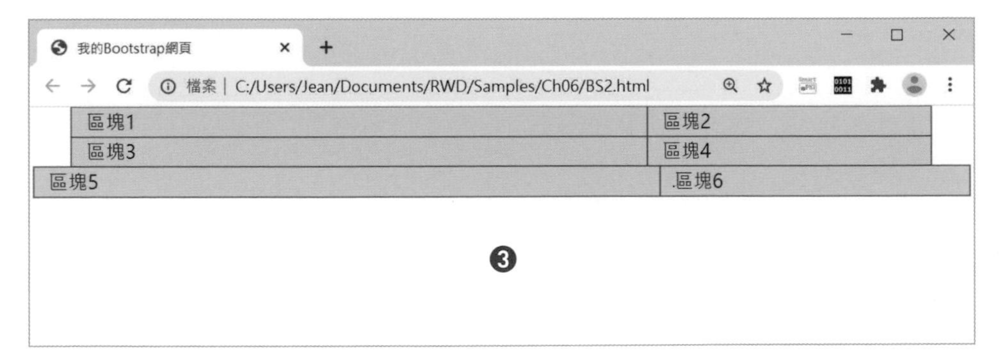

❶ 顯示 2:1 的雙欄版面，會根據不同的響應式斷點變更最大容器寬度，超過 576px 時兩側會有留白

❷ 容器寬度是瀏覽器的 100% 寬度，直到超過指定的斷點，此例為 768px，兩側才會有留白

❸ 容器寬度是瀏覽器的 100% 寬度，兩側沒有留白

下面是另一個例子，它使用 .container 類別做為容器，同時將響應式斷點設定在 768px 和 992px，當瀏覽器的寬度 ≥992px 時，三個區塊均會使用 .col-lg-4 類別，分別占用 4 個 column，如圖❶。當瀏覽器的寬度 <992px 且 ≥768px 時，三個區塊會使用 .col-md-12、.col-md-6、.col-md-6 類別，分別占用 12、6、6 個 column，如圖❷；當瀏覽器的寬度 <768px 時，三個區塊均會使用 .col-12 類別，分別占用 12 個 column，如圖❸。

\Ch06\BS3.html

```
<div class="container">
  <div class="row">
    <div class="col-12 col-md-12 col-lg-4">區塊1</div>
    <div class="col-12 col-md-6 col-lg-4">區塊2</div>
    <div class="col-12 col-md-6 col-lg-4">區塊3</div>
  </div>
</div>
```

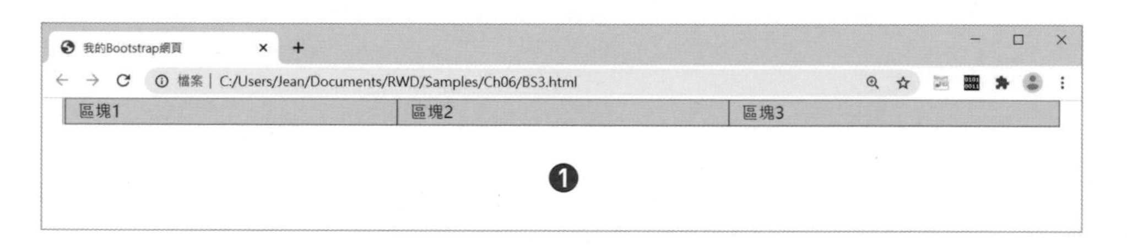

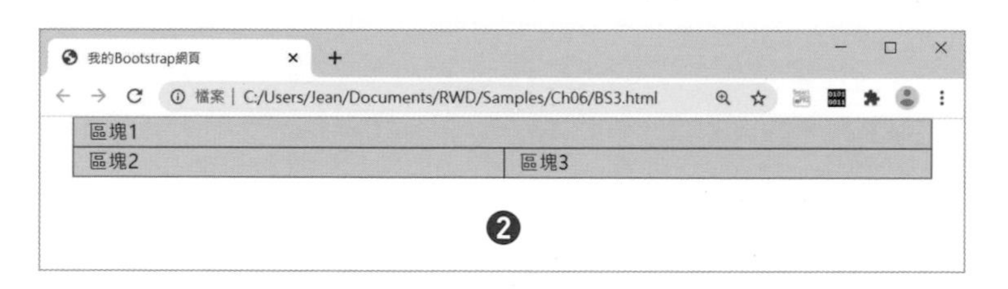

6-5-3 欄位寬度

我們可以使用 Bootstrap 提供的 .col 類別設定欄位寬度，下面是一個例子。

\Ch06\BS4.html

```
01 <div class="container">
02   <div class="row">
03     <div class="col">區塊1 of 3</div>
04     <div class="col">區塊2 of 3</div>
05     <div class="col">區塊3 of 3</div>
06   </div>
07   <div class="row">
08     <div class="col">區塊1 of 3</div>
09     <div class="col-6">區塊2 of 3</div>
10     <div class="col">區塊3 of 3</div>
11   </div>
12 </div>
```

- 02 ~ 06：定義第一列有三個區塊，其中第 03、04、05 行的 <div> 元素均使用 .col 類別，表示三個區塊平均分配容器寬度，也就是分別占用 1/3 容器寬度。
- 07 ~ 11：定義第二列有三個區塊，其中第 08、09、10 行的 <div> 元素各自使用 .col、.col-6、.col 類別，表示第二個區塊占用 6/12 (1/2) 容器寬度，剩下的寬度由另外兩個區塊平均分配，也就是分別占用 1/4 容器寬度。

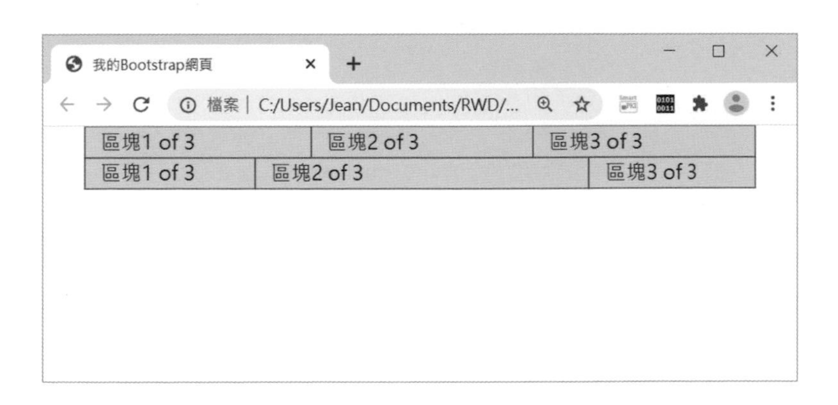

6-5-4 row 的垂直對齊方式

我們可以使用 .align-items-* 類別設定列的垂直對齊方式，下面是一個例子。

\Ch06\BS5.html

```
01 <!DOCTYPE html>
02 <html>
03   <head>
04     <meta charset="utf-8">
05     <meta name="viewport" content="width=device-width, initial-scale=1">
06     <link rel="stylesheet"
       href="https://cdn.jsdelivr.net/npm/bootstrap@5.0.0/dist/css/bootstrap.min.css">
07     <title>我的Bootstrap網頁</title>
08     <style>
09     ❶ div[class^="col"] {background-color: #EBDEF0; border: 0.5px solid purple;}
10     ❷ div[class^="row"] {background-color: #EEEEEE; border: 0.5px solid gray;
          height: 75px;}
11     </style>
12   </head>
13   <body>
14     <div class="container">
15       <div class="row align-items-start">
16         <div class="col">區塊1</div>
17         <div class="col">區塊2</div>
18       </div>
19       <div class="row align-items-center">
20         <div class="col">區塊3</div>
21         <div class="col">區塊4</div>
22       </div>
23       <div class="row align-items-end">
24         <div class="col">區塊5</div>
25         <div class="col">區塊6</div>
26       </div>
27     </div>
28   </body>
29 </html>
```

❶ 這些 CSS 樣式表用來設定區塊的背景色彩與框線，有助於看清楚區塊的位置

❷ 這些 CSS 樣式表用來設定容器的背景色彩與框線，有助於看清楚區塊在容器中的垂直位置

- 15 ~ 18：定義第一列有兩個區塊，其中第 15 行的 <div> 元素使用 .row 和 .align-items-start 兩個類別，表示區塊 1 和區塊 2 為垂直向上對齊。
- 19 ~ 22：定義第二列有兩個區塊，其中第 19 行的 <div> 元素使用 .row 和 .align-items-center 兩個類別，表示區塊 3 和區塊 4 為垂直置中對齊。
- 23 ~ 26：定義第三列有兩個區塊，其中第 23 行的 <div> 元素使用 .row 和 .align-items-end 兩個類別，表示區塊 5 和區塊 6 為垂直向下對齊。

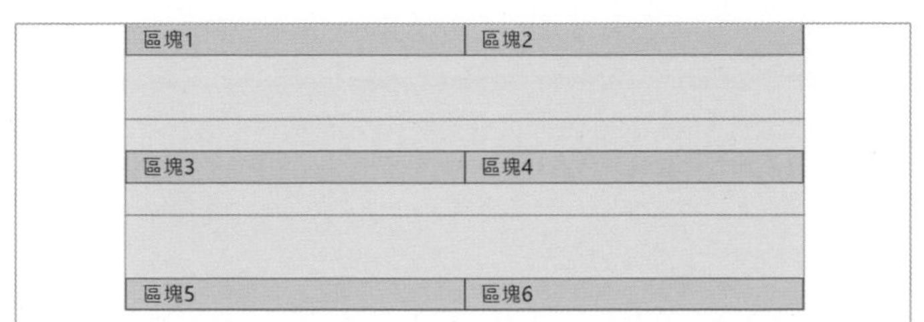

6-5-5 column 的水平對齊方式

我們可以使用 .justify-content-* 類別設定欄的水平對齊方式，下面是一個例子。

\Ch06\BS6.html（下頁續 1/2）

```
<!DOCTYPE html>
<html>
  <head>
    <meta charset="utf-8">
    <meta name="viewport" content="width=device-width, initial-scale=1">
    <link rel="stylesheet"
    href="https://cdn.jsdelivr.net/npm/bootstrap@5.0.0/dist/css/bootstrap.min.css">
    <title>我的Bootstrap網頁</title>
    <style>
      div[class^="col"] {background-color: #EBDEF0; border: 0.5px solid purple;}
    </style>
  </head>
```

\Ch06\BS6.html （接上頁 2/2）

```
  <body>
    <div class="container">
      <div class="row justify-content-start">
        <div class="col-4">區塊1</div>
        <div class="col-4">區塊2</div>
      </div>
      <div class="row justify-content-center">
        <div class="col-4">區塊3</div>
        <div class="col-4">區塊4</div>
      </div>
      <div class="row justify-content-end">
        <div class="col-4">區塊5</div>
        <div class="col-4">區塊6</div>
      </div>
      <div class="row justify-content-around">
        <div class="col-4">區塊7</div>
        <div class="col-4">區塊8</div>
      </div>
      <div class="row justify-content-between">
        <div class="col-4">區塊9</div>
        <div class="col-4">區塊10</div>
      </div>
      <div class="row justify-content-evenly">
        <div class="col-4">區塊11</div>
        <div class="col-4">區塊12</div>
      </div>
    </div>
  </body>
</html>
```

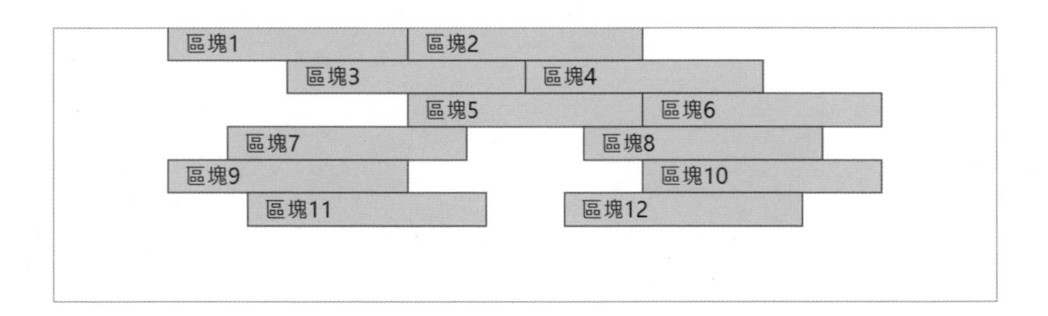

6-5-6 column 的位移

有時我們在設計網頁版面時，可能會保留一些空白，不見得 12 個 column 都會使用到，此時可以使用 **.offset-*** 類別來設定 column 的位移，下面是一個例子。

\Ch06\BS7.html

```
01 <div class="container">
02   <div class="row">
03      <div class="col-md-4">.col-md-4</div>
04      <div class="col-md-4 offset-md-4">.col-md-4 .offset-md-4</div>
05   </div>
06   <div class="row">
07      <div class="col-md-3 offset-md-3">.col-md-3 .offset-md-3</div>
08      <div class="col-md-3 offset-md-3">.col-md-3 .offset-md-3</div>
09   </div>
10   <div class="row">
11     <div class="col-md-6 offset-md-3">.col-md-6 .offset-md-3</div>
12   </div>
13 </div>
```

» 03：設定此區塊占用 4 個 column 且沒有位移。

» 04：設定此區塊占用 4 個 column 且向右位移 4 個 column。

» 07：設定此區塊占用 3 個 column 且向右位移 3 個 column。

» 08：設定此區塊占用 3 個 column 且向右位移 3 個 column。

» 11：設定此區塊占用 6 個 column 且向右位移 3 個 column。

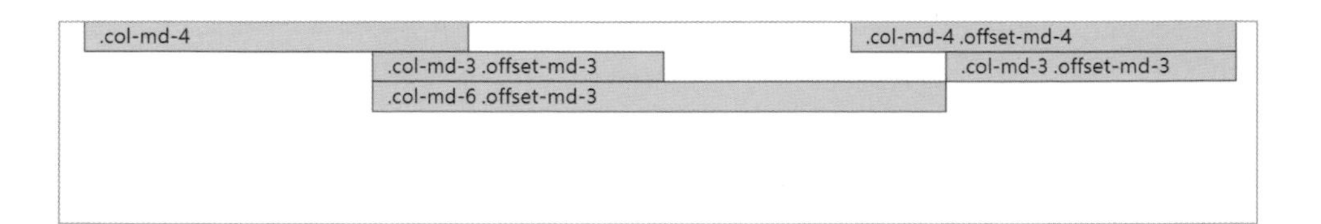

6-5-7 將 column 換到新行

將 column 換到新行很簡單，只要在換到新行的地方加上一個有 width: 100% 屬性的元素即可。下面是一個例子，其中第 06 行在區塊 3 的前面插入一個加上 width: 100% 屬性的 <div> 元素，所以區塊 3 就被換到新行。

\Ch06\colbreak.html

```
01 <div class="container">
02   <div class="row">
03     <div class="col-6 col-sm-3">區塊1</div>
04     <div class="col-6 col-sm-3">區塊2</div>
05     <!--將column換到新行-->
06     <div class="w-100"></div>
07     <div class="col-6 col-sm-3">區塊3</div>
08     <div class="col-6 col-sm-3">區塊4</div>
09   </div>
10 </div>
```

區塊1	區塊2
區塊3	區塊4

6-5-8 column 的順序

有時在設計網頁版面時，可能會需要設定 column 的順序，此時可以使用 .order-* 等類別來做控制，這些類別是響應式的，可以依照斷點設定，例如 .order-1、.order-md-2，而且有 1~ 5 等五個數字可以橫跨 6 個網格層級。

此外，還有響應式的 .order-first 和 .order-last 兩個類別分別代表 order: -1 和 order: 6，表示最前面和最後面，下面是兩個例子。

\Ch06\colorder1.html

```
<div class="container">
  <div class="row">
    <div class="col">區塊1(沒有指定順序)</div>
    <div class="col order-5">區塊2(指定順序為5)</div>
    <div class="col order-1">區塊3(指定順序為1)</div>
  </div>
</div>
```

區塊1(沒有指定順序)	區塊3(指定順序為1)	區塊2(指定順序為5)
❶	❷	❸

❶ 沒有指定順序的區塊在前面 ❷ 接著是順序為 1 的區塊 ❸ 最後是順序為 5 的區塊

\Ch06\colorder2.html

```
<div class="container">
  <div class="row">
    <div class="col order-last">區塊1(順序為最後)</div>
    <div class="col">區塊2(沒有指定順序)</div>
    <div class="col order-first">區塊3(指定順序為最先)</div>
  </div>
</div>
```

區塊3(指定順序為最先)	區塊2(沒有指定順序)	區塊1(順序為最後)
❶	❷	❸

❶ 順序最先的區塊在最前面 ❷ 接著是沒有指定順序的區塊 ❸ 順序最後的區塊在最後面

學習評量

一、選擇題

(　　) 1. Bootstrap 提供的哪個網格類別適合 <576px 的超小螢幕裝置？

A. .col-*　B. .col-sm-*　C. .col-md-*　D. .col-lg-*

(　　) 2. Bootstrap 提供的哪個網格類別適合 ≥1400px 的超大螢幕裝置？

A. .col-xl-*　B. .col-md-*　C. .col-xxl-*　D. .col-lg-*

(　　) 3. 在 Bootstrap 網格系統中，若要設定 3:1 的雙欄版面，那麼第 1 欄必須占用幾個 column ？

A. 3　B. 8　C. 9　D. 12

(　　) 4. 在 Bootstrap 網格系統中，若要設定 3:2:1 的三欄版面，那麼第 1 欄必須占用幾個 column ？

A. 6　B. 4　C. 2　D. 8

(　　) 5. 下列關於容器類別的敘述何者錯誤？

A. 當使用 .container 容器類別時，小螢幕裝置的容器寬度為 540px

B. 當使用 .container 容器類別時，大螢幕裝置的容器寬度固定為 960px

C. 當使用 .container 容器類別時，瀏覽器畫面的兩側沒有留白

D. 當使用 .container-fluid 容器類別時，容器的寬度為瀏覽器的寬度

(　　) 6. 若要設定 column 的位移，可以使用下列哪個類別？

A. .justify-content-*　　B. .align-items-*
C. .offset-*　　D. .order-*

(　　) 7. 若要設定 row 的垂直對齊方式，可以使用下列哪個類別？

A. .justify-content-*　　B. .align-items-*
C. .offset-*　　D. .order-*

(　　) 8. 若要設定 column 的水平對齊方式，可以使用下列哪個類別？

A. .justify-content-*　　B. .align-items-*
C. .offset-*　　D. .order-*

二、練習題

撰寫一個 Bootstrap 網頁，令其瀏覽結果如下圖。

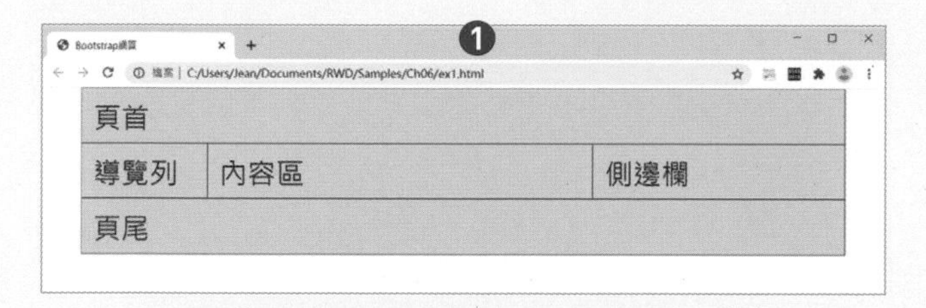

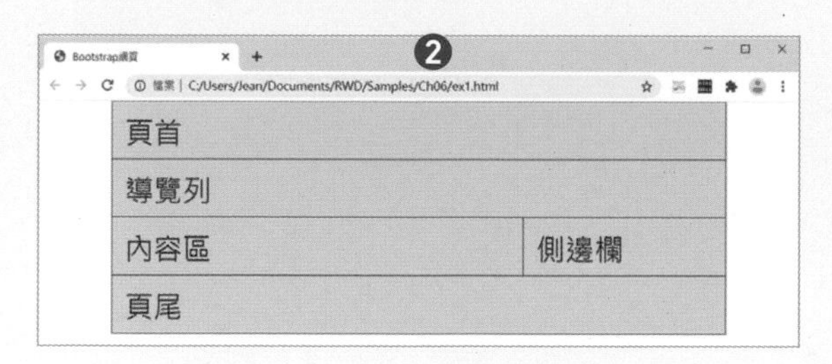

❶ 中螢幕會呈現此版面配置，導覽列、內容區和側邊欄的寬度為 1:3:2

❷ 小螢幕會呈現此版面配置，內容區和側邊欄的寬度為 2:1

❸ 超小螢幕會呈現此版面配置

提示：

```
<div class="container">
  <div class="row">
    <div class="col-xs-12 col-sm-12 col-md-12">
      <header>
        <h1>頁首</h1>
      </header>
    </div>
  </div>
  <div class="row">
    <div class="col-xs-12 col-sm-12 col-md-2">
      <nav>
        <h1>導覽列</h1>
      </nav>
    </div>
    <div class="col-xs-12 col-sm-8 col-md-6">
      <article>
        <h1>內容區</h1>
      </article>
    </div>
    <div class="col-xs-12 col-sm-4 col-md-4">
      <aside>
        <h1>側邊欄</h1>
      </aside>
    </div>
  </div>
  <div class="row">
    <div class="col-xs-12 col-sm-12 col-md-12">
      <footer>
        <h1>頁尾</h1>
      </footer>
    </div>
  </div>
</div>
```

7

Bootstrap 內容樣式

7-1 排版

除了網格系統之外，Bootstrap 亦針對網頁的排版、圖片、表格、表單、按鈕等元素提供許多 CSS 樣式。在本節中，我們會介紹排版的部分，包括標題、強調段落、行內文字元素、縮寫、文字對齊、大小寫轉換、文字粗細與斜體、文字裝飾、清單等。

7-1-1 標題

Bootstrap 支援 <h1> ~ </h6> 等 HTML 標題元素，並提供 .h1 ~ .h6 類別用來設定標題 1 ～ 標題 6。下面是一個例子，它會以標題 1 ～ 標題 6 顯示文字。

\Ch07\head1.html

```
<div class="container">
  <h1>(標題1)靜夜思</h1>
  <h2>(標題2)靜夜思</h2>
  <h3>(標題3)靜夜思</h3>
  <h4>(標題4)靜夜思</h4>
  <h5>(標題5)靜夜思</h5>
  <h6>(標題6)靜夜思</h6>
</div>
```

我們也可以使用 .h1 ~ .h6 類別改寫這個例子，會得到相同的瀏覽結果。

\Ch07\head2.html

```
<div class="container">
  <div class="h1">(標題1)靜夜思</div>
  <div class="h2">(標題2)靜夜思</div>
  <div class="h3">(標題3)靜夜思</div>
  <div class="h4">(標題4)靜夜思</div>
  <div class="h5">(標題5)靜夜思</div>
  <div class="h6">(標題6)靜夜思</div>
</div>
```

若要設定副標題，可以加上 <small> 元素或 .small 類別。下面是一個例子，它會以字體較小的副標題顯示「作者：李白」。請注意，由於第 04、05 行還在 <small> 元素裡面加上 .text-muted 類別，所以副標題的色彩會較淺。

\Ch07\small.html

```
01 <div class="container">
02   <h1>(標題1)靜夜思<small>作者：李白</small></h1>
03   <h2>(標題2)靜夜思<small>作者：李白</small></h2>
04   <h1>(標題1)靜夜思<small class="text-muted">作者：李白</small></h1>
05   <h2>(標題2)靜夜思<small class="text-muted">作者：李白</small></h2>
06 </div>
```

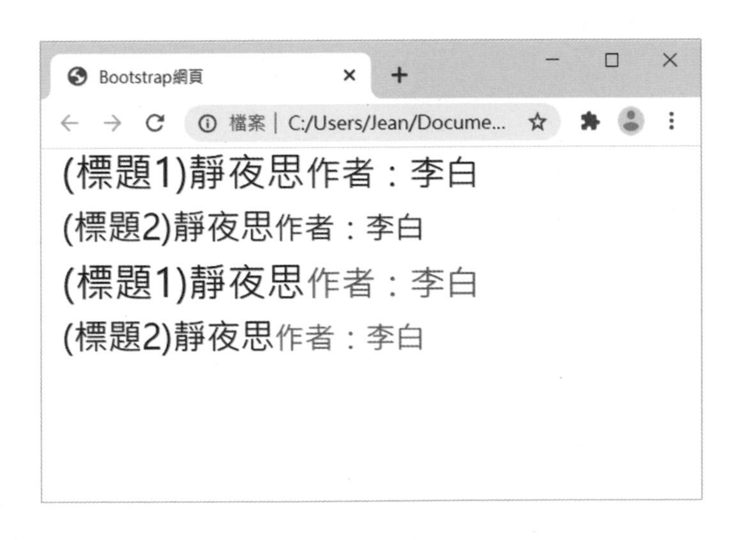

若要讓標題更加突出，可以加上 .display-1 ~ .display-6 類別，它們的字體大小分別為 5rem、4.5rem、4rem、3.5rem、3rem、2.5rem，下面是一個例子。

\Ch07\display.html

```
<div class="container">
  <h1 class="display-1">Display 1</h1>
  <h1 class="display-2">Display 2</h1>
  <h1 class="display-3">Display 3</h1>
  <h1 class="display-4">Display 4</h1>
  <h1 class="display-5">Display 5</h1>
  <h1 class="display-6">Display 6</h1>
</div>
```

這些標題都是使用 <h1> 元素，只是套用不同的類別。

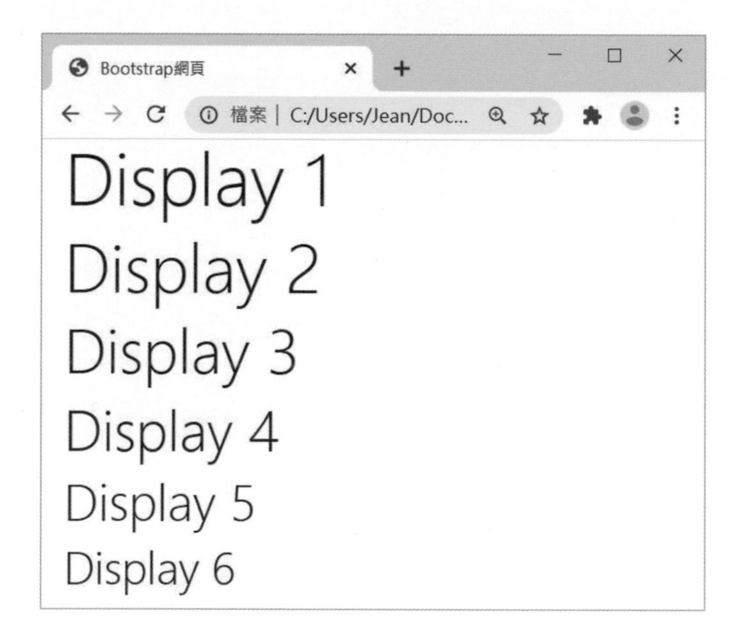

7-1-2 強調段落

若要強調網頁上的某個段落，可以加上 .lead 類別，下面是一個例子。

\Ch07\lead.html

```
<div class="container">
  <p class="lead">床前明月光，疑是地上霜。</p>
  <p>舉頭望明月，低頭思故鄉。</p>
</div>
```

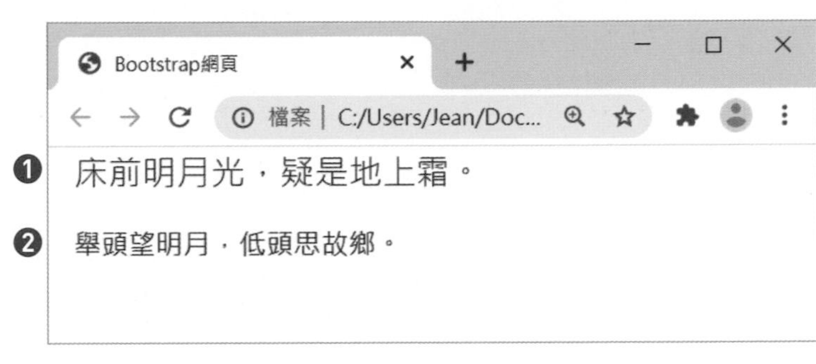

Bootstrap網頁
檔案 | C:/Users/Jean/Doc...
❶
床前明月光，疑是地上霜。
❷
舉頭望明月，低頭思故鄉。

❶ 加上 .lead 類別強調此段落 ❷ 一般的段落

7-1-3 行內文字元素

Bootstrap 支援下列 HTML 元素用來設定行內文字效果。

HTML 元素	說明
<mark>	螢光標記（將文字反白）
<del>	刪除線（標示被刪除的文字區塊）
<s>	刪除線（標示不再相關的文字區塊）
<ins>	插入文字
<u>	底線
<small>	小型字（降低文字的重要性，文字大小為父元素的 85%）
<strong>	強調粗體（提高文字的重要性）
<em>	強調斜體（提高文字的重要性）
<b>	粗體（沒有提高文字的重要性）
<i>	斜體（沒有提高文字的重要性）

下面是一個例子，它示範了這些行內文字元素的瀏覽結果，您可以視實際情況選擇適當的元素將某些文字標示出來。

\Ch07\inline.html

```
<div class="container">
  <p><mark>加上螢光標記的文字</mark></p>
  <p><del>被刪除的文字區塊</del></p>
  <p><s>不再相關的文字區塊</s></p>
  <p><ins>在文件中插入的文字</ins></p>
  <p><u>加上底線的文字</u></p>
  <p><small>降低重要性的小型字</small></p>
  <p><strong>提高重要性的強調粗體字</strong></p>
  <p><em>提高重要性的強調斜體字</em></p>
  <p><b>沒有提高重要性的粗體字</b></p>
  <p><i>沒有提高重要性的斜體字</i></p>
</div>
```

除了前面介紹的行內文字元素，您也可以使用 Bootsrtap 提供的 .mark、.text-decoration-line-through、.text-decoration-underline 和 .small 類別將文字標示為螢光標記、刪除線、底線或小型字，下面是一個例子。

\Ch07\inline2.html

```
<div class="container">
  <p class="mark">加上螢光標記的文字</p>
  <p class="text-decoration-line-through">不再相關的文字區塊</p>
  <p class="text-decoration-underline">加上底線的文字</p>
  <p class="small">降低重要性的小型字</p>
</div>
```

7-1-4 縮寫

Bootstrap 支援 HTML 提供的 <abbr> 縮寫元素，若要以更小的尺寸顯示縮寫文字，可以加上 .initialism 類別，下面是一個例子。

\Ch07\abbr.html

```
<div class="container">
  <p><abbr>HTML</abbr></p>
  <p><abbr class="initialism">HTML</abbr></p>
</div>
```

HTML

HTML

7-1-5 文字對齊

Bootstrap 提供了下列文字對齊類別。

文字對齊類別	說明	文字對齊類別	說明
.text-start	文字從頭對齊	.text-wrap	文字換行
.text-center	文字置中	.text-nowrap	文字不換行
.text-end	文字從尾對齊		

下面是一個例子，它示範了這些文字對齊類別的瀏覽結果。

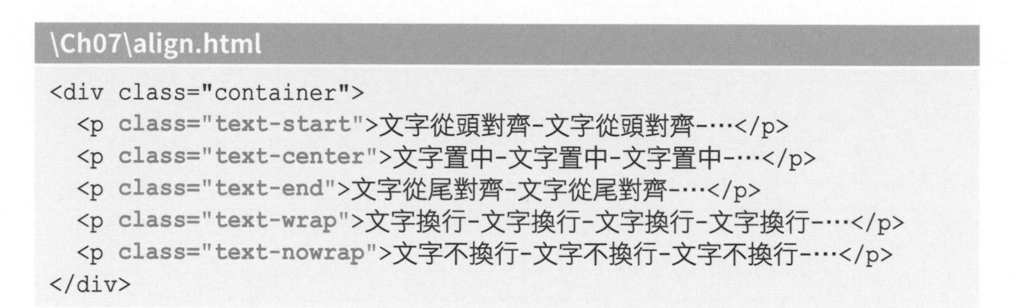

\Ch07\align.html

```
<div class="container">
  <p class="text-start">文字從頭對齊-文字從頭對齊-…</p>
  <p class="text-center">文字置中-文字置中-文字置中-…</p>
  <p class="text-end">文字從尾對齊-文字從尾對齊-…</p>
  <p class="text-wrap">文字換行-文字換行-文字換行-文字換行-…</p>
  <p class="text-nowrap">文字不換行-文字不換行-文字不換行-…</p>
</div>
```

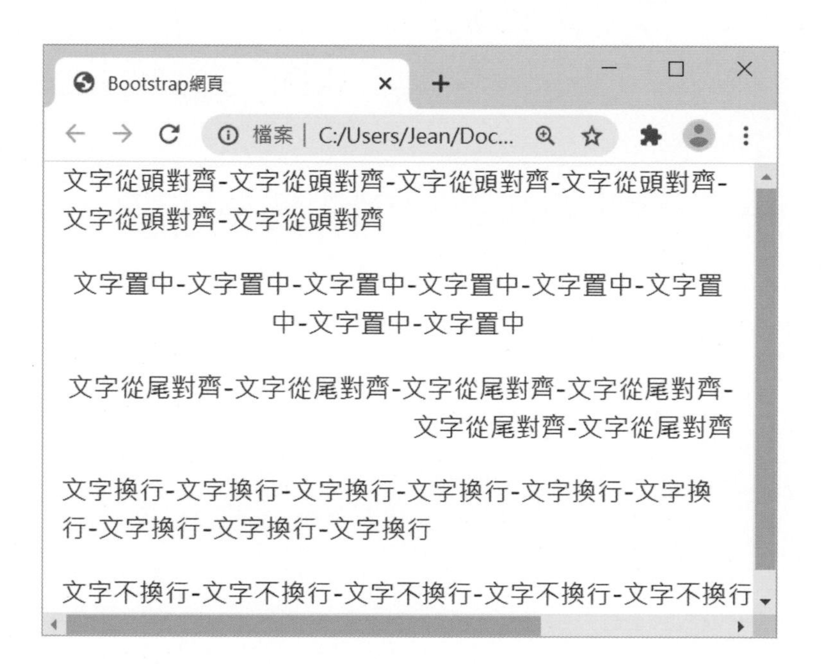

7-1-6 大小寫轉換

Bootstrap 提供了下列大小寫轉換類別。

大小寫轉換類別	說明
.text-lowercase	將英文單字轉換成全部小寫
.text-uppercase	將英文單字轉換成全部大寫
.text-capitalize	將英文單字轉換成首字大寫

下面是一個例子，它示範了這些大小寫轉換類別的瀏覽結果。

\Ch07\transform.html

```
<div class="container">
  <p class="text-lowercase">Twinkle, twinkle, little star.</p>
  <p class="text-uppercase">Twinkle, twinkle, little star.</p>
  <p class="text-capitalize">Twinkle, twinkle, little star.</p>
</div>
```

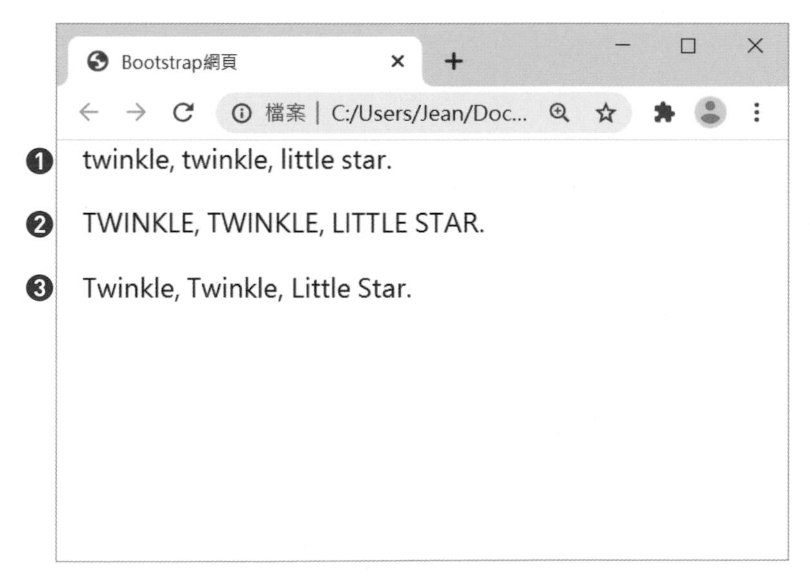

❶ 全部小寫 ❷ 全部大寫 ❸ 首字大寫

7-1-7 文字粗細與斜體

Bootstrap 提供了 .fw-bold、.fw-bolder、.fw-normal、.fw-light、.fw-lighter 等類別用來設定文字粗細，同時也提供了 .fst-italic 和 .fst-normal 兩個類別用來設定斜體文字和正常文字。

下面是一個例子，請您仔細觀察瀏覽結果，就可以看出這些類別作用在文字的效果。

\Ch07\weight.html

```
<div class="container">
  <p class="fw-bold">加粗文字</p>
  <p class="fw-bolder">加粗文字 (相對於父元素)</p>
  <p class="fw-normal">一般粗細文字</p>
  <p class="fw-light">變細文字</p>
  <p class="fw-lighter">變細文字 (相對於父元素)</p>
  <p class="fst-italic">斜體文字</p>
  <p class="fst-normal">正常文字 (沒有文字樣式的文字)</p>
</div>
```

7-1-8 重設色彩

我們可以使用 .text-reset 類別重設文字或超連結的色彩，讓它繼承父元素的色彩，下面是一個例子。

\Ch07\textreset.html

```
<div class="container">
  <p><a href="#">沒有重設色彩的超連結</a></p>
  <p><a href="#" class="text-reset">重設色彩的超連結</a></p>
</div>
```

沒有重設色彩的超連結

重設色彩的超連結

7-1-9 文字裝飾

我們除了可以使用前面介紹過的 .text-decoration-line-through 和 .text-decoration-underline 兩個類別加上刪除線或底線，也可以使用 .text-decoration-none 類別去掉文字裝飾。下面是一個例子，它會去掉超連結預設的底線。

\Ch07\decoration.html

```
<div class="container">
  <p><a href="#">沒有去掉文字裝飾的超連結</a></p>
  <p><a href="#" class="text-decoration-none">去掉文字裝飾的超連結</a></p>
</div>
```

沒有去掉文字裝飾的超連結

去掉文字裝飾的超連結

7-1-10 程式碼

Bootstrap 支援下列 HTML 元素用來排版程式碼。

HTML 元素	說明
<code>	以特定的樣式標示程式碼。
<kbd>	以特定的樣式標示按鍵。
<var>	以特定的樣式標示變數。
<samp>	以特定的樣式標示電腦輸出。
<pre>	以特定的樣式標示預先格式化的程式碼。

下面是一個例子，它示範了這些元素的瀏覽結果。

\Ch07\code.html

```
<div class="container">
  <p>超小螢幕裝置使用<code>.col-1 ~ .col-12</code>類別</p>
  <p>按<kbd>F2</kbd>可以將檔案重新命名</p>
  <p><var>y</var> = a<var>x</var> + b</p>
  <p><samp>This text is sample output from a computer program.</samp></p>
</div>
```

❶ <code> 元素的效果　❷ <kbd> 元素的效果
❸ <var> 元素的效果　❹ <samp> 元素的效果

由於瀏覽器會忽略 HTML 元素之間多餘的空白字元和 Enter 鍵，導致在輸入某些內容時造成不便，例如程式碼，此時，我們可以使用 <pre> 元素預先將內容格式化，下面是一個例子。

\Ch07\pre.html

```
<pre>
class A:
    __x = "我是屬性__x"
    y = "我是屬性y"

    def __M1(self):
    print("我是方法M1()")

class B(A):
    z = "我是屬性z"

obj = B()
obj.M1()
</pre>
```

7-1-11 清單

項目符號與編號清單

Bootstrap 支援 <ul>、<ol>、<li> 等 HTML 元素用來設定項目符號與編號清單，若要移除項目符號或編號，可以在 <ul> 或 <ol> 元素加上 .list-unstyled 類別；若要將所有項目由左向右排成一列，可以在 <ul> 或 <ol> 元素加上 .list-inline 類別，下面是一個例子。

\Ch07\list1.html

```
<div class="container">
  <ul>
    <li>鬼滅之刃</i>
    <li>食戟之靈</i>
  </ul>
  <ol>
    <li>鬼滅之刃</i>
    <li>食戟之靈</i>
  </ol>
  <ol class="list-unstyled">
    <li>鬼滅之刃</i>
    <li>食戟之靈</i>
  </ol>
  <ol class="list-inline">
    <li class="list-inline-item">鬼滅之刃</i>
    <li class="list-inline-item">食戟之靈</i>
  </ol>
</div>
```

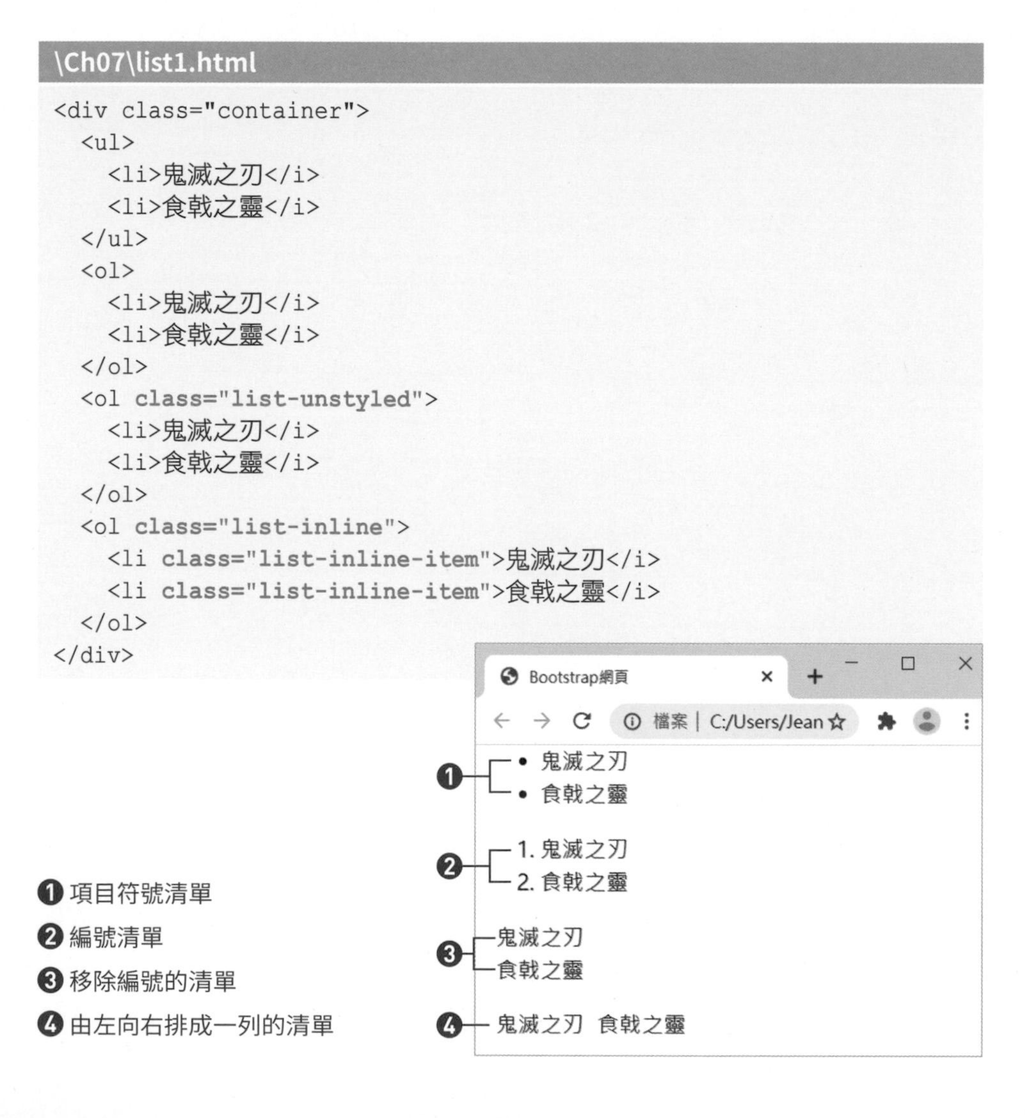

❶ 項目符號清單
❷ 編號清單
❸ 移除編號的清單
❹ 由左向右排成一列的清單

定義清單

Bootstrap 支援 <dl>、<dt>、<dd> 等 HTML 元素用來設定定義清單，項目與定義會根據網格系統水平排列，對於字數較長的項目，可以加上 .text-truncate 類別，以刪節號 (…) 取代超過的文字，下面是一個例子。

\Ch07\list2.html

```
<div class="container">
  <dl class="row">
    <dt class="col-sm-2">將赴吳興登樂遊原一絕</dt>
    <dd class="col-sm-10">清時有味是無能，閒愛孤雲靜愛僧。…。</dd>
    <dt class="col-sm-2 text-truncate">黃鶴樓送孟浩然之廣陵</dt>
    <dd class="col-sm-10">故人西辭黃鶴樓，煙花三月下揚州。…。</dd>
  </dl>
</div>
```

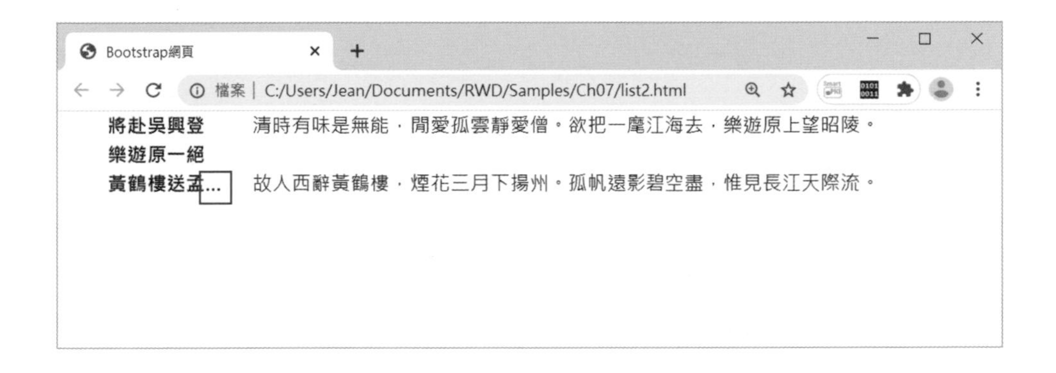

7-1-12 響應式字型大小

Bootstrap 5 預設會啟動**響應式字型大小** (responsive font size) 功能，允許文字根據裝置和 viewport (可視區域) 尺寸自動調整大小。有關響應式字型大小的運作原理，有興趣的讀者可以在官方網站做查詢。

7-2 圖片

Bootstrap 支援 <img> 元素用來嵌入圖片，並提供了響應式圖片功能，以下有進一步的說明。

7-2-1 響應式圖片

響應式圖片 (responsive image) 指的是圖片會隨著父元素的寬度自動縮放，最大寬度為圖片的原尺寸。製作響應式圖片很簡單，只要在 <img> 元素加上 .img-fluid 類別，圖片就會套用 max-width: 100%; 和 height: auto; 兩個屬性成為響應式圖片。下面是一個例子，圖片會隨著瀏覽器的寬度自動縮放。

\Ch07\image1.html

```
<div class="container">
  <img src="miju.jpg" class="img-fluid" alt="咪啾">
</div>
```

7-2-2 縮圖

我們可以使用 .img-thumbnail 類別設定縮圖，下面是一個例子，它會在圖片四周加上 1 像素寬度的框線 (圖片來源：攝影師：Mike Greer，連結：Pexels)。

\Ch07\image2.html

```
<div class="container">
  <img src="flowers1.jpg" class="img-thumbnail" alt="縮圖">
</div>
```

7-2-3 框線

我們可以使用下列幾個類別設定框線。

框線類別	說明
.border	在四周加上框線
.border-top	在上方加上框線
.border-end	在右方加上框線
.border-bottom	在下方加上框線
.border-start	在左方加上框線

我們也可以使用下列幾個類別設定框線的色彩。

框線色彩類別	說明
.border-primary	藍色（表示主要顏色）
.border-secondary	灰色（表示次要顏色）
.border-success	綠色（表示具有成功的意義）
.border-danger	紅色（表示具有危險的意義）
.border-warning	橘色（表示具有警告的意義）
.border-info	青色（表示具有資訊的意義）
.border-light	亮色
.border-dark	暗色
.border-white	白色

我們還可以使用下列幾個類別設定框線的圓角。

框線圓角類別	說明
.rounded	四個角顯示成圓角
.rounded-top	上方的兩個角顯示成圓角
.rounded-end	右方的兩個角顯示成圓角
.rounded-bottom	下方的兩個角顯示成圓角
.rounded-start	左方的兩個角顯示成圓角
.rounded-circle	顯示成圓形
.rounded-pill	顯示成橢圓形
.rounded-0	四個角不顯示成圓角

此外，若要設定框線的粗細，可以加上 .border-1、.border-2、.border-3、.border-4、.border-5 等類別；若要隱藏四周或上、右、下、左框線，可以加上 .border-0、.border-top-0、.border-end-0、.border-bottom-0、.border-start-0 等類別。

下面是一個例子，它不僅將每個區塊加上框線，同時將這些區塊設定為不同的框線色彩，您可以仔細觀察瀏覽結果，和程式碼互相對照。

\Ch07\border1.html

```
<div class="border border-primary"></div>
<div class="border-top border-secondary"></div>
<div class="border-end border-success"></div>
<div class="border-bottom border-danger"></div>
<div class="border-start border-warning"></div>
<div class="border border-info"></div>
<div class="border border-light"></div>
<div class="border border-dark"></div>
<div class="border border-white"></div>
```

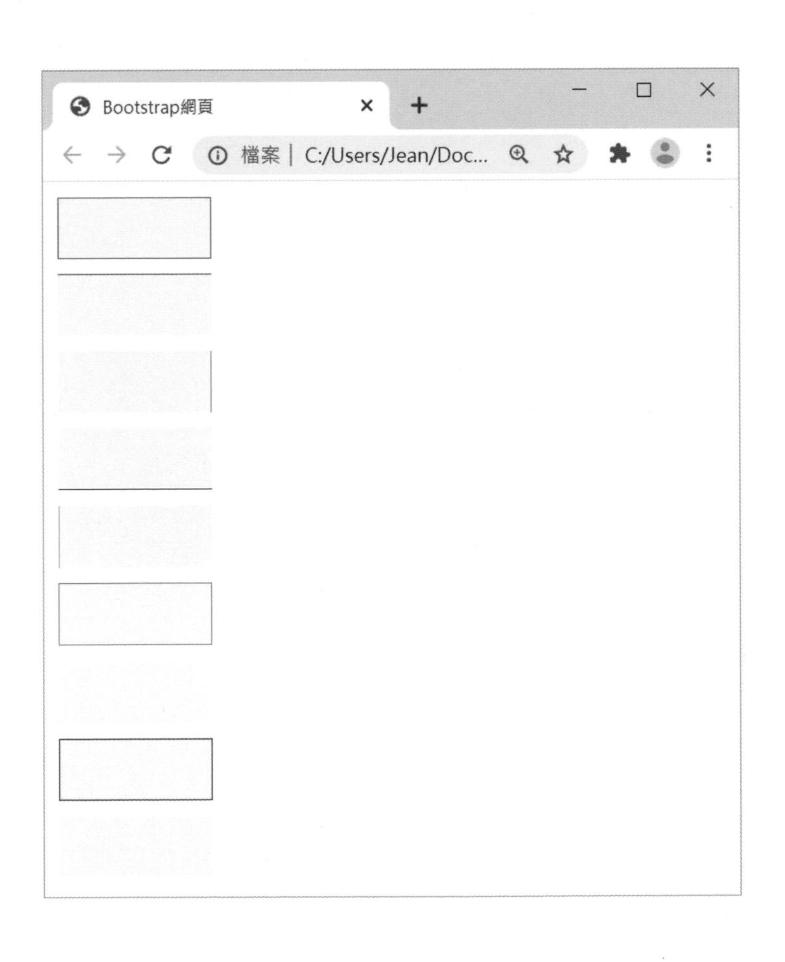

下面是一個例子，它示範了如何設定框線粗細和隱藏框線。

\Ch07\border2.html

```
❶ <div class="border-1"></div>
   <div class="border-2"></div>
   <div class="border-3"></div>
   <div class="border-4"></div>
   <div class="border-5"></div>
❷ <div class="border-0"></div>
❸ <div class="border-top-0"></div>
❹ <div class="border-end-0"></div>
❺ <div class="border-bottom-0"></div>
❻ <div class="border-start-0"></div>
```

❶ 設定框線粗細 (共五種寬度) ❷ 隱藏四周框線 ❸ 隱藏上框線
❹ 隱藏右框線 ❺ 隱藏下框線 ❻ 隱藏左框線

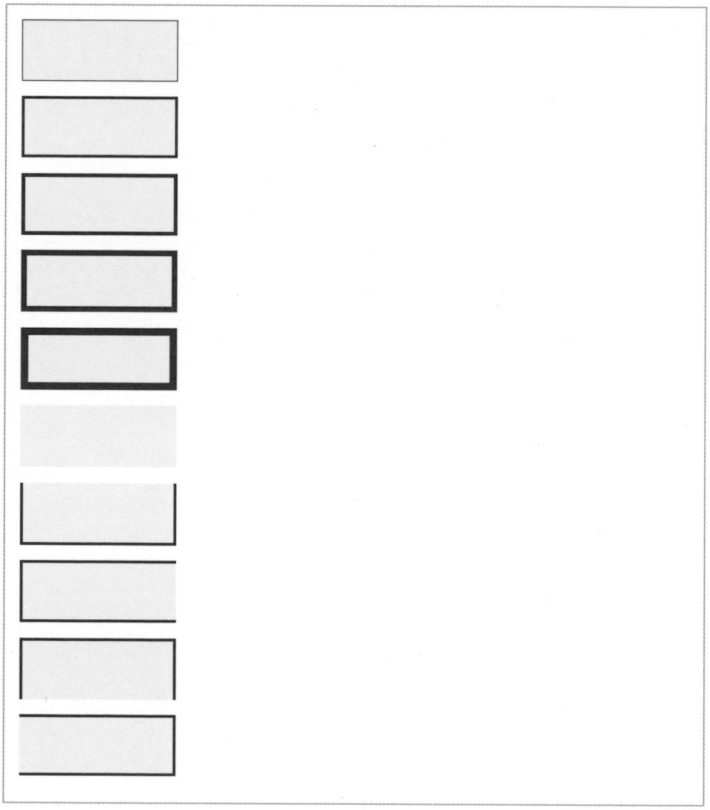

下面是另一個例子，它將六張圖片顯示成不同的圓角樣式 (圖片來源：攝影師：Mike Greer，連結：Pexels)。

\Ch07\border3.html

```
<div class="container">
  <img src="flowers1.jpg" width="40%" class="border rounded">
  <img src="flowers1.jpg" width="40%" class="border rounded-top">
  <img src="flowers1.jpg" width="40%" class="border rounded-end">
  <img src="flowers1.jpg" width="40%" class="border rounded-circle">
  <img src="flowers1.jpg" width="40%" class="border rounded-pill">
  <img src="flowers1.jpg" width="40%" class="border rounded-0">
</div>
```


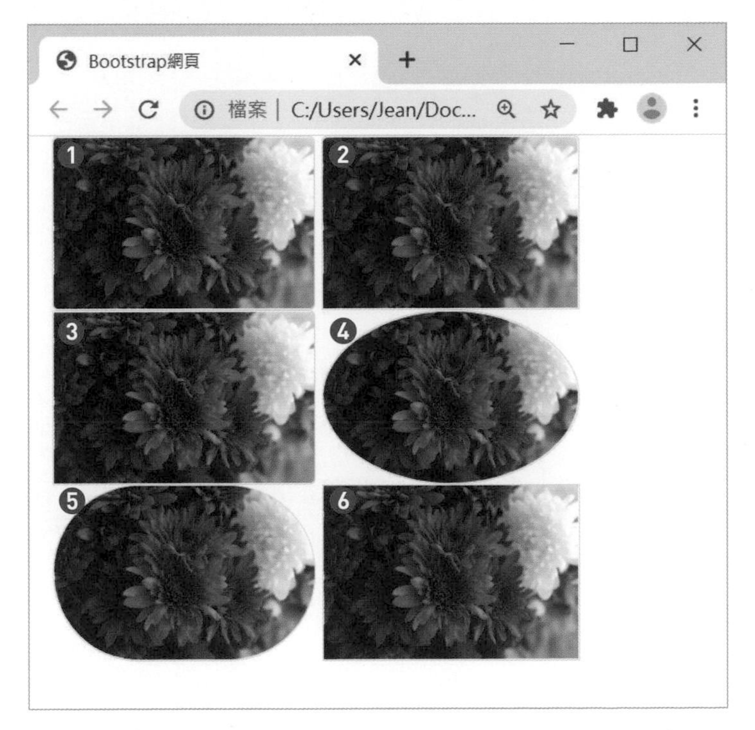

❶ 四個角顯示成圓角
❷ 上方的兩個角顯示成圓角
❸ 右方的兩個角顯示成圓角
❹ 顯示成圓形
❺ 顯示成橢圓形
❻ 四個角不顯示成圓角

7-2-4 圖片對齊方式

我們可以使用 .float-start 和 .float-end 類別設定圖片靠左對齊和靠右對齊，下面是一個例子。

\Ch07\imgalign1.html

```
<div class="container">
  <img src="flowers1.jpg" width="30%" class="float-start">
  <img src="flowers2.jpg" width="30%" class="float-end">
</div>
```

❶ 圖片靠左對齊　❷ 圖片靠右對齊

若要令圖片置中對齊，可以加上 .mx-auto 和 .d-block 兩個類別，下面是一個例子 (圖片來源：攝影師：Scott Webb，連結：Pexels)。

\Ch07\imgalign2.html

```
<div class="container">
  <img src="flowers2.jpg" width="30%" class="mx-auto d-block">
</div>
```

7-3 表格

Bootstrap 支援 <table>、<tr>、<td>、<th>、<thead>、<tbody>、<tfoot>、<caption> 等 HTML 元素用來設定表格，並提供相關的類別用來設定表格樣式與效果，常用的如下。

常用的表格類別	說明
.table	在 <table> 元素加上 .table 類別可以自動套用 Bootstrap 提供的表格樣式，包括寬度、高度、框線、背景色彩、儲存格間距等。
.table-striped	在 <table> 元素加上 .table 和 .table-striped 類別可以讓表格主體的奇數列和偶數列顯示交替的色彩。
.table-bordered	在 <table> 元素加上 .table 和 .table-bordered 類別可以顯示表格與儲存格框線。
.table-borderless	在 <table> 元素加上 .table 和 .table-borderless 類別可以取消表格的所有框線。
.table-hover	在 <table> 元素加上 .table 和 .table-hover 類別可以讓游標移過表格主體時顯示變色的效果。
.table-sm	在 <table> 元素加上 .table 和 .table-sm 類別可以讓表格的儲存格緊縮。
.caption-top	在 <table> 元素加上 .table 和 .caption-top 類別可以讓 <caption> 元素指定的標題顯示在表格上方。
.table-active	在表格元素加上 .table-active 類別可以讓表格的列或儲存格顯示反白的效果。
註：另外還有一些類別可以用來設定表格的色彩，我們會在第 7-3-9 節做介紹。	

7-3-1 表格與表格標題

當我們使用 HTML 表格元素製作表格時，只要在 <table> 元素加上 **.table** 類別，就可以自動套用 Bootstrap 提供的表格樣式，包括寬度、高度、框線、背景色彩、儲存格間距等。下面是一個例子，它還多加上 **.caption-top** 類別，將標題顯示在表格上方。

\Ch07\table1.html

```
01 <div class="container"> ❶
02   <table class="table caption-top">
03     <caption>鬼滅之刃人物</caption>
04   ┌ <thead>
05   │   <tr>
06   │     <th>編號</th>
07 ❷ │     <th>姓名</th>
08   │   </tr>
09   └ </thead>
10   ┌ <tbody>
11   │   <tr>
12   │     <td>01</td>
13   │     <td>竈門禰豆子</td>
14   │   </tr>
15   │   <tr>
16   │     <td>02</td>
17 ❸ │     <td>竈門炭治郎</td>
18   │   </tr>
19   │   <tr>
20   │     <td>03</td>
21   │     <td>我妻善逸</td>
22   │   </tr>
23   └ </tbody>
24   </table>
25 </div>
```

❶ 加上 .table 和 .caption-top 類別以套用表格樣式，並將表格標題放在表格上方

❷ 使用 <thead> 元素標示表格表頭，裡面有標題列

❸ 使用 <tbody> 元素標示表格主體，裡面有三個人物的編號與姓名

❹ 鬼滅之刃人物

❺ 編號	姓名
01	竈門禰豆子
02	竈門炭治郎
03	我妻善逸

❻（表格主體）

❹ 表格標題 ❺ 表格表頭 ❻ 表格主體

7-3-2 表格主體顯示交替的色彩

若要讓表格主體的奇數列和偶數列顯示交替的色彩，可以在 <table> 元素加上 .table 和 **.table-striped** 類別。舉例來說，假設將 table1.html 的第 02 行改寫成如下，然後另存新檔為 table2.html，就會得到如下圖的瀏覽結果。

```
02    <table class="table caption-top table-striped">
```

鬼滅之刃人物

編號	姓名
01	竈門禰豆子
02	竈門炭治郎
03	我妻善逸

7-3-3 顯示表格與儲存格框線

若要顯示表格與儲存格框線，可以在 <table> 元素加上 .table 和 **.table-bordered** 類別。舉例來說，假設將 table1.html 的第 02 行改寫成如下，然後另存新檔為 table3.html，就會得到如下圖的瀏覽結果。

```
02    <table class="table caption-top table-bordered">
```

鬼滅之刃人物

編號	姓名
01	竈門禰豆子
02	竈門炭治郎
03	我妻善逸

7-3-4 取消表格與儲存格框線

若要取消表格與儲存格框線，可以在 <table> 元素加上 .table 和 .table-borderless 類別。舉例來說，假設將 table1.html 的第 02 行改寫成如下，然後另存新檔為 table4.html，就會得到如下圖的瀏覽結果。

```
02    <table class="table caption-top table-borderless">
```

鬼滅之刃人物

編號	姓名
01	竈門禰豆子
02	竈門炭治郎
03	我妻善逸

7-3-5 游標移過表格主體時顯示變色的效果

若要讓游標移過表格主體時顯示變色的效果，可以在 <table> 元素加上 .table 和 .table-hover 類別。舉例來說，假設將 table1.html 的第 02 行改寫成如下，然後另存新檔為 table5.html，就會得到如下圖的瀏覽結果。

```
02    <table class="table caption-top table-hover">
```

鬼滅之刃人物

編號	姓名
01	竈門禰豆子
02	竈門炭治郎
03	我妻善逸

7-3-6 表格的列或儲存格顯示反白的效果

若要讓表格的列或儲存格顯示反白的效果，可以在表格元素加上 .table-active 類別。舉例來說，假設將 table1.html 的第 13 行改寫成如下，然後另存新檔為 table6.html，就會得到如下圖的瀏覽結果。

```
13          <td class="table-active">竈門禰豆子</td>
```

鬼滅之刃人物

編號	姓名
01	竈門禰豆子
02	竈門炭治郎
03	我妻善逸

7-3-7 儲存格緊縮

若要讓表格的儲存格緊縮，可以在 <table> 元素加上 .table 和 .table-sm 類別。舉例來說，假設將 <table1.html> 的第 02 行改寫成如下，然後另存新檔為 table7.html，就會得到如下圖的瀏覽結果。

```
02    <table class="table caption-top table-sm">
```

鬼滅之刃人物

編號	姓名
01	竈門禰豆子
02	竈門炭治郎
03	我妻善逸

7-3-8 表格內容的垂直對齊方式

若要設定表格的列或儲存格的垂直對齊方式，可以在該列或儲存格加上 .align-top、.align-middle 或 .align-bottom 等類別，令其靠上、置中或靠下，下面是一個例子。

\Ch07\tableva.html

```
<div class="container">
  <table class="table table-sm">
    <tr>
      <td><img src="flowers1.jpg" width="30%"><td>
      <td class="align-top">靠上<td>
    </tr>
    <tr>
      <td><img src="flowers1.jpg" width="30%"><td>
      <td class="align-middle">置中<td>
    </tr>
    <tr>
      <td><img src="flowers1.jpg" width="30%"><td>
      <td class="align-bottom">靠下<td>
    </tr>
  </table>
</div>
```

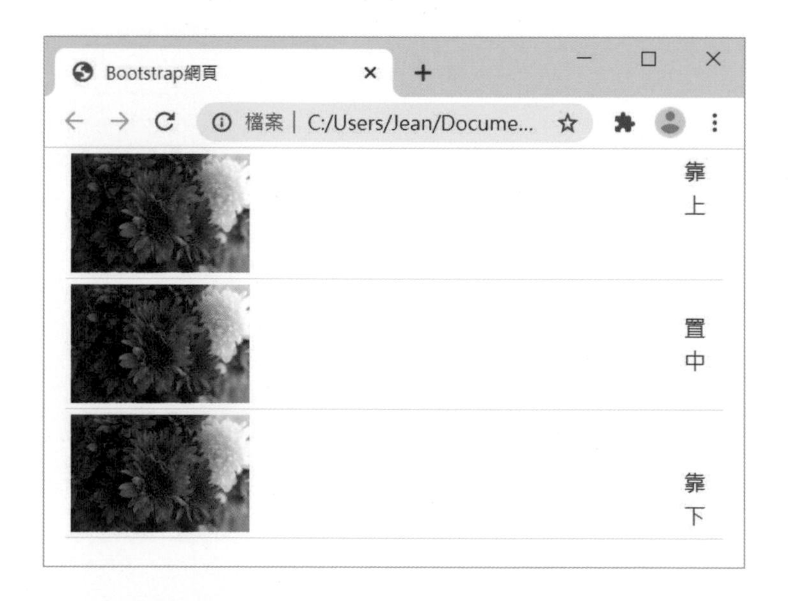

7-3-9 特定意義色彩類別

Bootstrap 亦針對 <table>、<tr>、<td>、<th> 等元素提供下列類別，用來設定表格、列或儲存格的色彩以表示不同的意義，下面是一個例子。

類別	說明	類別	說明
.table-primary	藍色	.table-warning	橘色
.table-secondary	灰色	.table-info	青色
.table-success	綠色	.table-light	亮色
.table-danger	紅色	.table-dark	暗色

\Ch07\tablecolor.html

```
<table class="table table-bordered table-sm">
  <tr class="table-primary"><td>table-primary</td></tr>
  <tr class="table-secondary"><td>table-secondary</td></tr>
  <tr class="table-success"><td>table-success</td></tr>
  <tr class="table-danger"><td>table-danger</td></tr>
  <tr class="table-warning"><td>table-warning</td></tr>
  <tr class="table-info"><td>table-info</td></tr>
  <tr class="table-light"><td>table-light</td></tr>
  <tr class="table-dark"><td>table-dark</td></tr>
</table>
```

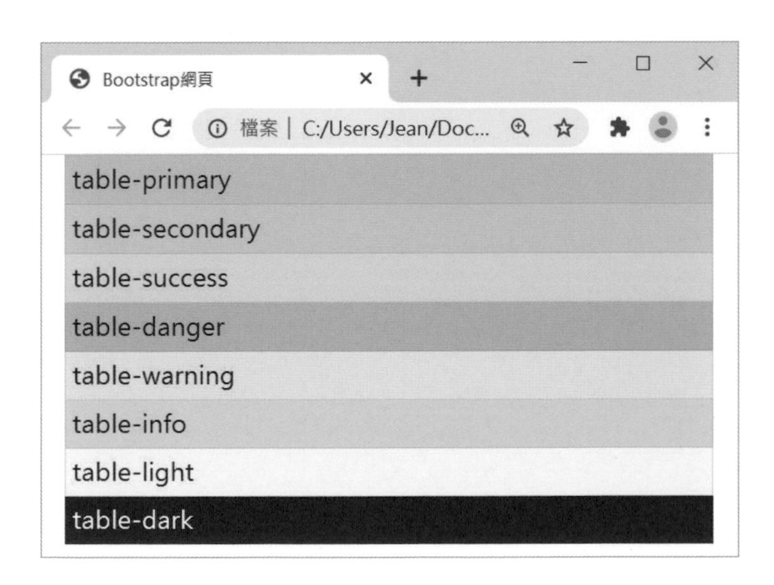

7-3-10 響應式表格

響應式表格 (responsive table) 可以隨著瀏覽器的寬度調整表格，下面是一個例子，只要在放置 <table> 元素的容器加上 .table-responsive 類別即可。

\Ch07\tableresponsive.html

```
<div class="container table-responsive">
  <table class="table">
    <tr>
      <th>編號</th><th>姓名</th>
    </tr>
    <tr>
      <td>01</td><td>小丸子(個性無厘頭、樂觀的小女孩)</td>
    </tr>
    <tr>
      <td>02</td><td>小玉(小丸子的好朋友、個性文靜善良)</td>
    </tr>
    <tr>
  </table>
</div>
```

在容器加上 .table-responsive 類別

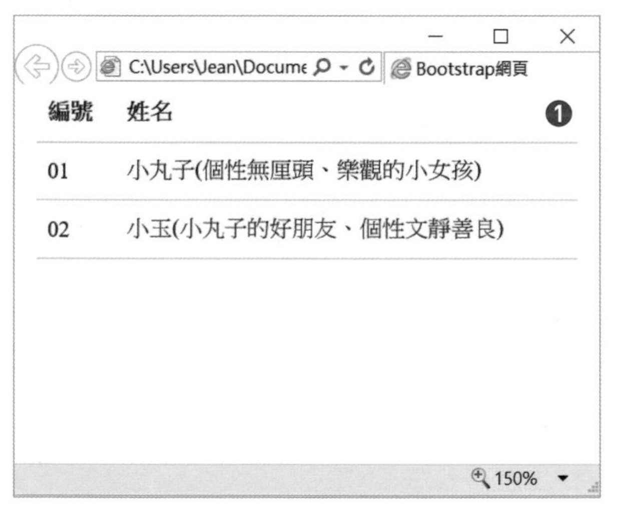

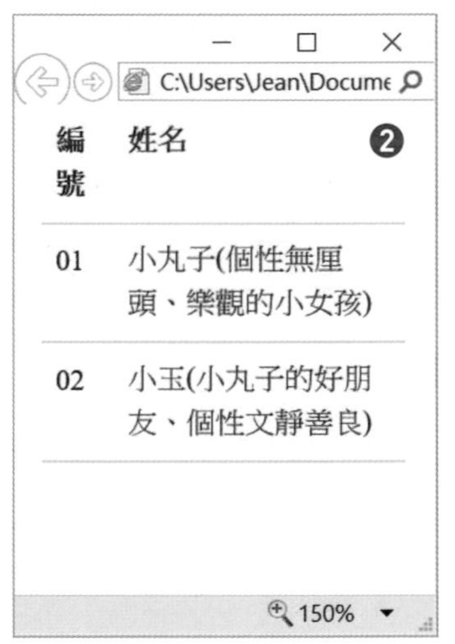

❶ 當寬度夠大時，儲存格會自動放大 ❷ 當寬度不夠時，儲存格會自動縮小

學習評量

一、選擇題

(　　) 1. 若要設定副標題，可以使用下列哪個類別？

A. .small　　B. .lead
C. .display　　D. .mark

(　　) 2. 若要設定圖片置中，可以使用下列哪個類別？

A. .mx-auto .d-block　　B. .align-middle
C. .text-start　　D. .text-nowrap

(　　) 3. 若要設定文字置中，可以使用下列哪個類別？

A. .align-middle　　B. .text-center
C. .text-start　　D. .text-nowrap

(　　) 4. 若要將清單中的所有項目由左向右排成一列，可以使用下列哪個類別？

A. .list-unstyled　　B. .list-inline
C. .text-truncate　　D. .text-end

(　　) 5. 若要設定響應式圖片，可以使用下列哪個類別？

A. .float-end　　B. .float-start
C. .img-thumbnail　　D. .img-fluid

(　　) 6. 若要設定圖片靠右，可以使用下列哪個類別？

A. .float-end　　B. .float-start
C. .img-thumbnail　　D. .img-fluid

( ) 7. 若要讓游標移過表格的列時顯示變色的效果，可以使用下列哪個類別？

A. .table-striped
B. .table-bordered
C. .table-hover
D. .table-sm

( ) 8. 若要讓表格主體的奇數列和偶數列顯示交替的色彩，可以使用下列哪個類別？

A. .table-striped
B. .table-bordered
C. .table-hover
D. .table-sm

( ) 9. 下列哪個類別可以用來將文字設定為斜體？

A. .fst-italic
B .fst-normal
C. .fst-weight
D. .fst-oblic

( )10. 下列哪個類別可以用來重設文字的色彩？

A. .offset-*
B. .order-*
C. .text-reset
D. .text-decoration

二、練習題

使用 Bootstrap 完成如下響應式網頁，若瀏覽器的寬度大於等於 768px，就顯示兩欄版面，否則顯示單欄版面。

Bootstrap網頁
檔案 | C:/Users/Jean/Documents/RWD/Samples/Ch07/ex7-1.html
以色列行旅
哭牆（位於耶路撒冷）
哭牆又名「西牆」，位於耶路撒冷老城內，聖殿山山下西側，這是環繞第二聖殿庭院的古城牆殘存部分。
在四面牆之中，西牆被認為是當年最靠近聖殿的，使它成為猶太教信仰中除聖殿山本身以外最神聖的地點。許多世紀以來，哭牆一直是猶太人祈禱和朝聖的地點，最早記載猶太來此祈禱的文獻可以追溯到西元四世紀。
死海(位於以色列、約旦和巴勒斯坦交界)
死海是世界上地勢最低的湖泊，湖面海拔負424米，水源為約旦河。
湖長67公里，寬18公里，面積810平方公里。湖水鹽度極高，越到湖底越高。一般海水含鹽量為3.5%，而死海的含鹽量在23%至30%左右。目前死海水位平均每年下降1米，原因是注入死海的約旦河水由於農業灌溉從過去每年13億立方米減少到目前3000萬立方米。
特拉維夫（位於以色列）
特拉維夫是以色列的第二大城市，也是公認的以色列首都，人口主要為猶太人，阿拉伯人則占總人口的4%。
特拉維夫濱臨東地中海，市區面積51.76平方公里。根據統計，有三百多萬人口，是以色列人口最稠密的地帶，也是以色列的經濟樞紐。特拉維夫已經逐漸成為世界級的城市，並被列為中東生活費用最昂貴的大城市之一。

提示：

```
<div class="row">
  <div class="col-md-7">
    <h2>哭牆<small>（位於耶路撒冷）</small></h2>
    <p class="lead">哭牆又名「西牆」，…。</p>
    <p>在四面牆之中，西牆被認為是當年最靠近聖殿的，…。</p>
  </div>
  <div class="col-md-5">
    <img src="Israel1.jpg" class="img-fluid">
  </div>
</div>
```

8

Bootstrap 公用類別與表單

8-1 公用類別

除了第 7 章所介紹的內容樣式之外，Bootstrap 還提供了一些公用類別可以用來設定文字對齊、文字轉換、框線、文字色彩、背景色彩、文繞圖、陰影、大小、間距、Flex 等。我們已經在第 7 章介紹過文字對齊、文字轉換和框線相關類別，包括框線、框線圓角、框線色彩、框線粗細、隱藏框線等，以下會再介紹一些常用的類別。

8-1-1 色彩

文字色彩

Bootstrap 提供了數個 .text-* 類別用來設定元素的文字色彩，如下。

文字色彩類別	說明	文字色彩類別	說明
.text-primary	藍色	.text-info	青色
.text-secondary	灰色	.text-light	亮色
.text-success	綠色	.text-dark	暗色
.text-danger	紅色	.text-body	深色
.text -warning	橘色	.text-muted	淺色

背景色彩

Bootstrap 提供了數個 .bg-* 類別用來設定元素的背景色彩，如下。

背景色彩類別	說明	背景色彩類別	說明
.bg-primary	藍色	.bg-info	青色
.bg-secondary	灰色	.bg-light	亮色
.bg-success	綠色	.bg-dark	暗色
.bg-danger	紅色	.bg-white	白色
.bg-warning	橘色	.bg-transparent	透明色

下面是一個例子，請您仔細觀察瀏覽結果，不同的背景色彩類別會顯示不同的背景色彩。為了襯托背景色彩，我們額外加上 .text-white 或 .text-dark 類別，將文字設定為白色或暗色，同時加上 .m-1 類別設定各個區塊的邊界大小，有關 .m-* 類別的用法，我們會在第 8-1-4 節做說明。

\Ch08\bgcolor.html

```
<div class="container">
  <div class="bg-primary text-white m-1">.bg-primary</div>
  <div class="bg-secondary text-white m-1">.bg-secondary</div>
  <div class="bg-success text-white m-1">.bg-success</div>
  <div class="bg-danger text-white m-1">.bg-danger</div>
  <div class="bg-warning text-dark m-1">.bg-warning</div>
  <div class="bg-info text-white m-1">.bg-info</div>
  <div class="bg-light text-dark m-1">.bg-light</div>
  <div class="bg-dark text-white m-1">.bg-dark</div>
  <div class="bg-white text-dark m-1">.bg-white</div>
  <div class="bg-transparent text-dark m-1">.bg-transparent</div>
</div>
```

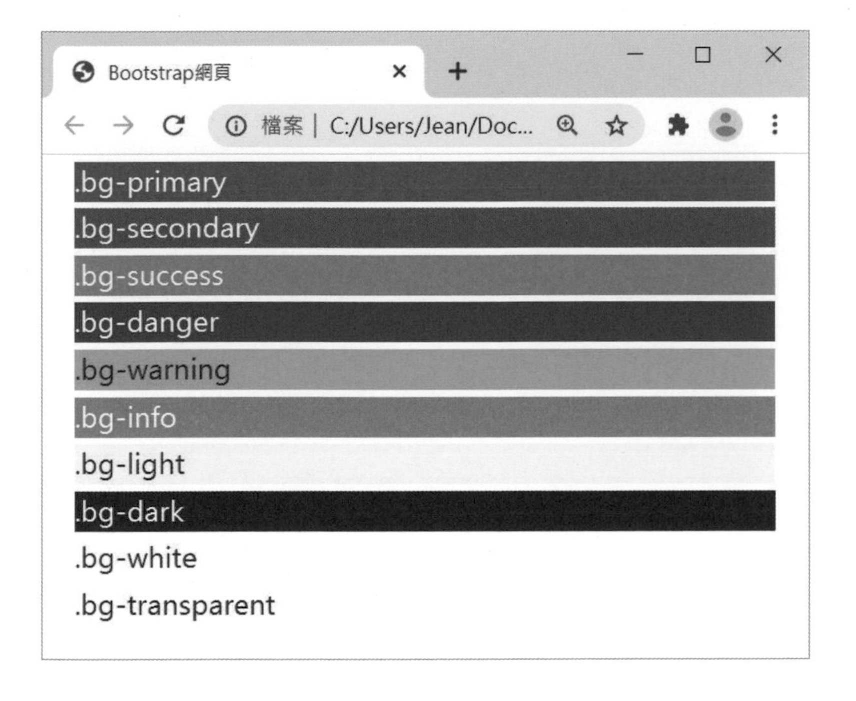

下面是另一個例子，其中最後一行在 .text-black 類別後面多加上 -50，讓文字色彩呈現半黑。同樣的，為了襯托文字色彩，我們在部分的程式碼加上 .bg-dark 類別，將背景色彩設定為暗色。

\Ch08\textcolor.html

```
<p class="text-primary">.text-primary</p>
<p class="text-secondary">.text-secondary</p>
<p class="text-success">.text-success</p>
<p class="text-danger">.text-danger</p>
<p class="text-warning">.text-warning</p>
<p class="text-info">.text-info</p>
<p class="text-light bg-dark">.text-light</p>
<p class="text-dark">.text-dark</p>
<p class="text-body">.text-body</p>
<p class="text-muted">.text-muted</p>
<p class="text-white bg-dark">.text-white</p>
<p class="text-black">.text-black</p>
<p class="text-black-50">.text-black-50</p>
```

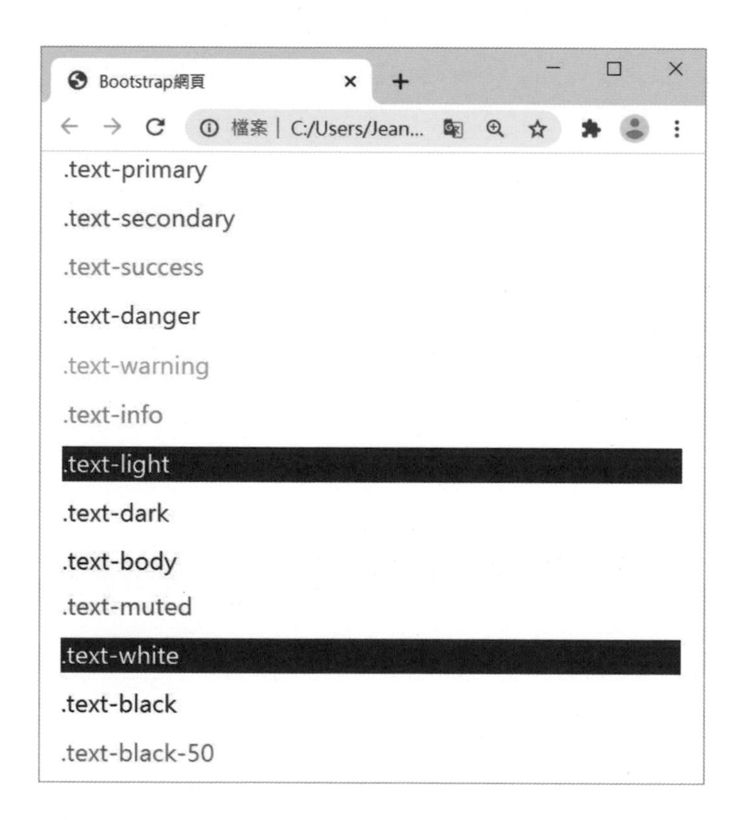

8-1-2 文繞圖

Bootstrap 提供了 .float-start、.float-end、.float-none 等類別用來設定靠左文繞圖、靠右文繞圖或沒有文繞圖，下面是一些例子 \Ch08\float.html。

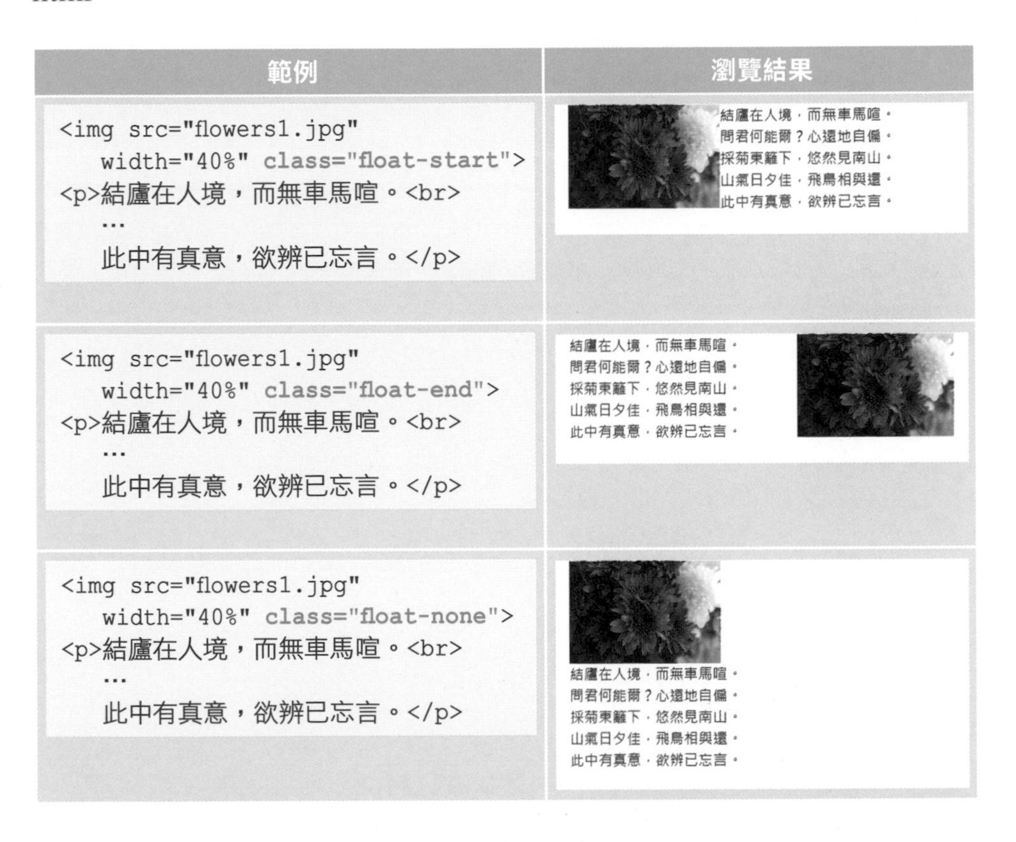

範例	瀏覽結果
<img src="flowers1.jpg" width="40%" class="float-start"> <p>結廬在人境，而無車馬喧。 ... 此中有真意，欲辨已忘言。</p>	結廬在人境，而無車馬喧。 問君何能爾？心遠地自偏。 採菊東籬下，悠然見南山。 山氣日夕佳，飛鳥相與還。 此中有真意，欲辨已忘言。
<img src="flowers1.jpg" width="40%" class="float-end"> <p>結廬在人境，而無車馬喧。 ... 此中有真意，欲辨已忘言。</p>	結廬在人境，而無車馬喧。 問君何能爾？心遠地自偏。 採菊東籬下，悠然見南山。 山氣日夕佳，飛鳥相與還。 此中有真意，欲辨已忘言。
<img src="flowers1.jpg" width="40%" class="float-none"> <p>結廬在人境，而無車馬喧。 ... 此中有真意，欲辨已忘言。</p>	結廬在人境，而無車馬喧。 問君何能爾？心遠地自偏。 採菊東籬下，悠然見南山。 山氣日夕佳，飛鳥相與還。 此中有真意，欲辨已忘言。

NOTE

除了 .float-start、.float-end、.float-none 之外，Bootstrap 亦提供數個響應式文繞圖類別，例如 .float-sm-start、.float-sm-end、.float-sm-none、.float-md-start、.float-md-end、.float-md-none、.float-lg-start、.float-lg-end、.float-lg-none、.float-xl-start、.float-xl-end、.float-xl-none、.float-xxl-start、.float-xxl-end、.float-xxl-none。

延伸閱讀

解除文繞圖

若要解除文繞圖，我們可以使用 CSS 提供的 clear 屬性。下面是一個例子，其中第 02 行將圖片設定為靠左文繞圖，理論上，後面的標題與詩句就應該會排在圖片的右邊，但由於第 04 行加上 clear: left 屬性解除文繞圖，因此，只有標題會排在圖片的右邊，詩句則是排在圖片下面，不會做文繞圖的動作。

\Ch08\clear.html

```
01 <div class="container">
02   <img src="flowers1.jpg" width="40%" class="float-start">
03   <h2>《飲酒·其五》</h2>
04   <p style="clear: left;">結廬在人境，而無車馬喧。<br>
05     問君何能爾？心遠地自偏。<br>
06     採菊東籬下，悠然見南山。<br>
07     山氣日夕佳，飛鳥相與還。<br>
08     此中有真意，欲辨已忘言。</p>
09 </div>
```

8-1-3 區塊內容置中

若要讓區塊內容置中，我們可以使用 .text-center 類別。下面是一個例子，區塊裡面有一張圖片 (第 02 行) 和一首詩的標題與詩句 (第 03 ~ 08 行)，關鍵在於第 01 行在區塊裡面加上 .text-center 類別，因此，區塊的內容包括圖片和詩的標題與詩句均會置中。

\Ch08\center.html

```
01 <div class="container text-center">
02   <img src="flowers1.jpg" width="40%">
03   <h2>《飲酒·其五》</h2>
04   <p>結廬在人境，而無車馬喧。<br>
05       問君何能爾？心遠地自偏。<br>
06       採菊東籬下，悠然見南山。<br>
07       山氣日夕佳，飛鳥相與還。<br>
08       此中有真意，欲辨已忘言。</p>
09 </div>
```

8-1-4 間距

Bootstrap 提供的間距類別可以套用到 xs ~ xxl 等響應式斷點，其中 xs 的間距類別命名形式為 {*property*}{*sides*}-{*size*}，而 sm、md、lg、xl、xxl 的間距類別命名形式為 {*property*}{*sides*}-{*breakpoint*}-{*size*}。

property（屬性）的設定值如下：

- m：邊界 (margin)
- p：留白 (padding)

sides（邊）的設定值如下：

- t：上邊界或上留白 (margin-top 或 padding-top)
- b：下邊界或下留白 (margin-bottom 或 padding-bottom)
- s：左邊界或左留白 (margin-left 或 padding-left)
- e：右邊界或右留白 (margin-right 或 padding-right)
- x：左右邊界或左右留白
- y：上下邊界或上下留白
- blank：四周邊界或四周留白

size（大小）的設定值如下：

- 0：將邊界或留白設定為 0
- 1：將邊界或留白設定為變數 $spacer * 0.25
- 2：將邊界或留白設定為變數 $spacer * 0.5
- 3：將邊界或留白設定為變數 $spacer
- 4：將邊界或留白設定為變數 $spacer * 1.5
- 5：將邊界或留白設定為變數 $spacer * 3
- auto：將邊界或留白設定為自動

例如 .m-0 類別表示將四周邊界設定為 0； .mt-3 表示將上邊界大小設定為變數 $spacer； .px-5 表示將左右留白設定為變數 $spacer * 3；至於下面的敘述則是利用 .mx-auto 類別達到將區塊置中的效果。

\Ch08\spacing.html

```
<div class="mx-auto" style="width: 165px; background-color: orange;">
  <h1>鬼滅之刃</h1>
</div>
```

鬼滅之刃

8-1-5 陰影

Bootstrap 提供 .shadow-none、.shadow-sm、.shadow、.shadow-lg 等類別用來顯示沒有陰影、小陰影、正常陰影或大陰影，下面是一個例子。

\Ch08\shadow.html

```
<div class="shadow-sm p-3 mb-5 bg-white rounded">小陰影</div>
<div class="shadow p-3 mb-5 bg-white rounded">正常陰影</div>
```

小陰影

正常陰影

8-1-6 顯示層級

Bootstrap 提供了一些類別用來變更 HTML 元素的顯示層級，也就是 CSS 的 display 屬性，而且這些類別具有響應式特點，其命名形式如下：

- .d-{ 設定值 } for xs
- .d-{ 斷點 }-{ 設定值 } for sm, md, lg, xl, and xxl

設定值如下：

- none：不顯示。
- inline：行內層級 (不換行)。
- block：區塊層級 (要換行)。
- inline-block：不換行，但可以設定寬度、高度、留白與邊界。
- table：表格。
- table-cell：表格的儲存格。
- table-row：表格的列。
- flex：詳見第 8-1-9 節。
- inline-flex：詳見第 8-1-9 節。

下面是一個例子，它將兩個區塊層級的區塊變更為行內層級。

\Ch08\display1.html

```
<div class="d-inline p-2 bg-info text-white">d-inline</div>
<div class="d-inline p-2 bg-dark text-white">d-inline</div>
```

d-inline d-inline

下面是另一個例子，它會將兩個行內層級的 <span> 元素變更為區塊層級。

\Ch08\display2.html

```
<span class="d-block p-2 bg-info text-white">d-block</span>
<span class="d-block p-2 bg-dark text-white">d-block</span>
```

d-block

d-block

此外，Bootstrap 還提供了一些用來隱藏元素的類別，如下。

螢幕尺寸	類別	螢幕尺寸	類別
全部隱藏	.d-none	全部可見	.d-block
唯 xs 隱藏	.d-none .d-sm-block	唯 xs 可見	.d-block .d-sm-none
唯 sm 隱藏	.d-sm-none .d-md-block	唯 sm 可見	.d-none .d-sm-block .d-md-none
唯 md 隱藏	.d-md-none .d-lg-block	唯 md 可見	.d-none .d-md-block .d-lg-none
唯 lg 隱藏	.d-lg-none .d-xl-block	唯 lg 可見	.d-none .d-lg-block .d-xl-none
唯 xl 隱藏	.d-xl-none	唯 xl 可見	.d-none .d-xl-block .d-xxl-none
唯 xxl 隱藏	.d-xxl-none	唯 xxl 可見	.d-none .d-xxl-block

下面是一個例子，當螢幕尺寸大於 md 斷點時，就顯示如下訊息。

\Ch08\display3.html

```
<div class="d-md-none">當螢幕大於md斷點時就隱藏</div>
<div class="d-none d-md-block">當螢幕小於md斷點時就隱藏</div>
```

當螢幕大於md斷點時就隱藏

8-1-7 大小

我們可以使用 .w-* 和 .h-* 類別設定 HTML 元素佔父元素寬度與高度的百分比，設定值有 25、50、75、100 和 auto，分別表示 25%、50%、75%、100% 和 auto (自動，預設值)，下面是一些例子。

\Ch08\sizing1.html

```
<div class="w-25 p-2" style="background: pink;">Width 25%</div>
<div class="w-50 p-2" style="background: pink;">Width 50%</div>
<div class="w-75 p-2" style="background: pink;">Width 75%</div>
<div class="w-100 p-2" style="background: pink;">Width 100%</div>
<div class="w-auto p-2" style="background: pink;">Width auto</div>
```

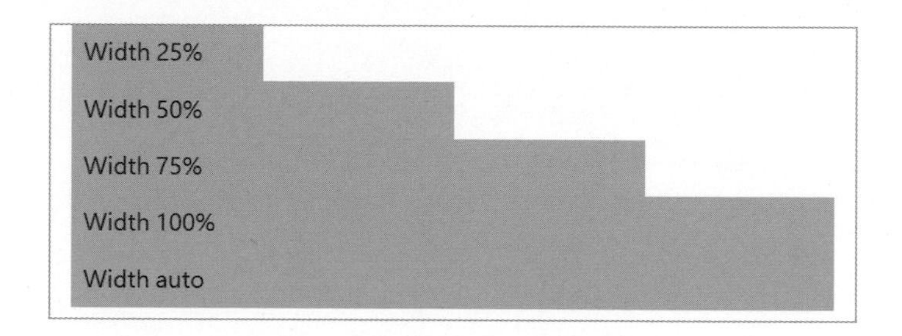

\Ch08\sizing2.html

```
<div style="height: 100px; background: #eeeeee;">
  <div class="h-25 d-inline-block" style="width: 120px;
    background: pink;">Height 25%</div>
  <div class="h-50 d-inline-block" style="width: 120px;
    background: pink;">Height 50%</div>
  <div class="h-75 d-inline-block" style="width: 120px;
    background: pink;">Height 75%</div>
  <div class="h-100 d-inline-block" style="width: 120px;
    background: pink;">Height 100%</div>
  <div class="h-auto d-inline-block" style="width: 120px;
    background: pink;">Height auto</div>
</div>
```

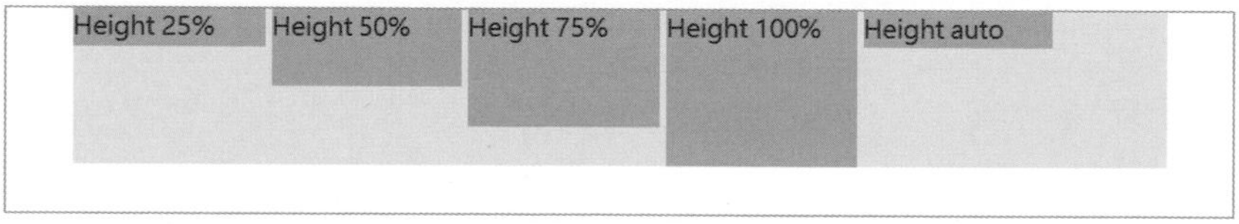

Height 25%　Height 50%　Height 75%　Height 100%　Height auto

8-1-8 垂直對齊

我們可以使用 .align-baseline、.align-top、.align-bottom、.align-text-top、.align-text-bottom 等類別設定垂直對齊方式，令 HTML 元素分別對齊基底、整行頂端、整行底部、文字頂端和文字底部，下面是一個例子。

\Ch08\valign.html

```
<div>採菊<img src="flowers1.jpg" width="25%" class="align-baseline p-1">東籬下</div>
<div>採菊<img src="flowers1.jpg" width="25%" class="align-top p-1">東籬下</div>
<div>採菊<img src="flowers1.jpg" width="25%" class="align-bottom p-1">東籬下</div>
<div>採菊<img src="flowers1.jpg" width="25%" class="align-text-top p-1">東籬下</div>
<div>採菊<img src="flowers1.jpg" width="25%" class="align-text-bottom p-1">東籬下</div>
```

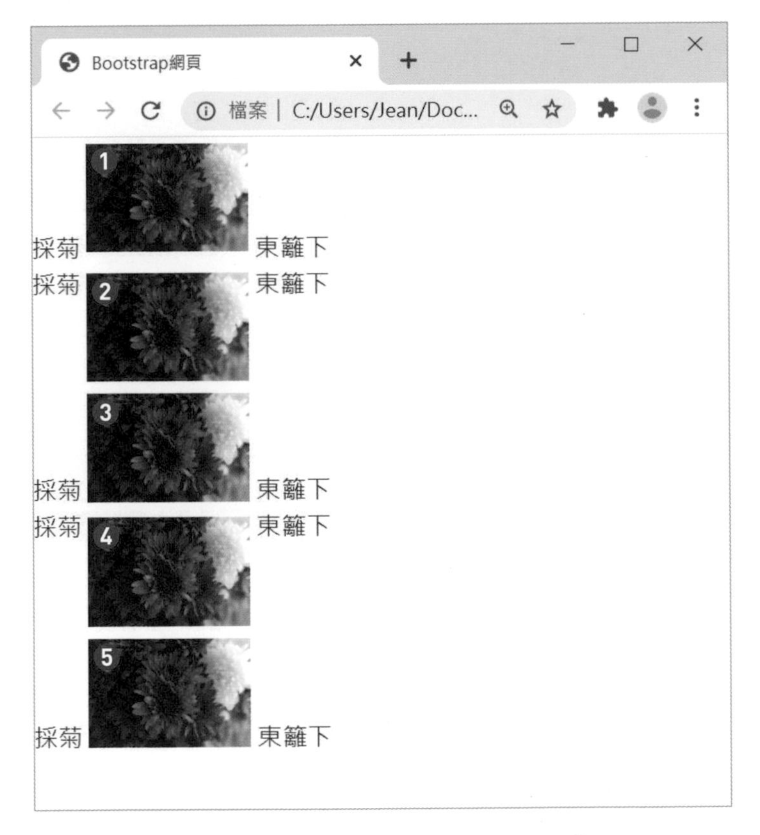

❶ 令圖片對齊基底 ❷ 令圖片對齊整行頂端 ❸ 令圖片對齊整行底部
❹ 令圖片對齊文字頂端 ❺ 令圖片對齊文字底部

8-1-9 Flex 網格類別

Bootstrap 提供的 **Flex 網格類別**可以用來快速管理排版、對齊、網格行數等網頁編排事項，同時亦適用於響應式網頁設計。

我們可以將 Flex 網格類別視為一個 **Flex 盒子** (Flex box)，裡面可以放置能夠彈性延伸寬度與高度的 **Flex 項目** (Flem item)。

建立 Flex box 容器

我們可以使用 **.d-flex** 類別建立 Flex box 容器，下面是一個例子 \Ch08\flex1.html，這是一個 Flex box 容器，裡面簡單放置一些文字，有需要的話也可以放置圖片或其它內容。

```
<div class="d-flex p-2">Flex box容器</div>
```

Flex box容器

下面是另一個例子 \Ch08\flex2.html，這是一個行內 Flex box 容器。

```
<div class="d-inline-flex p-2">行內Flex box容器</div>
```

行內Flex box容器

.d-flex 和 .d-inline-flex 兩個類別亦有響應式形式，例如 .d-sm-flex、.d-sm-inline-flex、.d-md-flex、.d-md-inline-flex、.d-lg-flex、.d-lg-inline-flex、.d-xl-flex、.d-xl-inline-flex、.d-xxl-flex、.d-xxl-inline-flex。

Flex box 容器的方向

我們可以在 Flex box 容器裡面放置 Flex item，若要令 Flex item 水平排列，可以加上 .flex-row 類別，預設為靠左對齊；若要變更為靠右對齊，可以換用 .flex-row-reverse 類別；同理，若要令 Flex item 垂直排列，可以加上 .flex-column 類別，預設為靠上對齊；若要變更為靠下對齊，可以換用 .flex-column-reverse 類別。

這幾個類別亦有響應式形式，例如 .flex-sm-row、.flex-sm-row-reverse、.flex-sm-column、.flex-sm-column-reverse、.flex-md-row、.flex-md-row-reverse、.flex-md-column、.flex-md-column-reverse、.flex-lg-row、.flex-lg-row-reverse、.flex-lg-column、.flex-lg-column-reverse、.flex-xl-row、.flex-xl-row-reverse、.flex-xl-column、.flex-xl-column-reverse、.flex-xxl-row、.flex-xxl-row-reverse、.flex-xxl-column、.flex-xxl-column-reverse 等。

下面是一個例子。

\Ch08\flex3.html

```
<div class="d-flex flex-row mb-3">
  <div class="p-2">Flex item 1</div>
  <div class="p-2">Flex item 2</div>
  <div class="p-2">Flex item 3</div>
</div>
<div class="d-flex flex-row-reverse">
  <div class="p-2">Flex item 1</div>
  <div class="p-2">Flex item 2</div>
  <div class="p-2">Flex item 3</div>
</div>
```

Flex item 1 Flex item 2 Flex item 3

Flex item 3 Flex item 2 Flex item 1

下面是另一個例子。

\Ch08\flex4.html

```
<div class="d-flex flex-column mb-3">
  <div class="p-2">Flex item 1</div>
  <div class="p-2">Flex item 2</div>
  <div class="p-2">Flex item 3</div>
</div>
<div class="d-flex flex-column-reverse mb-3">
  <div class="p-2">Flex item 1</div>
  <div class="p-2">Flex item 2</div>
  <div class="p-2">Flex item 3</div>
</div>
```

Flex item 1
Flex item 2
Flex item 3

Flex item 3
Flex item 2
Flex item 1

Flex item 的水平對齊

除了設定靠左對齊或靠右對齊之外，我們可以進一步使用 .justify-content-start、.justify-content-end、.justify-content-center、.justify-content-between、.justify-content-around、.justify-content-evenly 等類別設定 Flex item 的水平對齊，分別令 Flex item 靠起始端對齊（左）❶、靠結尾端對齊（右）❷、水平置中❸、平均分配容器寬度然後左中右元素各自對齊左中右❹、平均分配容器寬度然後平均分配間距❺、平均分配容器寬度然後間隔對齊❻，下面是一個例子。

\Ch08\flex5.html

```
<div class="d-flex justify-content-start">...</div>
<div class="d-flex justify-content-end">...</div>
<div class="d-flex justify-content-center">...</div>
<div class="d-flex justify-content-between">...</div>
<div class="d-flex justify-content-around">...</div>
<div class="d-flex justify-content-evenly">...</div>
```

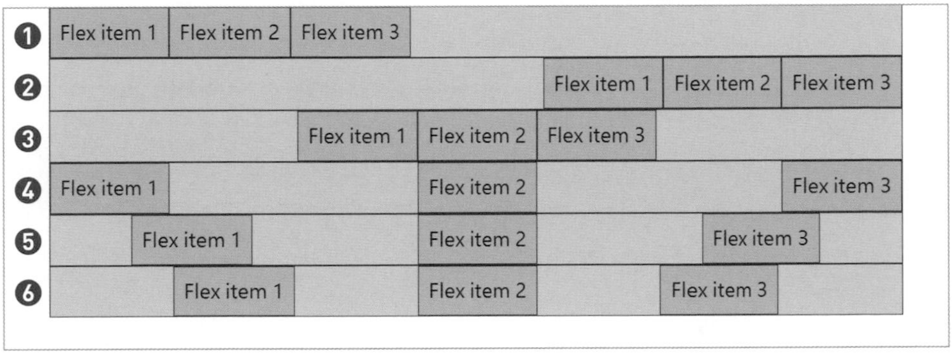

❶ Flex item 1 | Flex item 2 | Flex item 3

❷ Flex item 1 | Flex item 2 | Flex item 3

❸ Flex item 1 | Flex item 2 | Flex item 3

❹ Flex item 1 | Flex item 2 | Flex item 3

❺ Flex item 1 | Flex item 2 | Flex item 3

❻ Flex item 1 | Flex item 2 | Flex item 3

這幾個類別亦有響應式形式，例如 .justify-content-start、.justify-content-end、.justify-content-center、.justify-content-between、.justify-content-around、.justify-content-evenly、.justify-content-sm-start、.justify-content-sm-end、.justify-content-sm-center、.justify-content-sm-between、.justify-content-sm-around、.justify-content-sm-evenly、.justify-content-md-start、.justify-content-md-end、.justify-content-md-center、.justify-content-md-between、.justify-content-md-around、.justify-content-md-evenly、.justify-content-lg-start、.justify-content-lg-end、.justify-content-lg-center、.justify-content-lg-between、.justify-content-lg-around、.justify-content-lg-evenly、.justify-content-xl-start、.justify-content-xl-end、.justify-content-xl-center、.justify-content-xl-between、.justify-content-xl-around、.justify-content-xl-evenly、.justify-content-xxl-start、.justify-content-xxl-end、.justify-content-xxl-center、.justify-content-xxl-between、.justify-content-xxl-around、.justify-content-xxl-evenly。

Flex item 的垂直對齊

Flex item 預設會靠上對齊，我們可以進一步使用 .align-items-start、.align-items-end、.align-items-center、.align-items-baseline、.align-items-stretch 等類別設定 Flex item 的垂直對齊，分別令 Flex item 靠起始端對齊（上）❶、靠結尾端對齊（下）❷、垂直置中❸、靠基準線對齊❹、延伸對齊❺，下面是一個例子。

\Ch08\flex6.html

```
<div class="d-flex align-items-start">...</div>
<div class="d-flex align-items-end">...</div>
<div class="d-flex align-items-center">...</div>
<div class="d-flex align-items-baseline">...</div>
<div class="d-flex align-items-stretch">...</div>
```

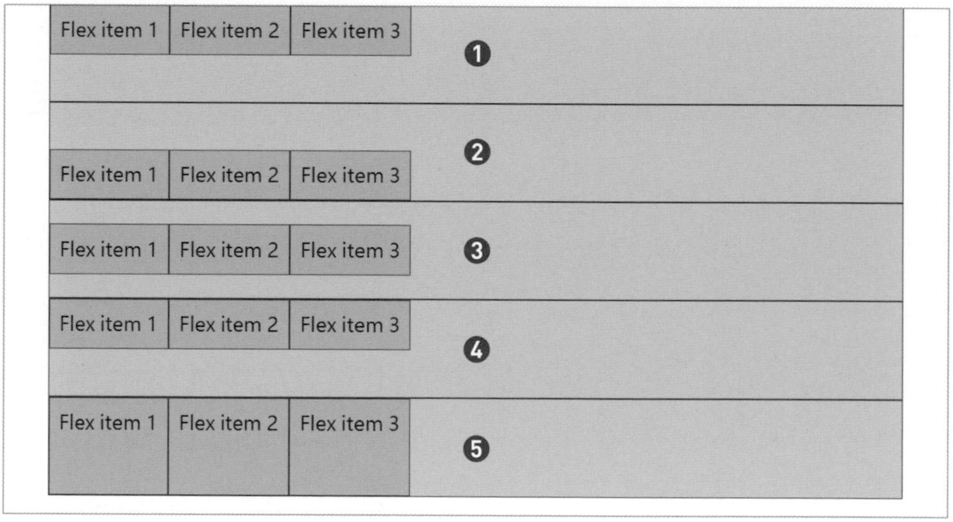

這幾個類別亦有響應式形式，例如 .align-items-sm-start、.align-items-sm-end、.align-items-sm-center、.align-items-sm-baseline、.align-items-sm-stretch，其它斷點請依此類推。

Flex item 的填滿與伸縮

Bootstrap 亦提供下列幾個類別用來令 Flex item 填滿容器或加以伸縮。

類別	說明
.flex-fill	令 Flex item 根據內容的長短分配比例填滿整個容器。
.flex-grow-1	令 Flex item 加以延伸，填滿容器剩餘的寬度。
.flex-shrink-1	令 Flex item 加以收縮，減少占用的空間。

\Ch08\flex7.html

```
<div class="p-2 flex-fill">Flex item 1的內容比較長</div>
<div class="p-2 flex-fill">Flex item 2</div>
<div class="p-2 flex-fill">Flex item 3</div>
```

Flex item 1的內容比較長 | Flex item 2 | Flex item 3

\Ch08\flex8.html

```
<div class="p-2 flex-grow-1">Flex item 1</div>
<div class="p-2">Flex item 2</div>
```

Flex item 1 | Flex item 2

\Ch08\flex9.html

```
<div class="p-2 w-100">Flex item 1</div>
<div class="p-2 flex-shrink-1">Flex item 2</div>
```

Flex item 1 | Flex item 2

8-2 按鈕

為了讓網頁更美觀，Bootstrap 提供了許多元件 (component)，按鈕就是其中一種。在本節中，我們會先介紹按鈕元件，至於警報效果、輪播、導覽列、分頁導覽、工具提示、彈出提示、卡片等元件則留待第 9、10 章再做說明。

建立按鈕

我們可以使用 <a>、<button>、<input> 等元素加上 .btn 和 .btn-primary、.btn-secondary、.btn-success、.btn-danger、.btn-warning、.btn-info、.btn-light、.btn-dark、.btn-link 等類別建立按鈕，這些類別用來設定按鈕的顏色以表示不同的意義，下面是一個例子。

\Ch8\btn1.html

```
<a class="btn btn-primary" href="#" role="button">按鈕1</a>
<button class="btn btn-secondary" type="submit">按鈕2</button>
<input class="btn btn-success" type="submit" value="按鈕3">
<input class="btn btn-danger" type="reset" value="按鈕4">
<input class="btn btn-warning" type="button" value="按鈕5">
<input class="btn btn-info" type="button" value="按鈕6">
<input class="btn btn-light" type="button" value="按鈕7">
<input class="btn btn-dark" type="button" value="按鈕8">
<input class="btn btn-link" type="button" value="按鈕9">
```

按鈕1 按鈕2 按鈕3 按鈕4 按鈕5 按鈕6 按鈕7 按鈕8 按鈕9

啟用與停用類別

類別	說明
.active	將按鈕設定為啟用，顏色會變深呈被點按的狀態。
.disabled	將按鈕設定為停用，顏色會變淺呈無法點按的狀態。

按鈕大小類別

類別	說明
.btn-sm	小按鈕。
.btn-lg	大按鈕。

按鈕外框顏色類別

我們可以使用 .btn-outline-primary、.btn-outline-secondary、.btn-outline-success、.btn-outline-danger、.btn-outline-warning、.btn-outline-info、.btn-outline-light、.btn-outline-dark 等類別設定按鈕的外框顏色以表示不同的意義，下面是一個例子。

\Ch08\btn2.html

```
<input class="btn btn-outline-primary" type="button" value="按鈕1">
<input class="btn btn-outline-secondary" type="button" value="按鈕2">
<input class="btn btn-outline-success" type="button" value="按鈕3">
<input class="btn btn-outline-danger" type="button" value="按鈕4">
<input class="btn btn-outline-warning" type="button" value="按鈕5">
<input class="btn btn-outline-info" type="button" value="按鈕6">
<input class="btn btn-outline-light" type="button" value="按鈕7">
<input class="btn btn-outline-dark" type="button" value="按鈕8">
<input class="btn btn-primary" type="button" value="預設按鈕">
<input class="btn btn-primary btn-sm" type="button" value="小按鈕">
<input class="btn btn-primary btn-lg" type="button" value="大按鈕">
<input class="btn btn-primary active" type="button" value="啟用按鈕">
<input class="btn btn-primary disabled" type="button" value="停用按鈕">
```

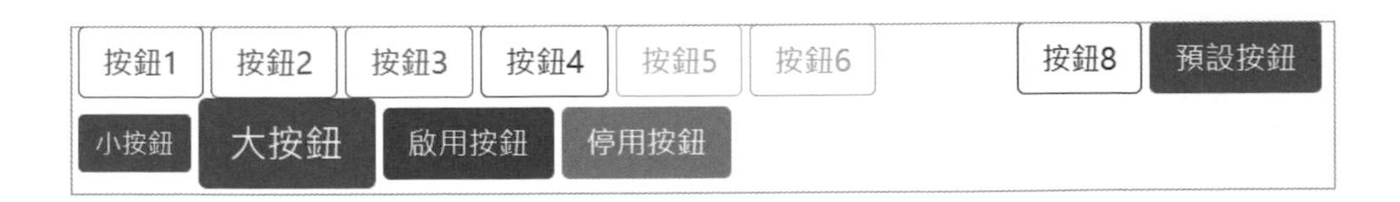

8-3 表單

我們經常會在網頁上看到表單的應用，例如填寫問卷、註冊會員資料、網路下單、網路票選等。為了更適用於響應式網頁，Bootstrap 亦針對表單設計了不少樣式，以下有進一步的說明。

8-3-1 建立基本表單

在 Bootstrap 網頁建立基本表單時，請遵守下面的使用原則：

- 使用 <label> 元素為表單元素設定標籤文字，同時在 <label> 元素裡面加上 .form-label 類別，以達到最佳的視覺效果。
- 在 <input>、<textarea>、<select> 等表單元素加上 .form-control 類別，預設的寬度為 100%。
- 若表單欄位下方有說明文字，可以加上 .form-text 類別。

下面是一個例子，它所建立的表單裡面有「電子郵件」輸入欄位、「密碼」輸入欄位和「提交」按鈕。

\Ch08\form1.html

```
<form>
  <div class="mb-3">
    <label for="userEmail" class="form-label">電子郵件</label>
    <input type="email" class="form-control" id="userEmail">
    <div id="emailHelp" class="form-text">我們不會洩漏您的個資</div>
  </div>
  <div class="mb-3">
    <label for="userPWD" class="form-label">密碼</label>
    <input type="password" class="form-control" id="userPWD">
  </div>
  <button type="submit" class="btn btn-primary">提交</button>
</form>
```

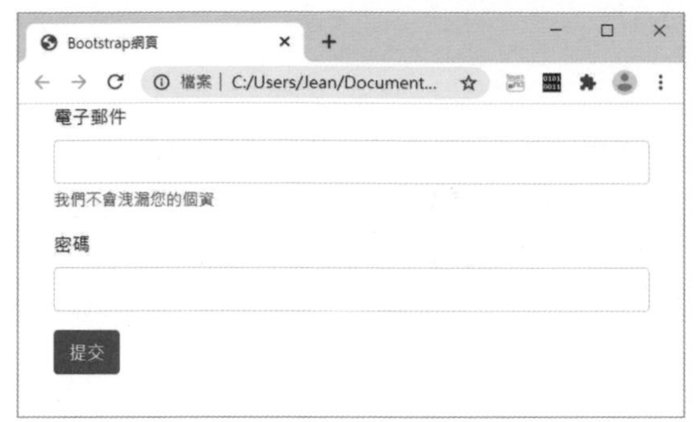

若要令欄位呈現較大或較小的形式，可以加上 .form-control-lg 或 .form-control-sm 類別；若要令欄位呈現唯讀無法輸入資料，可以加上 readonly 屬性，下面是一個例子。

\Ch08\form2.html

```
<form>
  <input class="form-control form-control-lg" type="text" placeholder="較大欄位">
  <input class="form-control" type="text" placeholder="預設欄位">
  <input class="form-control form-control-sm" type="text" placeholder="較小欄位">
  <input class="form-control" type="text" placeholder="唯讀欄位" readonly>
</form>
```

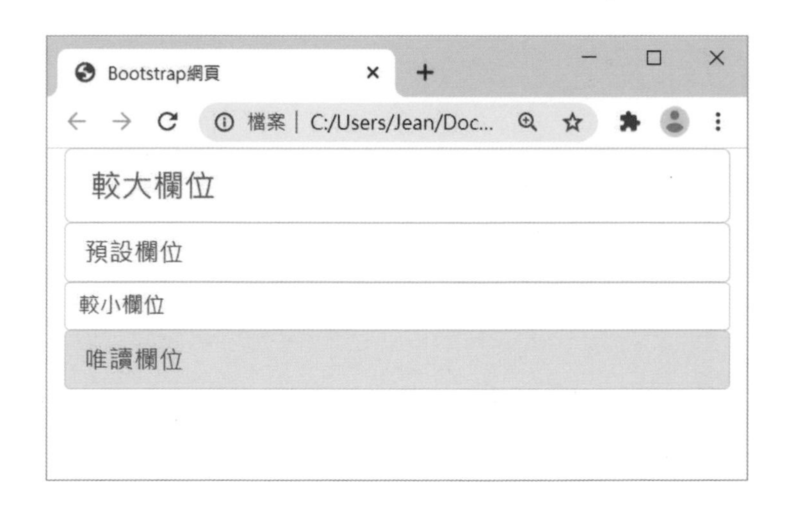

8-3-2 Bootstrap 支援的表單控制項

輸入欄位 (input)

Bootstrap 支援以文字為主的輸入欄位，也就是 <input> 元素的 type 屬性為 text（文字）、password（密碼）、datetime-local（本地日期時間）、date（日期）、month（月份）、time（時間）、week（週數）、number（數字）、email（電子郵件）、url（網址）、search（搜尋文字）、tel（電話號碼）、color（色彩）等。

下面是一個例子，由於它分別要在第一、二個輸入欄位的前面和後面增加 addon，所以在第 02、06 行加上 .input-group 類別，然後在第 03、08 行加上 .input-group-text 類別。

\Ch08\form3.html

```
01 <form>
02   <div class="input-group mb-3">
03     <span class="input-group-text" id="addon1">@</span>
04     <input type="text" class="form-control" placeholder="Username">
05   </div>
06   <div class="input-group mb-3">
07     <input type="text" class="form-control" placeholder="Username">
08     <span class="input-group-text" id="addon2">@example.com</span>
09   </div>
10 </form>
```

❶ 第一個輸入欄位　❷ 第二個輸入欄位

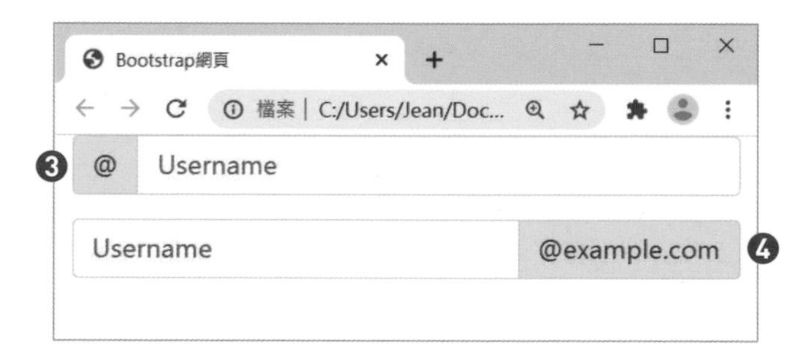

❸ 第一個 addon 在輸入欄位前面　❹ 第二個 addon 在輸入欄位後面

多行文字方塊 (textarea)

Bootstrap 支援 <textarea> 元素用來建立多行文字方塊，若要設定多行文字方塊的高度，可以加上 rows="*n*" 屬性，*n* 為列數。下面是一個例子，它示範了多行文字方塊的瀏覽結果，而且這個多行文字方塊的高度為 5 列。

\Ch08\form4.html

```
<form>
  <div class="mb-3">
    <label for="userIntro" class="form-label">自我介紹</label>
    <textarea class="form-control" rows="5" id="userIntro"></textarea>
  </div>
</form>
```

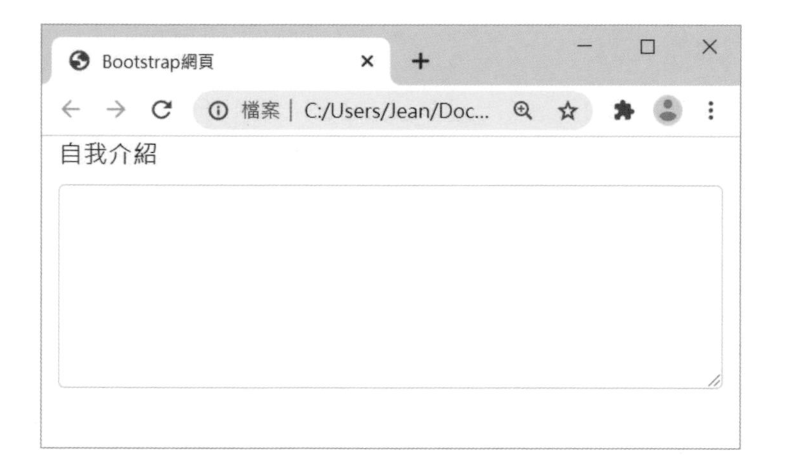

核取方塊 (checkbox)

Bootstrap 支援核取方塊，也就是 <input> 元素的 type 屬性為 "checkbox"，使用原則如下：

- 核取方塊要放在區塊裡面，並加上 .form-check 類別。
- 核取方塊的方塊要加上 .form-check-input 類別。

» 核取方塊的標籤文字要加上 .form-check-label 類別。

» 若要設定預設的核取方塊，可以加上 checked 屬性。

» 若要停用核取方塊，可以加上 disabled 屬性。

下面是一個例子，它示範了核取方塊的瀏覽結果。

\Ch08\check1.html

```
<form>
  <div class="form-check">
    <input class="form-check-input" type="checkbox" value="CK1" id="CK1">
    <label class="form-check-label" for="CK1">鬼滅之刃</label>
  </div>
  <div class="form-check">
    <input class="form-check-input" type="checkbox" value="CK2" id="CK2" checked>
    <label class="form-check-label" for="CK2">進擊的巨人</label>
  </div>
  <div class="form-check">
    <input class="form-check-input" type="checkbox" value="CK3" id="CK3" disabled>
    <label class="form-check-label" for="CK3">食戟之靈</label>
  </div>
</form>
```

❶ 一般的核取方塊　❷ 預設的核取方塊　❸ 停用的核取方塊

選項按鈕 (radio)

Bootstrap 支援選項按鈕，也就是 <input> 元素的 type 屬性為 "radio"，使用原則和核取方塊類似。

下面是一個例子，它示範了選項按鈕的瀏覽結果。

\Ch08\radio1.html

```
<form>
  <div class="form-check">
    <input class="form-check-input" type="radio" value="R1" id="R1">
    <label class="form-check-label" for="R1">鬼滅之刃</label>
  </div>
  <div class="form-check">
    <input class="form-check-input" type="radio" value="R2" id="R2" checked>
    <label class="form-check-label" for="R2">進擊的巨人</label>
  </div>
  <div class="form-check">
    <input class="form-check-input" type="radio" value="R3" id="R3" disabled>
    <label class="form-check-label" for="R3">食戟之靈</label>
  </div>
</form>
```

❶ 一般的選項按鈕 ❷ 預設的選項按鈕 ❸ 停用的選項按鈕

核取方塊和選項按鈕除了垂直排列之外，亦可做水平排列，只要加上 .form-check-inline 類別即可。

下面是一個例子，它示範了如何將選項按鈕做水平排列。

\Ch08\radio2.html

```
<form>
  <div class="form-check form-check-inline">
    <input class="form-check-input" type="radio" value="R1" id="R1">
    <label class="form-check-label" for="R1">鬼滅之刃</label>
  </div>
  <div class="form-check form-check-inline">
    <input class="form-check-input" type="radio" value="R2" id="R2" checked>
    <label class="form-check-label" for="R2">進擊的巨人</label>
  </div>
  <div class="form-check form-check-inline">
    <input class="form-check-input" type="radio" value="R3" id="R3" disabled>
    <label class="form-check-label" for="R3">食戟之靈</label>
  </div>
</form>
```

❶ 一般的選項按鈕　❷ 預設的選項按鈕　❸ 停用的選項按鈕

下拉式清單

Bootstrap 支援 <select> 和 <option> 元素用來建立下拉式清單，若要允許選取多個項目，可以在 <select> 元素加上 multiple 屬性，下面是一個例子。

\Ch08\select1.html

```
<form>
  <select class="form-select">
    <option value="1" selected>鬼滅之刃</option>
    <option value="2">進擊的巨人</option>
    <option value="3">食戟之靈</option>
  </select>
</form>
```

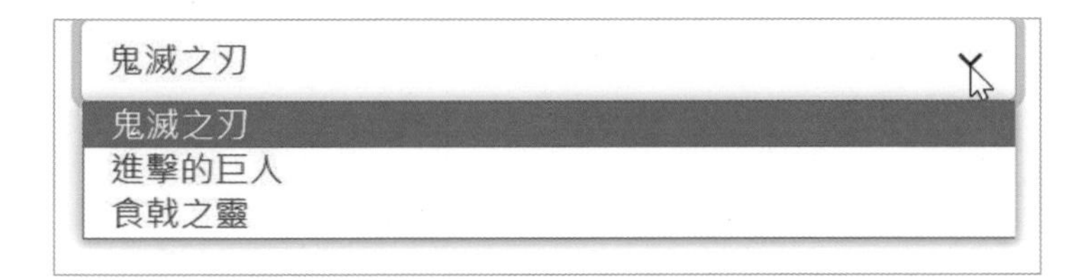

若要令下拉式清單呈現較大或較小的形式，可以加上 .form-select-lg 或 .form-select-sm 類別，下面是一個例子。

\Ch08\select2.html

```
<select class="form-select form-select-lg">…</select>
<select class="form-select">…</select>
<select class="form-select form-select-sm">…</select>
```

8-3-3 表單的布局

在本章的最後，我們要來說明如何調整表單的布局，例如搭配網格類別自訂表單的布局、設定表單欄位的間隙、設計行內表單和水平表單等。

搭配網格類別

我們可以搭配網格類別自訂表單的布局，下面是一個例子，程式碼稍微有點長，但其實並不難理解。請留意我們標示色字的地方，裡面有使用到 .row、.col-sm-6、.col-12、.col-sm-4、.col-sm-2 等網格類別，用來標示一列或分配欄位寬度，其中第 01 行還使用到一個 .g-2 類別，這是用來設定表格欄位的間隙，數字愈大，間隙就愈大。

\Ch08\layout1.html （下頁續 1/2）

```
01 <form class="row g-2">
02   <div class="col-sm-6">
03     <label for="userEmail" class="form-label">Email</label>
04     <input type="email" class="form-control" id="userEmail">
05   </div>
06   <div class="col-sm-6">
07     <label for="userPWD" class="form-label">密碼</label>
08     <input type="password" class="form-control" id="userPWD">
09   </div>
10
11   <div class="col-12">
12     <label for="userAddr" class="form-label">地址</label>
13     <input type="text" class="form-control" id="userAddr">
14   </div>
15
16   <div class="col-sm-6">
17     <label for="userCity" class="form-label">縣市</label>
18     <input type="text" class="form-control" id="userCity">
19   </div>
20   <div class="col-sm-4">
21     <label for="userTown" class="form-label">鄉鎮</label>
```

\Ch08\layout1.html（接上頁 2/2）

```
22      <select id="userTown" class="form-select">
23        <option selected>選擇居住鄉鎮...</option>
24        <option>...</option>
25      </select>
26    </div>
27    <div class="col-sm-2">
28      <label for="userZip" class="form-label">郵遞區號</label>
29      <input type="text" class="form-control" id="userZip">
30    </div>
31
32    <div class="col-12">
33      <button type="submit" class="btn btn-primary">登入</button>
34    </div>
35 </form>
```


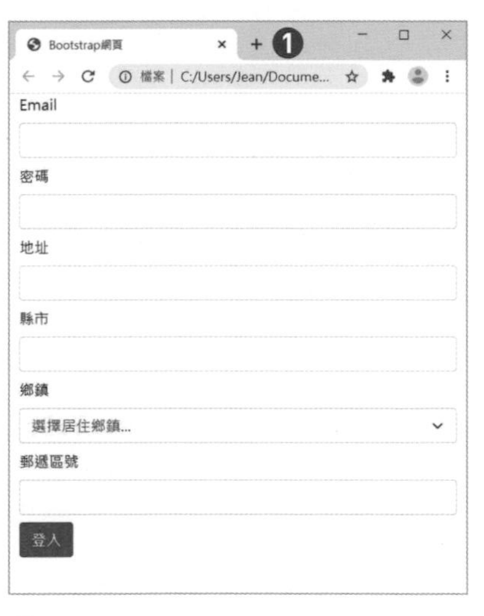

❶ 當瀏覽器的寬度小於等於 576px 時，所有表單欄位會由上到下各自排成一列

❷ 當瀏覽器的寬度大於 576px 時，Email 和密碼兩個欄位會並排成一列，而縣市、鄉鎮與郵遞區號三個欄位也會並排成一列

水平表單

當我們要建立水平表單時，會使用 .row 類別設定表單欄位，以及使用 .col-*-* 類別設定表單欄位標籤和控制項的寬度，下面是一個例子。

\Ch08\layout2.html

```
<form>
  <div class="row mb-3">
    <label for="userEmail" class="col-sm-2 col-form-label">Email</label>
    <div class="col-sm-10">
      <input type="email" class="form-control" id="userEmail">
    </div>
  </div>

  <div class="row mb-3">
    <label for="userPWD" class="col-sm-2 col-form-label">密碼</label>
    <div class="col-sm-10">
      <input type="password" class="form-control" id="userPWD">
    </div>
  </div>
  <button type="submit" class="btn btn-primary">登入</button>
</form>
```

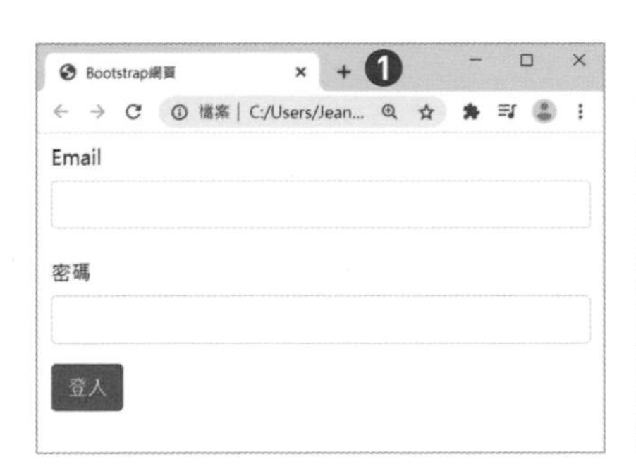

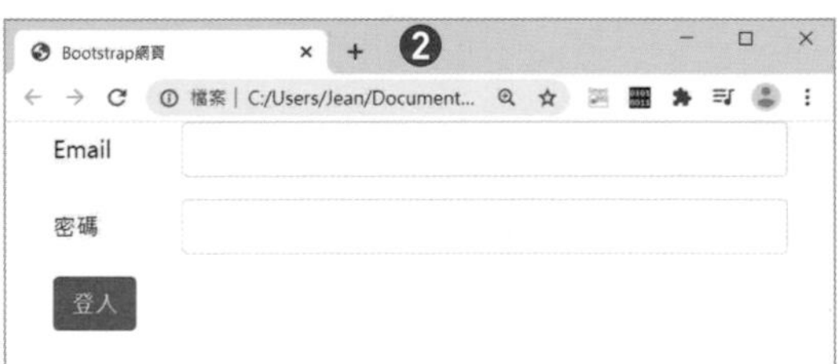

❶ 當瀏覽器的寬度小於等於 576px 時，標籤和控制項會各自排成一列

❷ 當瀏覽器的寬度大於 576px 時，標籤和控制項會並排成一列成為水平表單

行內表單

當我們要建立行內表格時，會使用 .row 和 .row-cols-*-auto 類別設定表單，同時使用 .align-items-center 類別設定表單欄位置中，下面是一個例子。

\Ch08\layout3.html

```
<form class="row row-cols-sm-auto g-2 align-items-center">
  <div class="col-12">
    <select class="form-select" id="userCity">
      <option selected>選擇居住城市...</option>
      <option value="1">台北市</option>
      <option value="2">高雄市</option>
      <option value="3">其它</option>
    </select>
  </div>
  <div class="col-12">
    <div class="form-check">
      <input class="form-check-input" type="checkbox" id="rememberMe">
      <label class="form-check-label" for="rememberMe">記住我</label>
    </div>
  </div>
  <div class="col-12">
    <button type="submit" class="btn btn-primary">Submit</button>
  </div>
</form>
```

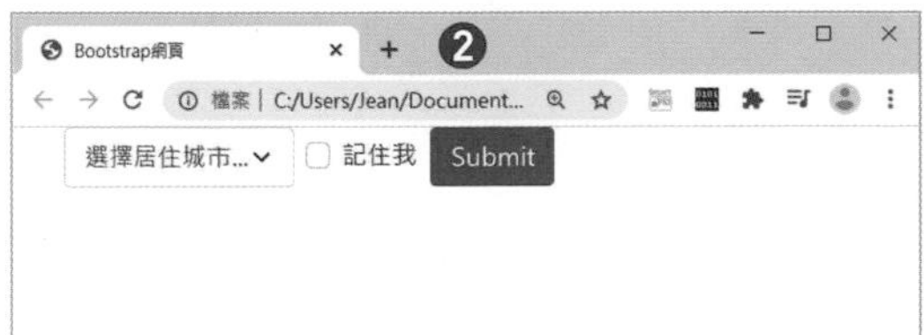

❶ 當瀏覽器的寬度小於等於 576px 時，表單欄位會各自排成一列

❷ 當瀏覽器的寬度大於 576px 時，表單欄位會並排成一列成為行內表單

學習評量

一、選擇題

(　　) 1. 下列哪個類別可以用來將文字顯示為有危險意義的紅色？

A. .text-primary　　B. .text-secondary
C. .text-success　　D. .text-danger

(　　) 2. 下列哪個類別可以用來設定背景色彩？

A. .border-primary　　B. .text-primary
C. .bg-primary　　D. .btn-primary

(　　) 3. 下列哪個類別可以用來設定靠左文繞圖？

A. .float-start　　B. .float-end
C. .float-none　　D. .clear

(　　) 4. 下列哪個類別可以用來設定區塊內容置中？

A. .text-center　　B. .text-middle
C. .align-middle　　D. .align-center

(　　) 5. 下列哪個類別可以用來將四周邊界設定為 0 ？

A. .p-0　　B. .g-0
C. .d-0　　D. .m-0

(　　) 6. 若要在 Bootstrap 網頁建立按鈕，可以使用下列哪個元素？

A. <a>　　B. <button>
C. <input>　　D. 以上皆可

(　　) 7. 下列哪個類別可以用來設定小陰影？

A. .shadow-none　　B. .shadow-sm
C. .shadow　　D. .shadow-lg

(　　)8. 下列哪個類別可以用來將顯示層級變更為行內層級？

A. .d-none　　B. .d-inline
C. .d-block　　C. .d-inline-block

(　　)9. 下列哪個類別可以用來設定 HTML 元素佔父元素的高度比例？

A. .m-*　　B. .g-*
C. .w-*　　D. .h-*

(　　)10. 下列哪個類別可以用來設定表單欄位的間隙？

A. .m-*　　B. .g-*
C. .w-*　　D. .h-*

(　　)11. 下列哪個類別可以用來建立 Flex box 容器？

A. .d-flex　　B. .flex-row
C. .d-block　　B. .flex-column

(　　)12. 若要將按鈕設定為超連結樣式，可以使用下列哪個類別？

A. .btn-link　　B. .btn-info
C. .btn-warning　　D. .btn-danger

(　　)13. 下列哪個類別可以用來設定表單的標籤文字？

A. .form-control　　B. .form-text
C. .form-label　　D. .input-group

(　　)14. 下列哪個類別可以用來設定表單的核取方塊？

A. .form-check　　B. .form-radio
C. .form-select　　D. .form-control

(　　)15. 下列哪個類別可以用來設定行內表單？

A. .form-select-lg　　B. .form-check-inline
C. .row-cols-*-auto　　D. .input-group

二、練習題

使用 Bootstrap 完成如下的行內表單，當瀏覽器的寬度小於等於 768px 時，表單欄位會各自排成一列，如圖❶；相反的，當瀏覽器的寬度大於 768px 時，表單欄位會並排成一列成為行內表單，如圖❷。

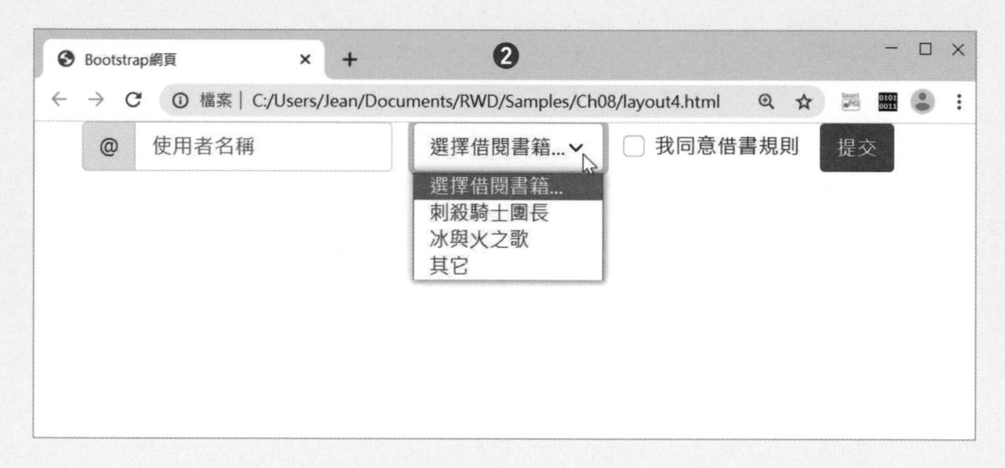

9

Bootstrap 元件 (一)

9-1 關閉按鈕 (Close button)

在本章中，我們會介紹一些常用的 Bootstrap 元件 (component)，例如關閉按鈕、旋轉圖示、麵包屑、警報效果、下拉式清單、按鈕群組、導覽與標籤頁、導覽列、分頁導覽等。我們可以使用 .btn-close 類別製作**關閉按鈕** (Close button)，用來關閉視窗、警報效果等。下面是一個例子，它會顯示關閉按鈕和被停用的關閉按鈕。

\Ch09\close.html

```
<button type="button" class="btn-close"></button>
<button type="button" class="btn-close" disabled></button>
```

9-2 旋轉圖示 (Sipnners)

我們可以使用 .spinner-border 類別製作**旋轉圖示** (Sipnners)，用來表示元件的載入狀態。下面是一個例子，它會顯示黑色和紅色的旋轉圖示，其中第 02、05 行的 .visually-hidden 類別用來隱藏 Loading…字樣。

\C09\spinners.html

```
01 <div class="spinner-border">
02   <span class="visually-hidden">Loading...</span>
03 </div>
04 <div class="spinner-border text-danger">
05   <span class="visually-hidden">Loading...</span>
06 </div>
```

9-3 麵包屑 (Breadcrumb)

麵包屑 (Breadcrumb) 元件用來顯示目前的網頁在網站結構中的位置，下面是一個例子，重點是在第 03 行的 <ul> 元素加上 .breadcrumb 類別，表示用來做為麵包屑元件，然後使用 <li> 元素定義網站結構，並在每個 <li> 元素加上 .breadcrumb-item 類別表示清單項目，其中第 06 行還多加上 .active 類別，表示目前的網頁。

\Ch09\breadcrumb.html

```
01 <body>
02   <div class="container">
03     <ul class="breadcrumb">
04       <li class="breadcrumb-item"><a href="#">首頁</a></li>
05       <li class="breadcrumb-item"><a href="#">甜點</a></li>
06       <li class="breadcrumb-item active">馬卡龍</li>
07     </ul>
08   </div>
09 </body>
```

❶ 目前的網頁 ❷ 上一層的網頁 ❸ 最上層的網頁

9-4 警報效果 (Alert)

警報效果 (Alert) 元件用來以醒目的區塊顯示一些有用或重要的訊息，下面是一個例子，它示範了在 <div> 元素加上 .alert 和 .alert-success、.alert-info、.alert-warning、.alert-danger 等類別的瀏覽結果。

\Ch09\alert1.html

```
<div class="alert alert-success" role="alert">
  <strong>年終特惠！</strong>雙十連假出國馬上報名一人現折3000元！
</div>
<div class="alert alert-info" role="alert">
  <strong>賞楓一起GO！</strong>日本賞楓團享四人同行一人免費！
</div>
  <div class="alert alert-warning" role="alert">
    <strong>東澳特賣會！</strong>雪梨煙火秀再送免費擁抱無尾熊！
</div>
<div class="alert alert-danger" role="alert">
  <strong>一起扮鬼趣！</strong>香港迪士尼歡度萬聖節9,888元起！
</div>
```

此外，若要建立能夠關閉的警報效果，可以加上 .alert-dismissible 類別和關閉按鈕；若要在警報效果裡面使用超連結，可以加上 <a> 元素和 .alert-link 類別，下面是一個例子。

\Ch09\alert2.html

```
01 <div class="alert alert-warning alert-dismissible" role="alert">
02   <strong>東澳特賣會！</strong>雪梨煙火秀再送免費擁抱無尾熊！
03   <button type="button" class="btn-close" data-bs-dismiss="alert"></button>
04 </div>
05 <div class="alert alert-info" role="alert">
06   <a href="#" class="alert-link"><strong>賞楓一起GO！</strong></a>
07     日本賞楓團享四人同行一人免費！
08 </div>
```

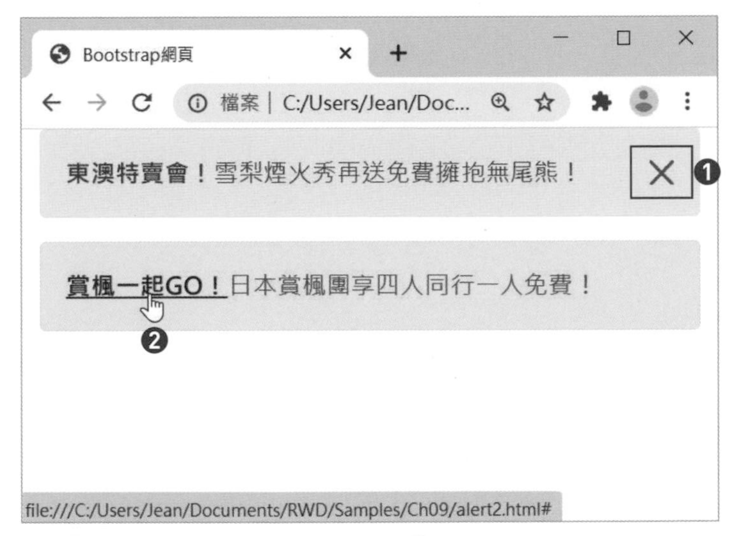

❶ 點取此鈕可以關閉警報效果　❷ 使用超連結的警報效果

» 01：在顯示警報效果的 <div> 元素加上 .alert-dismissible 類別。

» 03：在警報效果的右方顯示關閉按鈕。

» 06：使用 <a> 元素標示超連結，並加上 .alert-link 類別。

9-5 下拉式清單 (Dropdown)

下拉式清單 (Dropdown) 元件用來選取項目或切換狀態，以下就為您介紹一些常用的功能。

9-5-1 單一按鈕下拉式清單

我們可以使用 <button> 元素和項目清單製作單一按鈕 (single button) 下拉式清單，下面是一個例子。

\Ch09\dropdown1.html

```
01 <div class="dropdown">
02   <button class="btn btn-primary dropdown-toggle" type="button"
       data-bs-toggle="dropdown">旅遊</button>
03   <ul class="dropdown-menu">
04     <li><a class="dropdown-item" href="#">國外團體</a></li>
05     <li><a class="dropdown-item" href="#">國外自由行</a></li>
06   </ul>
07 </div>
```

- 01、07：將下拉式清單放在 <div> 元素中，並加上 .dropdown 類別。
- 02：使用 Bootstrap 按鈕做為下拉式清單的按鈕，並加上 .dropdown-toggle 類別和 data-bs-toggle="dropdown" 屬性。
- 使用 <ul> 和 <li> 元素設定下拉式清單的項目，並在兩個元素分別加上 .dropdown-menu 和 .dropdown-item 類別。

9-5-2 分離按鈕下拉式清單

我們也可以使用 .btn-group 類別、<button> 元素和項目清單製作分離按鈕 (split button) 下拉式清單，下面是一個例子，其中第 01 ~ 11 行和第 12 ~ 22 行分別代表第一、二個分離按鈕下拉式清單。

\Ch09\dropdown2.html

```
01 <div class="btn-group">
02   <button type="button" class="btn btn-primary">國外旅遊</button>
03   <button type="button" class="btn btn-primary dropdown-toggle
04     dropdown-toggle-split" data-bs-toggle="dropdown">
05     <span class="visually-hidden">Toggle Dropdown</span>
06   </button>
07   <ul class="dropdown-menu">
08     <li><a class="dropdown-item" href="#">國外團體</a></li>
09     <li><a class="dropdown-item" href="#">國外自由行</a></li>
10   </ul>
11 </div>
12 <div class="btn-group">
13   <button type="button" class="btn btn-success">國內旅遊</button>
14   <button type="button" class="btn btn-success dropdown-toggle
15     dropdown-toggle-split" data-bs-toggle="dropdown">
16     <span class="visually-hidden">Toggle Dropdown</span>
17   </button>
18   <ul class="dropdown-menu">
19     <li><a class="dropdown-item" href="#">國內團體</a></li>
20     <li><a class="dropdown-item" href="#">國內自由行</a></li>
21   </ul>
22 </div>
```

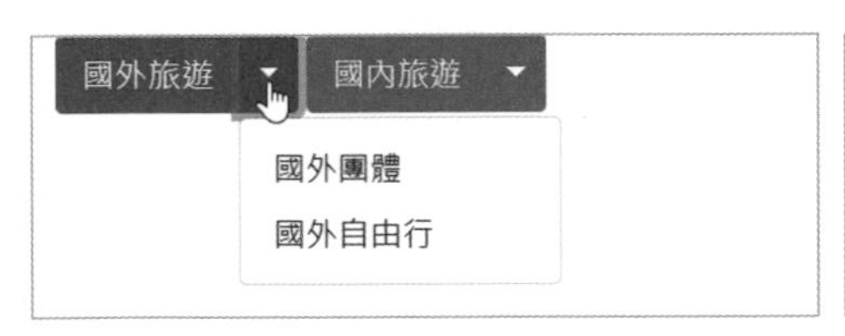

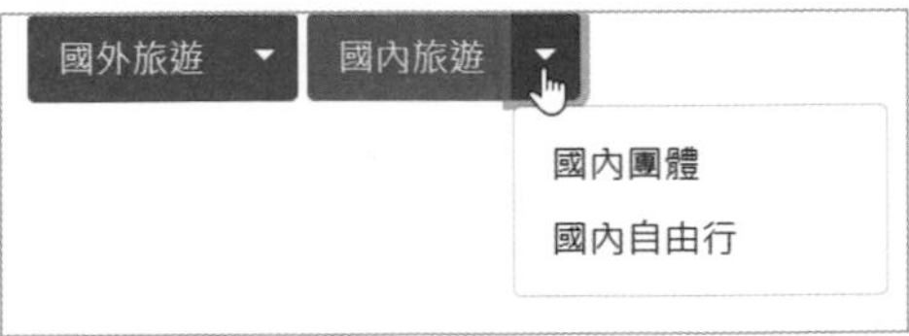

若要顯示成大顆按鈕，可以使用 .btn-lg 類別。舉例來說，假設在 \Ch09\dropdown2.html 的第 02 行加上 .btn-lg 類別，然後另存新檔為 \Ch09\dropdown3.html，就會得到如下圖的瀏覽結果，第一個分離按鈕將顯示成大顆按鈕：

```
02    <button type="button" class="btn btn-primary btn-lg">國外旅遊</button>
```

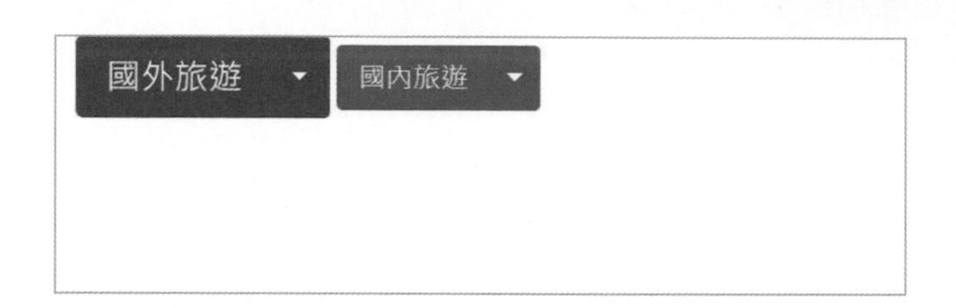

9-5-3 下拉式清單的方向

在預設的情況下，下拉式清單會向下展開，若要變更為向上展開、向左展開或向右展開，可以使用 .dropup、.dropstart、.dropend 等類別。

舉例來說，假設在 \Ch09\dropdown2.html 的第 01 行和第 12 行加上 .dropend 類別，然後另存新檔為 \Ch09\dropdown4.html，就會得到如下圖的瀏覽結果，兩個分離按鈕的箭頭均顯示成向右箭頭，點取之後就會向右展開下拉式清單：

```
01 <div class="btn-group dropend">
…
12 <div class="btn-group dropend">
```

9-5-4 標題與分隔線

若要在下拉式清單中設定標題或分隔線，可以在 <li> 元素加上 .dropdown-header 類別或 .dropdown-divider 類別，下面是一個例子。

\Ch09\dropdown5.html

```
<div class="dropdown">
  <button class="btn btn-primary dropdown-toggle" type="button"
    data-bs-toggle="dropdown">旅遊</button>
  <ul class="dropdown-menu">
  ❶ <li><h4 class="dropdown-header">國外旅遊</h4></li>
    <li><a class="dropdown-item " href="#">國外團體</a></li>
    <li><a class="dropdown-item " href="#">國外自由行</a></li>
  ❷ <li><hr class="dropdown-divider"></li>
  ❸ <li><h4 class="dropdown-header">國內旅遊</h4></li>
    <li><a class="dropdown-item " href="#">國內團體</a></li>
    <li><a class="dropdown-item " href="#">國內自由行</a></li>
  </ul>
</div>
```

❶ 標題　❷ 分隔線　❸ 標題

此外，若要將下拉式清單中的項目設定為選取，可以在 <li> 元素加上 .active 類別，該項目會反白；若要將下拉式清單中的項目設定為停用，可以在 <li> 元素加上 .disabled 類別，該項目的色彩會變淺。

9-6 按鈕群組 (Button group)

按鈕群組 (Button group) 元件用來將數個按鈕群組在一起，以下就為您介紹一些常用的功能。

9-6-1 基本的按鈕群組

我們可以使用 .btn-group 類別製作按鈕群組，下面是一個例子，其中第 01 ~ 05 行、第 07 ~ 11 行、第 13 ~ 17 行代表三組不同樣式的按鈕群組。

\Ch09\btngroup1.html

```
01 <div class="btn-group" role="group">
02   <button type="button" class="btn btn-primary">Left</button>
03   <button type="button" class="btn btn-primary">Middle</button>
04   <button type="button" class="btn btn-primary">Right</button>
05 </div>
06
07 <div class="btn-group" role="group">
08   <a href="#" class="btn btn-primary active">選取的超連結1</a>
09   <a href="#" class="btn btn-primary">超連結2</a>
10   <a href="#" class="btn btn-primary">超連結3</a>
11 </div>
12
13 <div class="btn-group" role="group">
14   <button type="button" class="btn btn-outline-primary">Left</button>
15   <button type="button" class="btn btn-outline-primary">Middle</button>
16   <button type="button" class="btn btn-outline-primary">Right</button>
17 </div>
```

Left Middle Right 選取的超連結1 超連結2 超連結3 Left Middle Right

9-6-2 按鈕群組的大小與排列方式

按鈕群組預設為水平排列，若要設定為垂直排列，可以在 <div> 元素加上 .btn-group-vertical 類別；此外，按鈕群組預設為一般大小，若要設定為大按鈕或小按鈕，可以在 <div> 元素加上 .btn-group-lg 或 .btn-group-sm 類別，下面是一個例子。

\Ch09\btngroup2.html

```
<div class="btn-group" role="group">
  <button type="button" class="btn btn-primary">首頁</button>
  <button type="button" class="btn btn-primary">票券</button>
  <button type="button" class="btn btn-primary">訂房</button>
</div>

<div class="btn-group btn-group-lg" role="group">
  <button type="button" class="btn btn-primary">首頁</button>
  <button type="button" class="btn btn-primary">票券</button>
  <button type="button" class="btn btn-primary">訂房</button>
</div>

<div class="btn-group-vertical" role="group">
  <button type="button" class="btn btn-primary">首頁</button>
  <button type="button" class="btn btn-primary">票券</button>
  <button type="button" class="btn btn-primary">訂房</button>
</div>
```

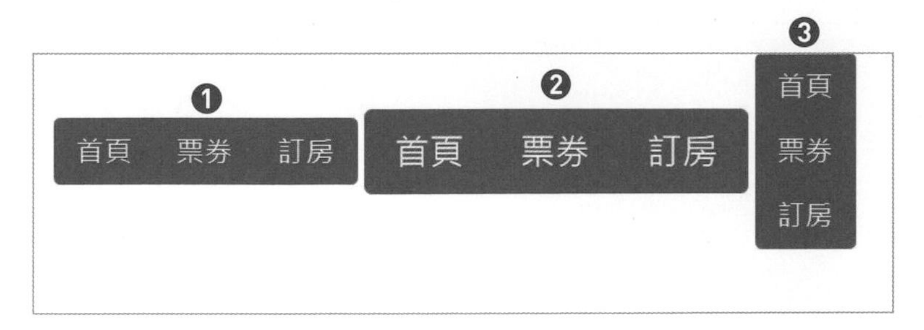

❶ 水平排列的按鈕群組 ❷ 水平排列的大按鈕群組 ❸ 垂直排列的按鈕群組

9-6-3 巢狀按鈕群組

我們也可以製作巢狀按鈕群組，下面是一個例子，其中第 04 ~ 10 行的區塊位於第 01 ~ 11 行的區塊裡面，包含一個下拉式清單。您還可以發揮舉一反三的精神，製作出其它形式的巢狀按鈕群組。

\Ch09\btngroup3.html

```
01 <div class="btn-group" role="group">
02   <button type="button" class="btn btn-primary">首頁</button>
03   <button type="button" class="btn btn-primary">票券</button>
04   <div class="btn-group" role="group">
05     <button type="button" class="btn btn-primary dropdown-toggle"
         data-bs-toggle="dropdown">訂房</button>
06     <ul class="dropdown-menu">
07       <li><a class="dropdown-item" href="#">國外訂房</a></li>
08       <li><a class="dropdown-item" href="#">國內訂房</a></li>
09     </ul>
10   </div>
11 </div>
```

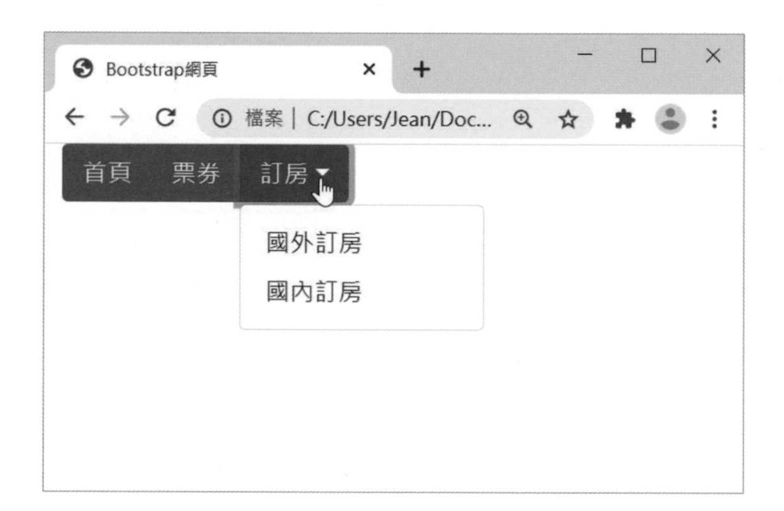

9-7 導覽與標籤頁 (Navs&Tabs)

導覽 (Navs) 元件用來搭配標籤頁 (Tabs) 元件設計標籤頁，讓使用者透過點取不同的標籤來切換內容。

下面是一個例子，它會建立標籤式的導覽元件，並將第一個標籤設定為啟用。程式碼主要包含兩個部分，一開始先使用 <ul> 和 <li> 元素製作導覽元件（第 02 ~ 06 行），接著使用 <div> 元素製作標籤頁內容（第 08 ~ 12 行）。

\Ch09\nav1.html

```
01 <!-- 導覽元件 -->
02 <ul class="nav nav-tabs" id="myTab">
03   <li class="nav-item"><a class="nav-link active" data-bs-toggle="tab"
      href="#tab1">梵谷</a></li>
04   <li class="nav-item"><a class="nav-link" data-bs-toggle="tab"
      href="#tab2">雷諾瓦</a></li>
05   <li class="nav-item"><a class="nav-link" data-bs-toggle="tab"
      href="#tab3">馬奈</a></li>
06 </ul>
07 <!-- 標籤頁內容 -->
08 <div class="tab-content" id="myTabContent">
09   <div class="tab-pane fade show active" id="tab1"><p>《隆河上的星夜》…。
      </p></div>
10   <div class="tab-pane fade" id="tab2"><p>《煎餅磨坊的舞會》…。</p></div>
11   <div class="tab-pane fade" id="tab3"><p>《草地上的午餐》…。</p></div>
12 </div>
```

» 02 ~ 06：使用 <ul> 和 <li> 元素製作導覽元件，包含「梵谷」、「雷諾瓦」、「馬奈」等三個標籤，令它們分別連結 id 屬性為 tab1、tab2、tab3 的區塊。

標籤式的導覽元件要在 <ul> 元素加上 .nav 和 .nav-tabs 類別，而按鈕式的導覽元件要在 <ul> 元素加上 .nav 和 .nav-pills 類別，同時要在 <li> 元素加上 .nav-item 類別。至於 <a> 元素則要加上 .nav-link 類別和 data-bs-toggle="tab" 屬性以啟用標籤頁元件。

» 08 ~ 12：使用 <div> 元素加上 .tab-content 類別製作標籤頁內容，此例有三個標籤頁，如下：

- 09：使用 <div> 元素加上 .tab-pane 類別製作第一個標籤頁，並將 id 屬性設定為 tab1 以供第 03 行做連結，至於 .fade 類別則用來設定淡入效果，.active 類別用來設定目前啟用的標籤頁。

- 10：使用 <div> 元素加上 .tab-pane 類別製作第二個標籤頁，並將 id 屬性設定為 tab2 以供第 04 行做連結。

- 11：使用 <div> 元素加上 .tab-pane 類別製作第三個標籤頁，並將 id 屬性設定為 tab3 以供第 05 行做連結。

梵谷　雷諾瓦　馬奈

《隆河上的星夜》(Starry Night Over the Rhone) 是荷蘭印象派畫家梵谷於1888年創作的油畫，描繪法國南部城市亞爾的隆河河畔夜景，以藍色為主色調，漸層變化，天上的月亮與星星彷彿在燃燒一般的散發燦爛光芒。

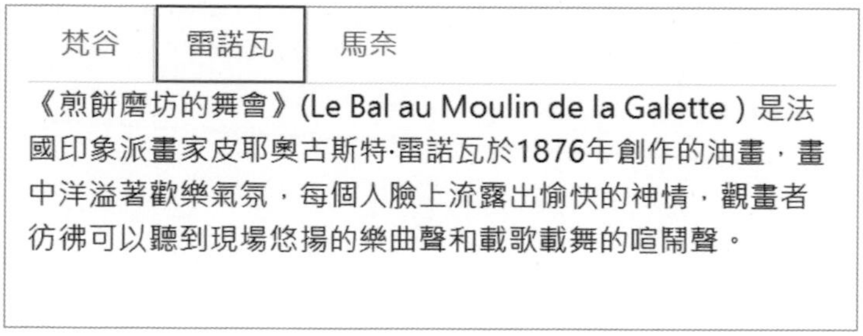

梵谷　雷諾瓦　馬奈

《煎餅磨坊的舞會》(Le Bal au Moulin de la Galette) 是法國印象派畫家皮耶奧古斯特·雷諾瓦於1876年創作的油畫，畫中洋溢著歡樂氣氛，每個人臉上流露出愉快的神情，觀畫者彷彿可以聽到現場悠揚的樂曲聲和載歌載舞的喧鬧聲。

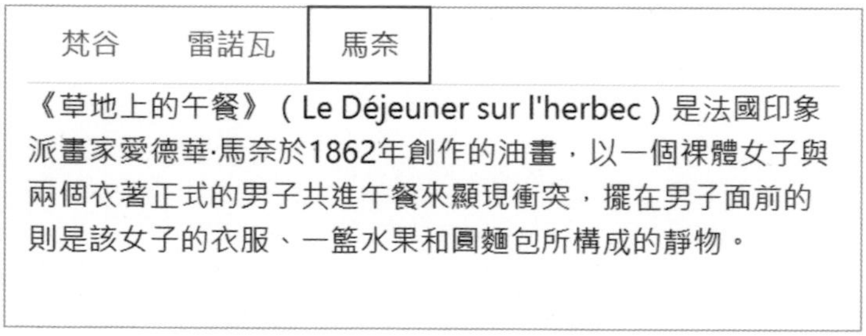

梵谷　雷諾瓦　馬奈

《草地上的午餐》 (Le Déjeuner sur l'herbec) 是法國印象派畫家愛德華·馬奈於1862年創作的油畫，以一個裸體女子與兩個衣著正式的男子共進午餐來顯現衝突，擺在男子面前的則是該女子的衣服、一籃水果和圓麵包所構成的靜物。

按鈕式的導覽元件

若要將標籤式的導覽元件變更為按鈕式，可以將 <ul> 元素中的 .nav-tabs 類別改成 .nav-pills 類別，以及將 <a> 元素中的 data-bs-toggle="tab" 屬性改成 data-bs-toggle="pill" 屬性，然後另存新檔為 \Ch09\nav2.html，如下：

```
01 <!-- 導覽元件 -->
02 <ul class="nav nav-pills" id="myTab">
03   <li class="nav-item"><a class="nav-link active" data-bs-toggle="pill"
     href="#tab1">梵谷</a></li>
04   <li class="nav-item"><a class="nav-link" data-bs-toggle="pill"
     href="#tab2">雷諾瓦</a></li>
05   <li class="nav-item"><a class="nav-link" data-bs-toggle="pill"
     href="#tab3">馬奈</a></li>
06 </ul>
```

梵谷　雷諾瓦　馬奈

《隆河上的星夜》(Starry Night Over the Rhone) 是荷蘭印象派畫家梵谷於1888年創作的油畫，描繪法國南部城市亞爾的隆河河畔夜景，以藍色為主色調，漸層變化，天上的月亮與星星彷彿在燃燒一般的散發燦爛光芒。

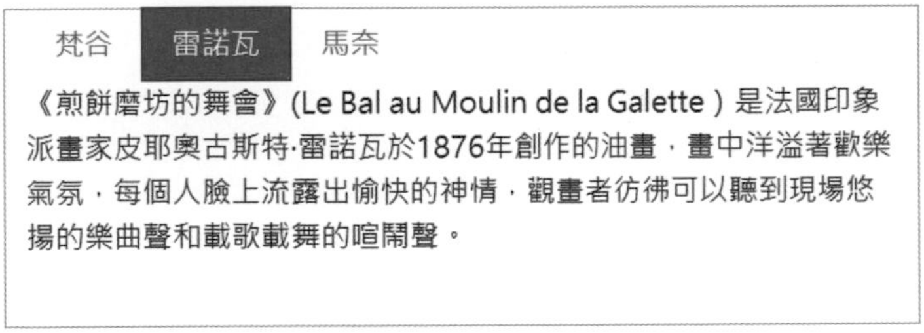

梵谷　雷諾瓦　馬奈

《煎餅磨坊的舞會》(Le Bal au Moulin de la Galette) 是法國印象派畫家皮耶奧古斯特·雷諾瓦於1876年創作的油畫，畫中洋溢著歡樂氣氛，每個人臉上流露出愉快的神情，觀畫者彷彿可以聽到現場悠揚的樂曲聲和載歌載舞的喧鬧聲。

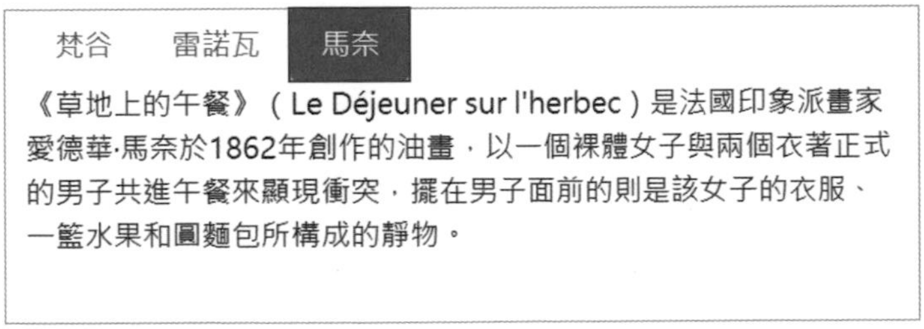

梵谷　雷諾瓦　馬奈

《草地上的午餐》（ Le Déjeuner sur l'herbec) 是法國印象派畫家愛德華·馬奈於1862年創作的油畫，以一個裸體女子與兩個衣著正式的男子共進午餐來顯現衝突，擺在男子面前的則是該女子的衣服、一籃水果和圓麵包所構成的靜物。

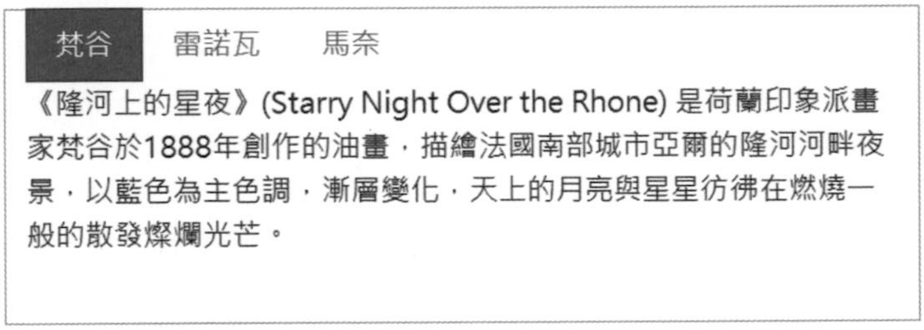

將導覽元件顯示成垂直排列

若要將按鈕式的導覽元件顯示成垂直排列，可以在 <ul> 元素加上 .flex-column 類別，然後另存新檔為 \Ch09\nav3.html，如下：

```
02  <ul class="nav nav-pills flex-column" id="myTab">
```

梵谷

雷諾瓦

馬奈

《隆河上的星夜》(Starry Night Over the Rhone) 是荷蘭印象派畫家梵谷於1888年創作的油畫，描繪法國南部城市亞爾的隆河河畔夜景，以藍色為主色調，漸層變化，天上的月亮與星星彷彿在燃燒一般的散發燦爛光芒。

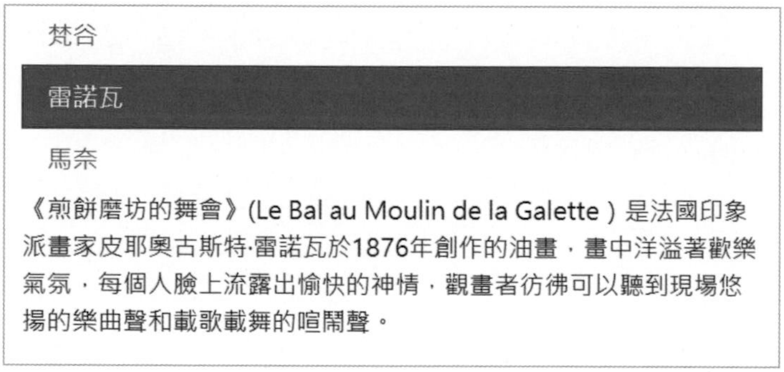

梵谷

雷諾瓦

馬奈

《煎餅磨坊的舞會》(Le Bal au Moulin de la Galette) 是法國印象派畫家皮耶奧古斯特·雷諾瓦於1876年創作的油畫，畫中洋溢著歡樂氣氛，每個人臉上流露出愉快的神情，觀畫者彷彿可以聽到現場悠揚的樂曲聲和載歌載舞的喧鬧聲。

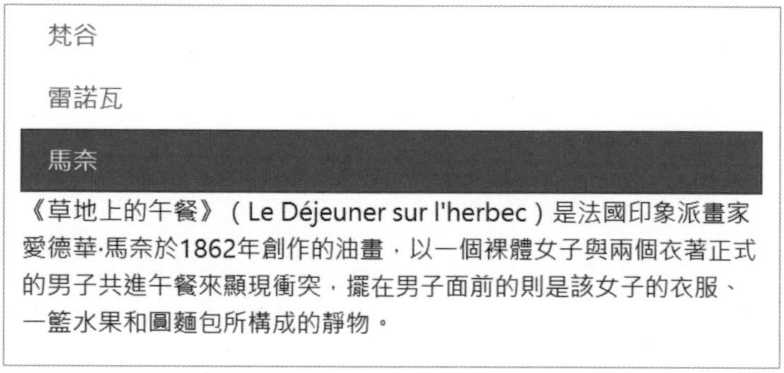

梵谷

雷諾瓦

馬奈

《草地上的午餐》（Le Déjeuner sur l'herbec）是法國印象派畫家愛德華·馬奈於1862年創作的油畫，以一個裸體女子與兩個衣著正式的男子共進午餐來顯現衝突，擺在男子面前的則是該女子的衣服、一籃水果和圓麵包所構成的靜物。

此外，我們也可以搭配網格類別設計導覽元件和標籤頁內容的欄位寬度。下面是一個例子，它將兩者的寬度分別設定為 3 個和 9 個 column。

\Ch09\nav4.html

```
<div class="row">
  <!-- 導覽元件 -->
  <div class="col-3">
    <ul class="nav nav-pills flex-column" id="myTab">
      <li class="nav-item"><a class="nav-link active"
       data-bs-toggle="pill" href="#tab1">梵谷</a></li>
      <li class="nav-item"><a class="nav-link" data-bs-toggle="pill"
       href="#tab2">雷諾瓦</a></li>
      <li class="nav-item"><a class="nav-link" data-bs-toggle="pill"
       href="#tab3">馬奈</a></li>
    </ul>
  </div>
  <!-- 標籤頁內容 -->
  <div class="col-9">
    <div class="tab-content" id="myTabContent">
      <div class="tab-pane fade show active" id="tab1"><p>《隆河上的星
       夜》…。</p></div>
      <div class="tab-pane fade" id="tab2"><p>《煎餅磨坊的舞會》…。
       </p></div>
      <div class="tab-pane fade" id="tab3"><p>《草地上的午餐》…。
       </p></div>
    </div>
  </div>
</div>
```

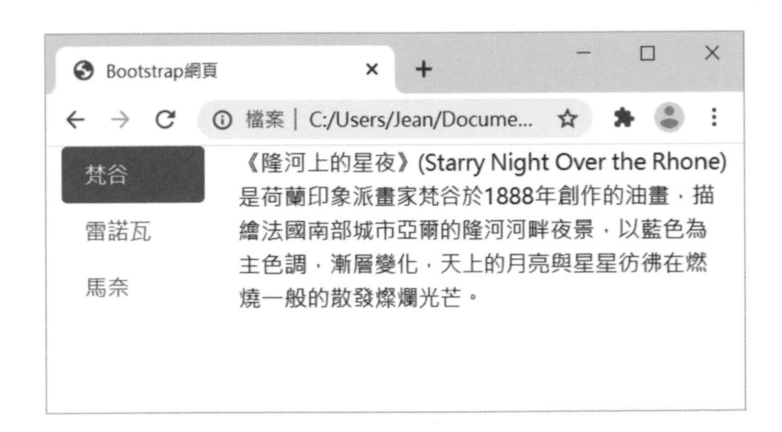

9-8 導覽列 (Navbar)

導覽列 (Navbar) 元件用來製作網頁上常見的導覽列，下面是一個例子，它將響應式斷點設定為 768px，當瀏覽器的寬度 ≥768px 時，會以水平方式顯示導覽列，如圖 ❶；相反的，當瀏覽器的寬度 <768px 時，會將網站名稱以外的項目收納到導覽按鈕，待使用者點取導覽按鈕才會展開，如圖 ❷。

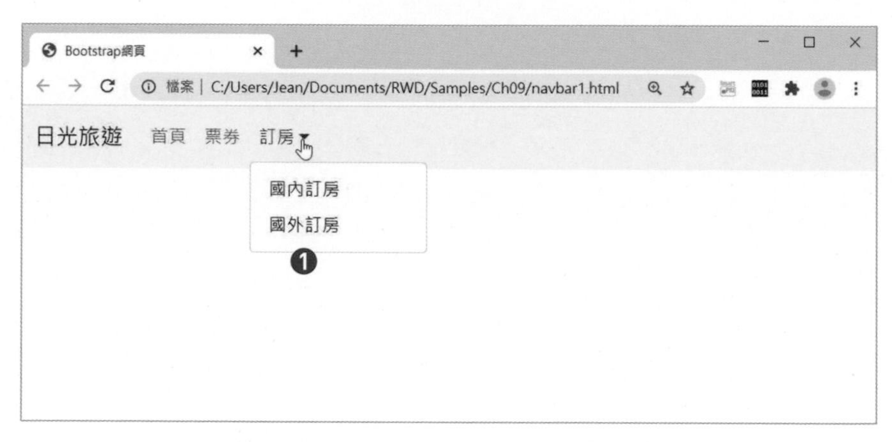

❶ 當寬度 ≥ 768px 時，導覽列呈水平顯示

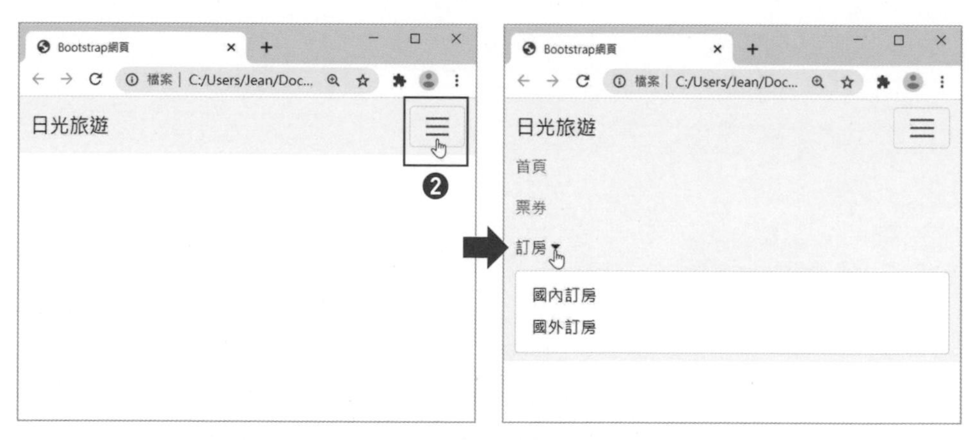

❷ 當寬度 <768px 時，會顯示導覽按鈕，點取此鈕才會展開

\Ch09\navbar1.html

```
01 <nav class="navbar navbar-light bg-light navbar-expand-md">
02   <div class="container-fluid">
03 ❶ <a class="navbar-brand" href="#">日光旅遊</a>
04 ┌ <button class="navbar-toggler" type="button" data-bs-toggle="collapse"
05 ❷  data-bs-target="#navbar1"><span class="navbar-toggler-icon"></span></button>
06 ┌ <div class="collapse navbar-collapse" id="navbar1">
07 │   <ul class="navbar-nav me-auto">
08 │     <li class="nav-item active"><a class="nav-link" href="#">首頁</a></li>
09 │     <li class="nav-item"><a class="nav-link" href="#">票券</a></li>
10 │     <li class="nav-item dropdown">
11 │       <a class="nav-link dropdown-toggle" href="#" data-bs-toggle="dropdown">
   ❸        訂房</a>
12 │       <div class="dropdown-menu">
13 │         <a class="dropdown-item" href="#">國內訂房</a>
14 │         <a class="dropdown-item" href="#">國外訂房</a>
15 │       </div>
16 │     </li>
17 │   </ul>
18 └ </div>
19   </div>
20 </nav>
```

❶ 網站名稱　❷ 導覽按鈕　❸ 可摺疊的項目

- 01：在 <nav> 元素加上 .navbar 類別用來製作導覽列元件，其中 .navbar-light 和 .bg-light 類別用來將導覽列和背景設定為亮色，而 .navbar-expand-md 類別用來將響應式斷點設定為 768px。
- 03：在 <a> 元素加上 .navbar-brand 類別，用來放置網站名稱超連結。
- 04、05：第 04 行在 <button> 元素加上 .navbar-toggler 類別和 data-bs-toggle="collapse" 屬性，用來製作可摺疊的導覽按鈕，第 05 行在 <span> 元素加上 .navbar-toggler-icon 類別，表示導覽按鈕。
- 06：在 <div> 元素加上 .collapse 和 .navbar-collapse 類別，用來放置導覽列中可摺疊的項目。
- 07：在 <ul> 元素加上 .navbar-nav 類別，用來設定導覽列的項目。

設定導覽列的顏色

在前面的例子中，我們是將導覽列和背景設定為亮色，若要變更為其它顏色，可以在第 01 行做設定，例如將第 01 行改寫成如下，然後另存新檔為 \Ch09\navbar2.html，就會設定為藍色：

```
01 <nav class="navbar navbar-dark bg-primary navbar-expand-md">
```

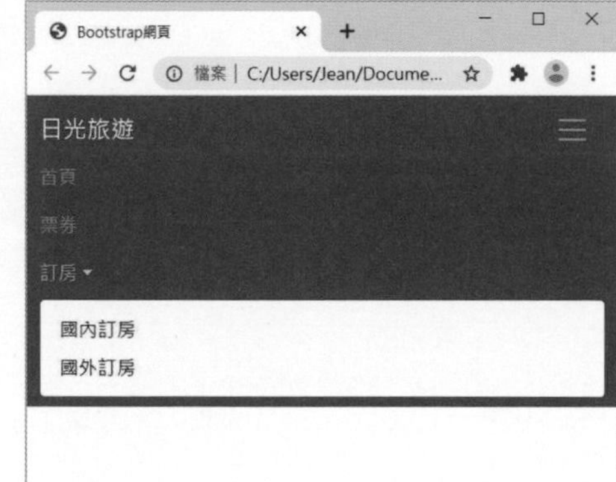

又例如將第 01 行改寫成如下，背景就會設定為淺藍色：

```
01 <nav class="navbar navbar-light navbar-expand-md"
     style="background-color:#e3f2fd">
```

設定導覽列的響應式切換點

在前面的例子中，我們是透過第 01 行的 .navbar-expand-md 類別，將導覽列的響應式切換點設定為 768px，若要變更為其它切換點，可以改用 .navbar-expand{-sm|-md|-lg|-xl|-xxl} 等類別。

在導覽列放置圖示標題

我們可以在導覽列放置標題圖示，例如 \Ch09\navbar3.html：

```
<nav class="navbar navbar-light bg-light">
  <div class="container-fluid">
    <a class="navbar-brand" href="#">
      <img src="S.png" width="30px" class="d-inline-block align-text-top">
       日光旅遊</a>
  </div>
</nav>
```

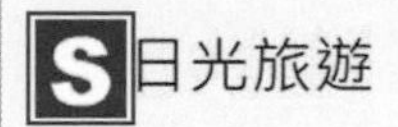

在導覽列放置文字

我們可以在導覽列放置沒有超連結的一般文字，只要使用 <span> 元素加上 .navbar-text 類別即可，例如 \Ch09\navbar4.html：

```
<nav class="navbar navbar-light bg-light">
  <div class="container-fluid">
    <span class="navbar-text">早鳥報名享優惠！</span>
  </div>
</nav>
```

早鳥報名享優惠！

在導覽列放置表單

若要在導覽列放置表單，可以使用 <form> 元素。下面是一個例子，為了讓輸入欄位和按鈕排成一行，我們在 <form> 元素加上 .d-flex 類別，而且表單會靠右對齊，至於 .me-2 類別則是用來設定輸入欄位的右邊界。

\Ch09\navbar5.html

```
<nav class="navbar navbar-light bg-light navbar-expand-md">
  <div class="container-fluid">
    <a class="navbar-brand" href="#">日光旅遊</a>
    <button class="navbar-toggler" type="button" data-bs-toggle="collapse"
      data-bs-target="#navbar1"><span class="navbar-toggler-icon"></span></button>
    <div class="collapse navbar-collapse" id="navbar1">
      <ul class="navbar-nav me-auto">
        <li class="nav-item active"><a class="nav-link" href="#">首頁</a></li>
        <li class="nav-item"><a class="nav-link" href="#">票券</a></li>
        <li class="nav-item dropdown">
          <a class="nav-link dropdown-toggle" href="#" data-bs-toggle="dropdown">訂房</a>
          <div class="dropdown-menu">
            <a class="dropdown-item" href="#">國內訂房</a>
            <a class="dropdown-item" href="#">國外訂房</a>
          </div>
        </li>
      </ul>
      <form class="d-flex">
        <input class="form-control me-2" type="search" placeholder="輸入景點">
        <button class="btn btn-outline-primary" type="submit">Search</button>
      </form>
    </div>
  </div>
</nav>
```

日光旅遊 首頁 票券 訂房 輸入景點 Search

將導覽列固定顯示在畫面上方

若要將導覽列固定顯示在畫面上方，不要隨著網頁內容捲動而離開畫面，可以在 <nav> 元素加上 .fixed-top 類別，例如：

\Ch09\navbar6.html

```
<nav class="navbar fixed-top navbar-light bg-light">
  <div class="container-fluid">
    <a class="navbar-brand" href="#">固定在上方</a>
  </div>
</nav>
```

固定在上方

將導覽列固定顯示在畫面下方

若要將導覽列固定顯示在畫面下方，不要隨著網頁內容捲動而離開畫面，可以在 <nav> 元素加上 .fixed-bottom 類別，例如：

\Ch09\navbar7.html

```
<nav class="navbar fixed-bottom navbar-light bg-light">
  <div class="container-fluid">
    <a class="navbar-brand" href="#">固定在下方</a>
  </div>
</nav>
```

固定在下方

9-9 分頁導覽 (Pagination)

分頁導覽 (Pagination) 元件用來製作網頁上常見的分頁導覽功能，使用者只要點取頁數，就可以切換到不同的頁面，下面是一個例子。

\Ch09\pagination.html

```
01<nav>
02  <ul class="pagination">                                          ❶
03    <li class="page-item"><a class="page-link" href="#"><span>&laquo;</span></a></li>
04    <li class="page-item active"><a class="page-link" href="#">1</a></li>
05    <li class="page-item"><a class="page-link" href="#">2</a></li>
06    <li class="page-item"><a class="page-link" href="#">3</a></li>
07    <li class="page-item"><a class="page-link" href="#">4</a></li>
08    <li class="page-item disabled"><a class="page-link" href="#">5</a></li>
09    <li class="page-item"><a class="page-link" href="#"><span>&raquo;</span></a></li>
10  </ul>                                                            ❷
11</nav>
```

❶ 顯示 << 符號　❷ 顯示 >> 符號

- 02：在 <ul> 元素加上 .pagination 類別，表示做為分頁導覽元件。
- 03 ~ 09：使用 <li> 元素設定頁數，其中第 04 行加上 .active 類別，表示選取的頁數，而第 08 行加上 .disabled 類別，表示停用的頁數，該頁數的色彩會變淺灰。

此例的分頁採取預設的一般大小，若要使用大尺寸或小尺寸，可以在第 02 行的 <ul> 元素加上 .pagination-lg 或 .pagination-sm 類別，就會得到如左下圖和右下圖的瀏覽結果。

« 1 2 3 4 5 »　　« 1 2 3 4 5 »

學習評量

一、選擇題

(　　) 1. 下列哪個 Bootstrap 元件可以用來顯示目前的網頁在網站結構中的位置？

A. breadcrumb　　B. sipnners
C. navbar　　D. dropdown

(　　) 2. 若要將 Bootstrap 提供的下拉式清單元件顯示為向上展開的清單，可以在 <div> 元素加上下列哪個類別？

A. .dropdown　　B. .dropup
C. .dropdown-divider　　D. .dropdown-toggle

(　　) 3. 下列哪個類別可以用來製作關閉按鈕？

A. .btn-group　　B. .btn-close
C. .spinner-border　　D. .alert

(　　) 4. 若要停用下拉式清單中的項目或導覽元件中的標籤，可以加上下列哪個類別？

A. .active　　B. .disabled
C. enabled　　D. checked

(　　) 5. 下列哪個 Bootstrap 元件可以用來製作警報效果？

A. nav　　B. pagination
C. breadcrumb　　D. alert

(　　) 6. 下列哪個 Bootstrap 元件可以用來製作導覽列？

A. navbar　　B. tab
C. collaps　　D. pagination

(　　) 7. 下列哪個類別可以用來製作分離按鈕下拉式清單？

A. .btn-split　　B. .btn-close
C. .btn-primary　　D. .btn-group

(　　) 8. 下列哪個類別可以用來設定淡入效果？

A. .active　　B. .disabled
C. .nav-tabs　　D. .fade

二、練習題

使用 Bootstrap 完成如下網頁，使用者只要點取不同的標籤頁，就會顯示對應的七言律詩。

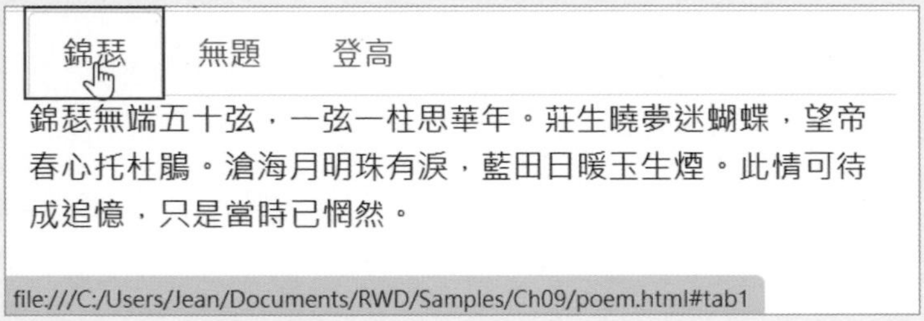

錦瑟　無題　登高

錦瑟無端五十弦，一弦一柱思華年。莊生曉夢迷蝴蝶，望帝春心托杜鵑。滄海月明珠有淚，藍田日暖玉生煙。此情可待成追憶，只是當時已惘然。

file:///C:/Users/Jean/Documents/RWD/Samples/Ch09/poem.html#tab1

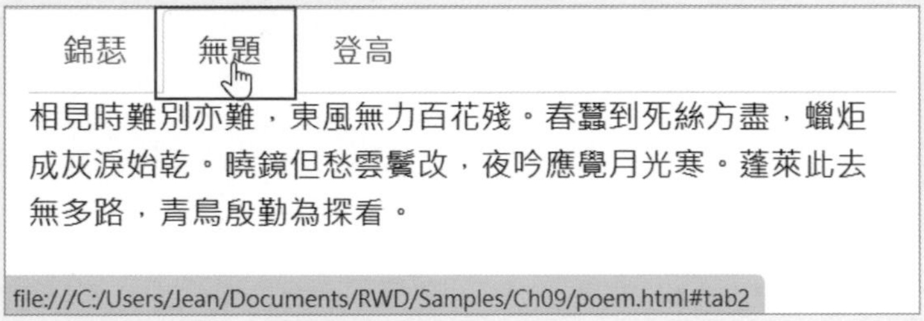

錦瑟　無題　登高

相見時難別亦難，東風無力百花殘。春蠶到死絲方盡，蠟炬成灰淚始乾。曉鏡但愁雲鬢改，夜吟應覺月光寒。蓬萊此去無多路，青鳥殷勤為探看。

file:///C:/Users/Jean/Documents/RWD/Samples/Ch09/poem.html#tab2

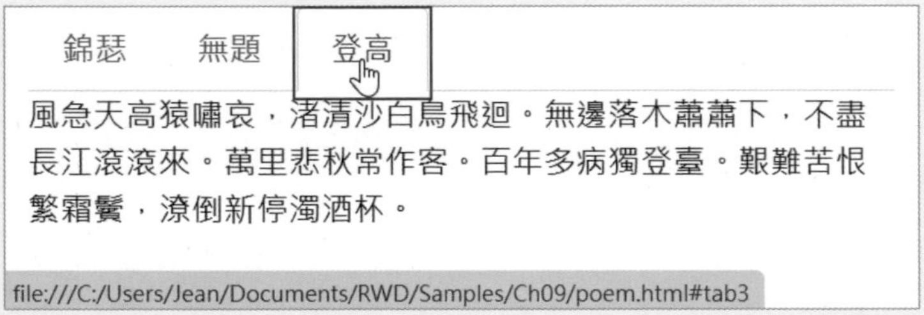

錦瑟　無題　登高

風急天高猿嘯哀，渚清沙白鳥飛迴。無邊落木蕭蕭下，不盡長江滾滾來。萬里悲秋常作客。百年多病獨登臺。艱難苦恨繁霜鬢，潦倒新停濁酒杯。

file:///C:/Users/Jean/Documents/RWD/Samples/Ch09/poem.html#tab3

10

Bootstrap 元件 (二)

10-1 互動視窗 (Modal)

互動視窗 (Modal) 元件用來顯示互動視窗，下面是一個例子，主要包含兩個部分，一開始先使用 <button> 元素定義觸發互動視窗的按鈕 (第 02、03 行)，接著使用 <div> 元素加上 **.modal** 類別定義互動視窗 (第 05 ~ 21 行)。

\Ch10\modal.html

```
01 <!-- 觸發互動視窗的按鈕 -->
02 <button type="button" class="btn btn-primary" data-bs-toggle="modal"
03   data-bs-target="#myModal">商品資訊</button>
04 <!-- 互動視窗 -->
05 <div class="modal fade" id="myModal" tabindex="-1">
06   <div class="modal-dialog">
07     <div class="modal-content">
08       <div class="modal-header">
09         <h3 class="modal-title">夢幻水晶香檳杯</h3>
10         <button type="button" class="btn-close" data-bs-dismiss="modal">
           </button>
11       </div>
12       <div class="modal-body">
13         <img src="cup.jpg" width="50%" class="img-fluid">
14         <p class="h3 text-end">$30.0</p>
15       </div>
16       <div class="modal-footer">
17         <button type="button" class="btn btn-primary">放入購物車</button>
18       </div>
19     </div>
20   </div>
21 </div>
```

❶ 互動視窗內容 ❷ 頁首 ❸ 主體 ❹ 頁尾

» 02 ~ 03：建立用來觸發互動視窗的按鈕，除了加上 **data-bs-toggle="modal"** 屬性啟用互動視窗元件，還透過 **data-bs-target="#myModal"** 屬性設定互動視窗是 id 屬性為 myModal 的區塊，也就是第 05 ~ 21 行的 <div> 元素。此外，若觸發互動視窗的是 <a> 元素，而不是 <button> 元素，那麼 data-bs-target="#myModal" 屬性要改成 href="#myModal" 屬性。

» 05、21：使用 <div> 元素加上 .modal 類別定義互動視窗，並將 id 屬性設定為 myModal 以供第 03 行做參考，至於 .fade 類別則用來設定淡入效果。

» 06、20：使用 <div> 元素加上 .modal-dialog 類別定義互動視窗。

» 07、19：使用 <div> 元素加上 .modal-content 類別定義互動視窗內容，包含頁首、主體與頁尾，如下：

- 08 ~ 11：使用 <div> 元素加上 .modal-header 類別定義互動視窗的頁首，其中第 09 行使用 <h3> 元素加上 .modal-title 類別設定互動視窗的標題；第 10 行用來在右上角顯示關閉按鈕。
- 12 ~ 15：使用 <div> 元素加上 .modal-body 類別定義互動視窗的主體，包含一張圖片與售價。
- 16 ~ 18：使用 <div> 元素加上 .modal-footer 類別定義互動視窗的頁尾，包含一個「放入購物車」按鈕。

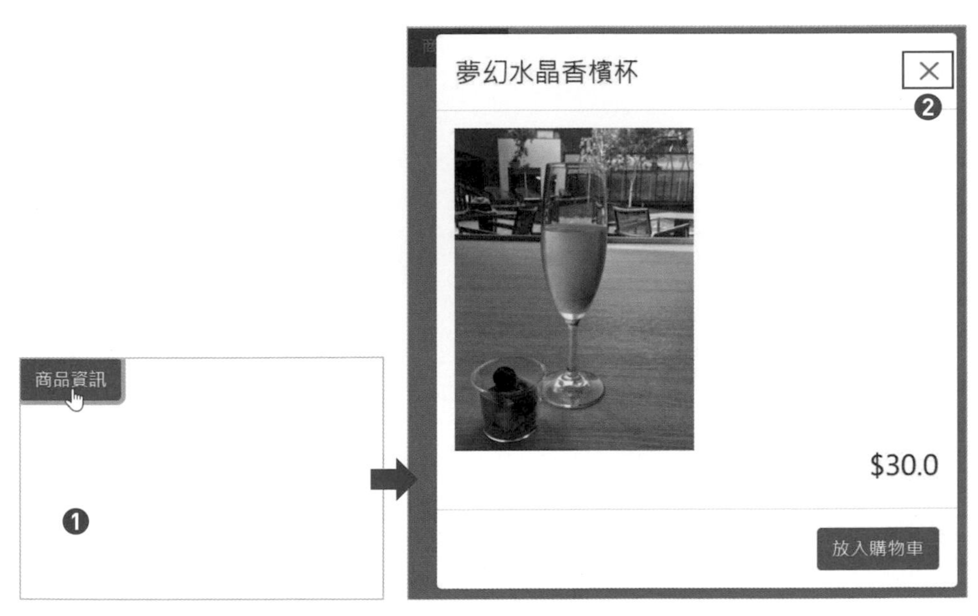

❶ 點取此鈕會出現互動視窗　❷ 點取此鈕會關閉互動視窗

10-2 工具提示 (Tooltips)

工具提示 (Tooltips) 元件用來在游標移到按鈕或超連結時顯示工具提示，下面是一個例子，當游標移到按鈕時，會在指定的方向顯示工具提示；相反的，當游標離開按鈕時，工具提示又會消失 (圖片來源：Pexels 網站 https://www.pexels.com/zh-tw/)。

\Ch10\tooltips.html

```
01 <div class="container text-center">
02   <img src="flowers3.jpg" width="70%" class="img-fluid"><br>
03   <button type="button" class="btn btn-secondary" data-bs-toggle="tooltip"
04     data-bs-placement="top" title="太陽花">在上方顯示工具提示</button>
05   <button type="button" class="btn btn-secondary" data-bs-toggle="tooltip"
06     data-bs-placement="bottom" title="太陽花">在下方顯示工具提示</button>
07   <button type="button" class="btn btn-secondary" data-bs-toggle="tooltip"
08     data-bs-placement="left" title="太陽花">在左方顯示工具提示</button>
09   <button type="button" class="btn btn-secondary" data-bs-toggle="tooltip"
10     data-bs-placement="right" title="太陽花">在右方顯示工具提示</button>
11 </div>
12
13 <script>
14   var tooltipTriggerList = [].slice.call(document.querySelectorAll('[data-
     bs-toggle="tooltip"]'));
15   var tooltipList = tooltipTriggerList.map(function (tooltipTriggerEl) {
16     return new bootstrap.Tooltip(tooltipTriggerEl)
17   });
18 </script>
```

- 03 ~ 04：使用 <button> 元素加上 data-bs-toggle="tooltip" 屬性啟用工具提示元件，data-bs-placement="top" 屬性用來設定將工具提示顯示在按鈕上方，而 title=" **太陽花** " 屬性用來設定工具提示的文字。

- 05 ~ 06、07 ~ 08、09 ~ 10：使用 <button> 元素製作三個工具提示，data-bs-placement 屬性的值分別為 "bottom"、"left"、"right"，表示將工具提示顯示在按鈕下方、左側或右側。

» 13 ~ 18：基於效能的考量，工具提示屬於選擇性功能，我們必須自行撰寫第 14 ~ 17 的 JavaScript 程式碼將工具提示加以初始化。提醒您，這段程式碼要放在載入 Bootsrtap 核心檔案以後，才能得到如下圖的瀏覽結果。

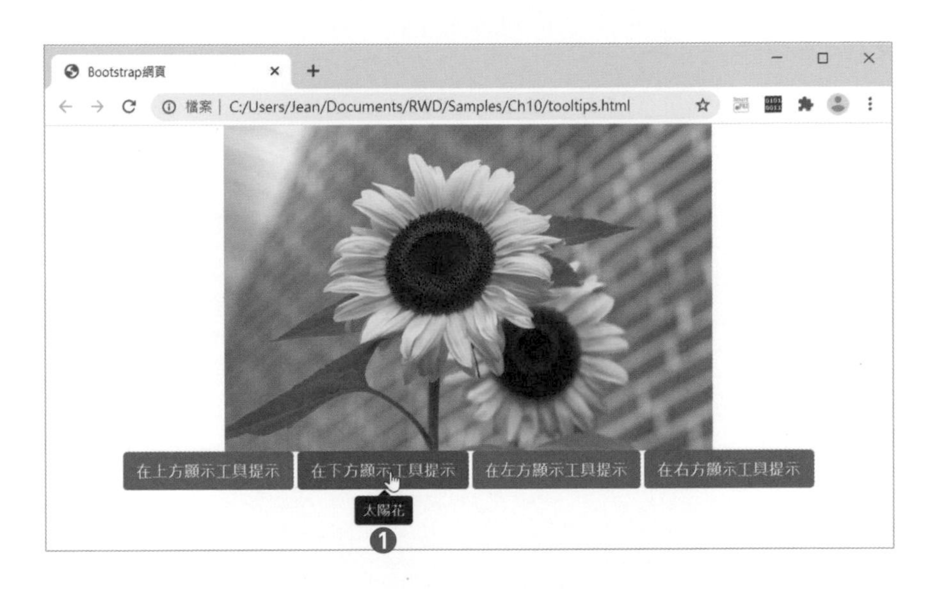

❶ 指標移到此按鈕會在下方顯示工具提示

❷ 指標移到此按鈕會在右側顯示工具提示

10-3 彈出提示 (Popovers)

彈出提示 (Popovers) 元件用來在按一下按鈕或超連結時顯示彈出提示，再按一下才會消失，下面是一個例子。

\Ch10\popovers.html

```
01 <div class="container text-center">
02   <img src="flowers3.jpg" width="50%" class="img-fluid"><br>
03   <button type="button" class="btn btn-secondary" data-bs-container="body"
04     data-bs-toggle="popover" data-bs-placement="top" data-bs-content="太陽花">
05     在上方顯示彈出提示</button>
06
07   <button type="button" class="btn btn-secondary" title="圖片標題"
08     data-bs-toggle="popover" data-bs-placement="right" data-bs-content="太陽花">
09     在右側顯示彈出提示</button>
10
11 <script>
12   var popoverTriggerList = [].slice.call(document.querySelectorAll('[data-bs-
     toggle="popover"]'));
13   var popoverList = popoverTriggerList.map(function (popoverTriggerEl) {
14     return new bootstrap.Popover(popoverTriggerEl)
15   });
16 </script>
```

- 03 ~ 05：使用 <button> 元素加上 data-bs-toggle="popover" 屬性啟用彈出提示元件，data-bs-placement="top" 屬性用來設定將彈出提示顯示在按鈕上方，若要顯示在按鈕下方、左側或右側，可以設定為 "bottom"、"left"、"right"，data-bs-container="body" 屬性用來設定彈出提示的主體，而 data-bs-content="**太陽花**" 屬性用來設定彈出提示的文字。

- 07 ~ 09：使用 <button> 元素加上 data-bs-toggle="popover" 屬性啟用彈出提示元件，和第 03 ~ 05 行不同的是將彈出提示顯示在按鈕右側，並將 data-bs-container="body" 屬性換成 title="**圖片標題**" 屬性，用來設定彈出提示的標題。

» 11 ~ 16：基於效能的考量，彈出提示屬於選擇性功能，我們必須自行撰寫第 12 ~ 15 行的 JavaScript 程式碼將彈出提示加以初始化，才能得到如下圖的瀏覽結果。

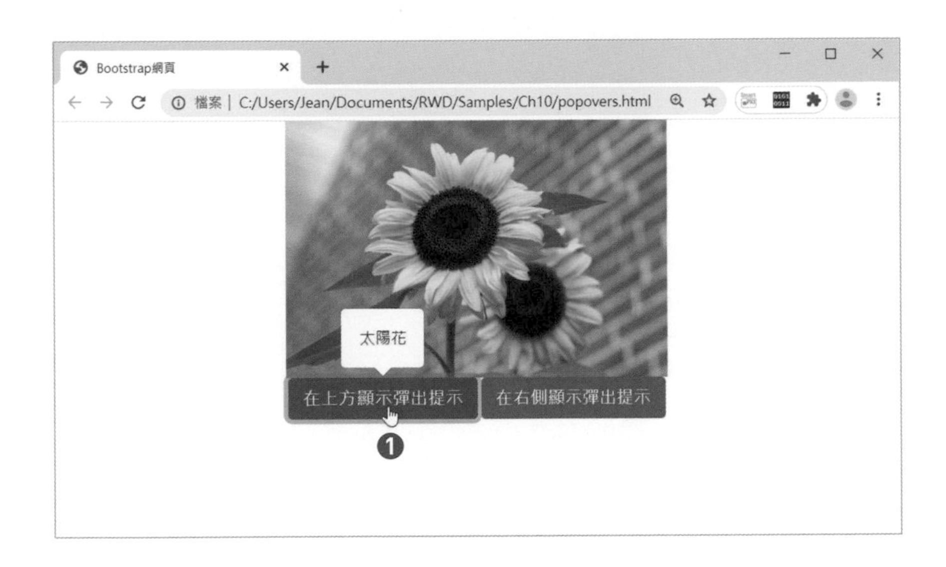

❶ 按一下此按鈕會在上方顯示彈出提示 (只有主體沒有標題)

❷ 按一下此按鈕會在右側顯示彈出提示 (同時有標題和主體)

10-4 卡片 (Card)

卡片 (card) 元件是一個具有彈性與擴充性的內容容器，可以包含頁首、主體或頁尾，用來放置圖片、標題、文字等內容，下面是一個例子。

\Ch10\card1.html

```
01 <div class="card text-center" style="width: 400px;">
02   <div class="card-header">詩句欣賞</div>
03   <div class="card-body">
04     <h5 class="card-title">陶淵明一飲酒其五</h5>
05     <p class="card-text">結廬在人境，而無車馬喧。…。</p>
06     <a href="#" class="btn btn-primary">註釋與賞析</a>
07   </div>
08   <div class="card-footer text-muted">2021年</div>
09 </div>
```

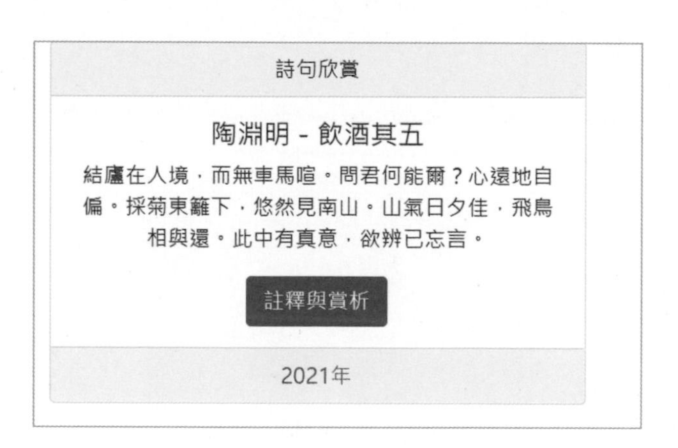

» 01：使用 <div> 元素加上 .card 類別製作卡片。

» 02：使用 <div> 元素加上 .card-header 類別製作卡片的頁首。

» 03 ~ 07：使用 <div> 元素加上 .card-body 類別製作卡片的主體，其中 .card-title 和 .card-text 類別用來製作標題與文字。

» 08：使用 <div> 元素加上 .card-footer 類別製作卡片的頁尾。

下面是另一個例子，它結合了網格類別製作一個雙欄卡片，其中第 04、13 行使用 <img> 元素加上 .card-img-top 類別在卡片上方放置圖片。

\Ch10\card2.html

```
01 <div class="row">
02   <div class="col-sm-6">
03     <div class="card">
04       <img class="card-img-top" src="flowers1.jpg">
05       <div class="card-body">
06 ❶       <h5 class="card-title">白居易－詠菊</h5>
07         <p class="card-text">夜新霜著瓦輕，芭蕉新折敗荷傾。…。</p>
08       </div>
09     </div>
10   </div>
11   <div class="col-sm-6">
12     <div class="card">
13       <img class="card-img-top" src="flowers2.jpg">
14       <div class="card-body">
15 ❷       <h5 class="card-title">李商隱－憶梅</h5>
16         <p class="card-text">定定住天涯，依依向物華。寒梅最堪恨，…。</p>
17       </div>
18     </div>
19   </div>
20 </div>
```

❶ 第一個卡片　❷ 第二個卡片

白居易 - 詠菊

夜新霜著瓦輕，芭蕉新折敗荷傾。耐寒唯有東籬菊，金粟初開曉更清。

白居易 - 春風

春風先發苑中梅，櫻杏桃梨次第開。薺花榆莢深村裡，亦道春風為我來。

10-5 摺疊元件 (Collapse)

摺疊 (Collapse) 元件可以用來顯示或隱藏內容，至於要觸發這個動作的元素比較常見的是超連結或按鈕。當您摺疊指定的內容時，其高度將會以動畫的方式變成 0，呈現隱藏的狀態，下面是一個例子。

\Ch10\collapse1.html

```
01 <p>
02   <a class="btn btn-primary" data-bs-toggle="collapse" href="#collapseContent">
03     白居易－詠菊</a>
04   <button class="btn btn-primary" type="button" data-bs-toggle="collapse"
05     data-bs-target="#collapseContent">白居易－詠菊</button>
06 </p>
07 <div class="collapse" id="collapseContent">
08   <div class="card card-body">
09     夜新霜著瓦輕，芭蕉新折敗荷傾。耐寒唯有東籬菊，金粟初開曉更清。
10   </div>
11 </div>
```

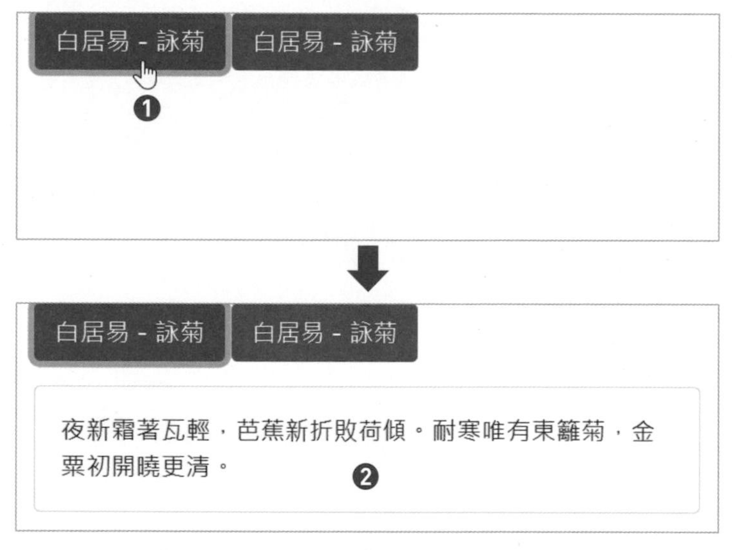

❶ 點取此超連結　❷ 顯示被摺疊的卡片

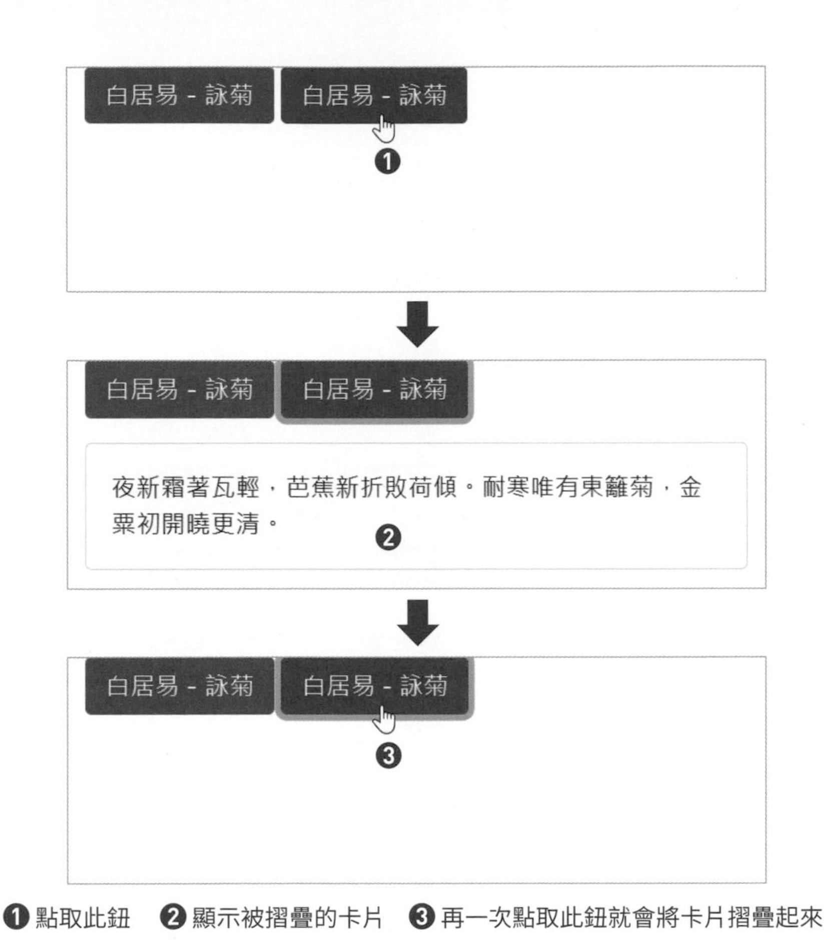

❶ 點取此鈕　❷ 顯示被摺疊的卡片　❸ 再一次點取此鈕就會將卡片摺疊起來

» 02、03：使用 <a> 元素做為觸發摺疊效果的開關，此時必須加上 data-bs-toggle="collapse" 屬性，同時要將 href 屬性設定為要摺疊的內容。一開始卡片是摺疊起來的，當您點取超連結時，就會顯示卡片，而當您再一次點取超連結時，則會隱藏卡片。

» 04、05：使用 <button> 元素做為觸發摺疊效果的開關，此時必須加上 data-bs-toggle="collapse" 屬性，同時要將 data-bs-target 屬性設定為要摺疊的內容。同樣的，一開始卡片是摺疊起來的，當您點取按鈕連結時，就會顯示卡片，而當您再一次點取按鈕時，則會隱藏卡片。

» 07 ~ 11：用來設定摺疊起來的內容，此例是一個卡片。

10-6 輪播 (Carousel)

輪播 (carousel) 元件用來在網頁上循環播放多張圖片、影片或其它類型的內容，就像幻燈片一樣。下面是一個例子，它會循環播放三張圖片。

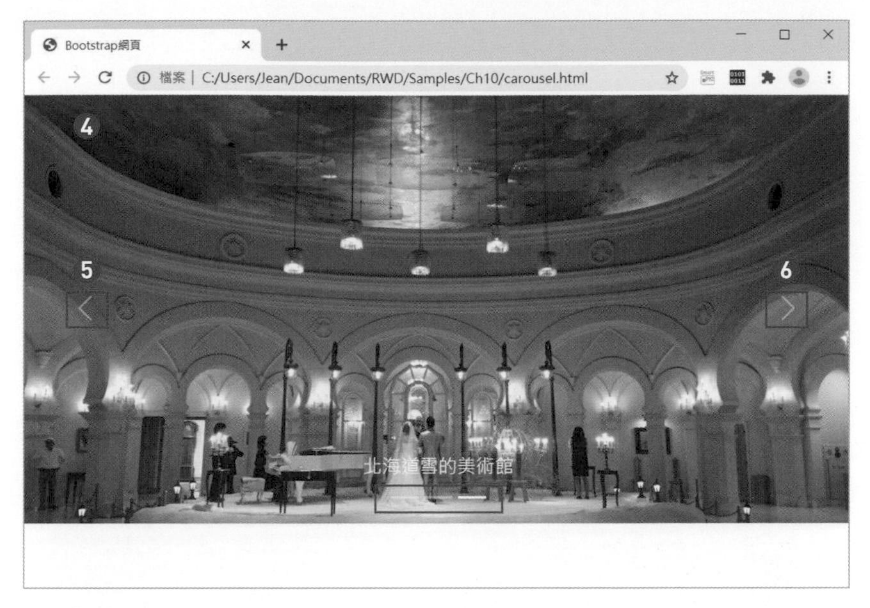

❶ 輪播指示 (點選圖片)
❷ 輪播內容 (第一張圖片與標題)
❸ 輪播內容 (第二張圖片與標題)
❹ 輪播內容 (第三張圖片與標題)
❺ 輪播控制 (向前切換)
❻ 輪播控制 (向後切換)

輪播元件包含下列幾個部分：

- **輪播指示** (carousel-indicators)：由 <ol> 和 <li> 元素所組成，用來根據圖片的張數在圖片下方顯示橫線以供使用者點選，此例有三張圖片，所以會顯示三個橫線。
- **輪播內容** (carousel-inner)：由多個層次的 <div> 元素所組成，用來顯示內容，此例會顯示圖片與標題。
- **輪播控制** (carousel-control)：由兩個 <a> 元素所組成，用來顯示向前切換連結與向後切換連結。

\Ch10\carousel.html

```
01 <div id="myCarousel" class="carousel slide" data-bs-ride="carousel">
02   <!-- 輪播指示 -->
03   <ol class="carousel-indicators">
04     <li data-bs-target="#myCarousel" data-bs-slide-to="0" class="active"></li>
05     <li data-bs-target="#myCarousel" data-bs-slide-to="1"></li>
06     <li data-bs-target="#myCarousel" data-bs-slide-to="2"></li>
07   </ol>
08   <!-- 輪播內容 -->
09   <div class="carousel-inner">
10     <div class="carousel-item active">
11       <img src="photo1.jpg" class="d-block w-100" alt="真善美湖區">
12       <div class="carousel-caption d-none d-md-block">
13         <h5>奧地利真善美湖區</h5>
14       </div>
15     </div>
16     <div class="carousel-item">
17       <img src="photo2.jpg" class="d-block w-100" alt="熊布朗宮">
18       <div class="carousel-caption d-none d-md-block">
19         <h5>奧地利熊布朗宮</h5>
20       </div>
21     </div>
22     <div class="carousel-item">
23       <img src="photo3.jpg" class="d-block w-100" alt="雪的美術館">
24       <div class="carousel-caption d-none d-md-block">
25         <h5>北海道雪的美術館</h5>
26       </div>
27     </div>
28   </div>
29   <!-- 輪播控制 -->
30   <a class="carousel-control-prev" href="#myCarousel" data-bs-slide="prev">
31     <span class="carousel-control-prev-icon"></span>
32     <span class="visually-hidden">Previous</span></a>
33   <a class="carousel-control-next" href="#myCarousel" data-bs-slide="next">
34     <span class="carousel-control-next-icon"></span>
35     <span class="visually-hidden">Next</span></a>
36 </div>
```

❶ 第一個項目 ❷ 第二個項目 ❸ 第三個項目

- 01、36：使用 <div> 元素加上 **.carousel** 和 **.slide** 類別定義輪播元件，並將 id 屬性設定為 "myCarousel" 以供輪播指示和輪播控制做參考。

- 03 ~ 07：使用 <ol> 元素加上 **.carousel-indicators** 類別定義輪播指示，然後使用 <li> 元素定義指示項目，其中 data-bs-target 屬性用來設定要使用的輪播元件，此例為 "#myCarousel"，data-bs-slide-to 屬性用來設定圖片的流水編號，此例有三張，所以設定為 0、1、2（從 0 開始），並在第一個指示項目加上 .active 類別，表示目前啟用的指示項目。

- 09 ~ 28：使用 <div> 元素加上 **.carousel-inner** 類別定義輪播內容，此例有下列三個項目：

  - 10 ~ 15：使用 <div> 元素加上 **.carousel-item** 類別定義第一個項目，並加上 .active 類別，表示目前啟用的項目，包含第 11 行的圖片和第 12 ~ 14 行的輪播標題，其中輪播標題是使用 <div> 元素加上 **.carousel-caption** 類別所定義，裡面還可以使用其它 HTML 元素，這些元素會被自動對齊並適當的格式化。

  - 16 ~ 21：使用 <div> 元素加上 .carousel-item 類別定義第二個項目，包含第 17 行的圖片和第 18 ~ 20 行的輪播標題。

  - 22 ~ 27：使用 <div> 元素加上 .carousel-item 類別定義第三個項目，包含第 23 行的圖片和第 24 ~ 26 行的輪播標題。

- 30 ~ 32：使用 <a> 元素加上 **.carousel-control-prev** 類別定義輪播控制並靠左對齊，href 屬性用來設定要使用的輪播元件，此例為 "#myCarousel"，而 data-bs-slide="prev" 屬性表示向前切換，至於第 31 行的 <span> 元素則是用來設定向前圖示。

- 33 ~ 35：使用 <a> 元素加上 **.carousel-control-next** 類別定義輪播控制並靠右對齊，href 屬性用來設定要使用的輪播元件，此例為 "#myCarousel"，而 data-bs-slide="next" 屬性表示向後切換，至於第 34 行的 <span> 元素則是用來設定向後圖示。

10-7 手風琴效果 (Accordion)

手風琴效果 (Accordion) 可以用來製作垂直摺疊效果，下面是一個例子，當點取「梵谷」、「雷諾瓦」或「馬奈」等畫家時，就會展開其作品介紹，再按一下又會摺疊起來，而且一次只會展開一位畫家的作品介紹。

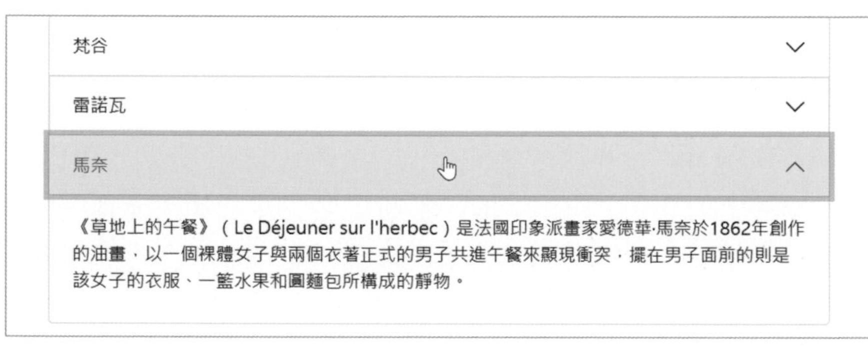

\Ch10\accordion1.html

```
01 <div class="accordion" id="myAccordion">
02   <div class="accordion-item">
03     <h2 class="accordion-header" id="heading1">
04       <button type="button" class="accordion-button"
          data-bs-toggle="collapse" data-bs-target="#collapse1">
05        梵谷</button>
06     </h2>
07 ❶   <div id="collapse1" class="accordion-collapse collapse show"
       data-bs-parent="#myAccordion">
09       <div class="accordion-body">
10         <p>《隆河上的星夜》…。</p>
11       </div>
12     </div>
13   </div>
14   <div class="accordion-item">
15     <h2 class="accordion-header" id="heading2">
16       <button type="button" class="accordion-button collapsed"
          data-bs-toggle="collapse" data-bs-target="#collapse2">
17        雷諾瓦</button>
18     </h2>
19 ❷   <div id="collapse2" class="accordion-collapse collapse"
      data-bs-parent="#myAccordion">
20       <div class="accordion-body">
21         <p>《煎餅磨坊的舞會》…。</p>
22       </div>
23     </div>
24   </div>
25   <div class="accordion-item">
26     <h2 class="accordion-header" id="heading3">
27       <button type="button" class="accordion-button collapsed"
          data-bs-toggle="collapse" data-bs-target="#collapse3">
28        馬奈</button>
29     </h2>
30 ❸   <div id="collapse3" class="accordion-collapse collapse"
      data-bs-parent="#myAccordion">
31       <div class="accordion-body">
32         <p>《草地上的午餐》…。</p>
33       </div>
34     </div>
35   </div>
36 </div>
```

❶ 第一個項目 ❷ 第二個項目 ❸ 第三個項目

- 01、36：在 <div> 元素加上 **.accordion** 類別，表示此區塊將製作手風琴效果。
- 02 ~ 13：第 02 行在 <div> 元素加上 **.accordion-item** 類別，表示第一個項目；第 03 ~ 06 行是用來點按的頁首，其中第 03 行在 <h2> 元素加上 **.accordion-header** 類別，而第 04 行在 <button> 元素加上 **.accordion-button** 類別，此例是畫家「梵谷」；第 07 ~ 12 行是摺疊的主體，其中第 07 行在 <div> 元素加上 **.accordion-collapse** 類別，而第 09 行在 <div> 元素加上 **.accordion-body** 類別，此例是《隆河上的星夜》作品介紹。
- 14 ~ 24：第二個手風琴項目。
- 25 ~ 35：第三個手風琴項目。

此外，若要移除預設的背景色彩、一些框線或圓角，可以加上 **.accordion-flush** 類別。舉例來說，假設我們在第 01 行加上 .accordion-flush 類別，如下，然後另存新檔為 \Ch10\accordion2.html，就會得到如下圖的瀏覽結果：

```
01 <div class="accordion accordion-flush" id="myAccordion">
```

學習評量

一、選擇題

(　　) 1. 下列哪個元件可以用來在網頁上顯示對話方塊？

A. 互動視窗 (Modal)　B. 工具提示 (Tooltips)
C. 彈出提示 (Popovers)　D. 輪播 (Carousel)

(　　) 2. 下列哪個元件可以用來循環播放圖片？

A. 互動視窗 (Modal)　B. 工具提示 (Tooltips)
C. 彈出提示 (Popovers)　D. 輪播 (Carousel)

(　　) 3. 若要啟用彈出提示元件，必須將 data-bs-toggle 屬性設定為下列何者？

A. "modal"　B. "popover"
C. "collapse"　D. "carousel"

(　　) 4. 若要啟用摺疊效果元件，必須將 data-bs-toggle 屬性設定為下列何者？

A. "modal"　B. "popover"
C. "collapse"　D. "carousel"

(　　) 5. 下列哪個類別可以用來定義輪播內容？

A. .carousel-indicators　B. .carousel-caption
C. .carousel-inner　D. .carousel-control

(　　) 6. 在使用 <button> 元素製作彈出提示時，下列哪個屬性可以用來設定工具提示要顯示在按鈕上方、下方、左側或右側？

A. data-bs-toggle　B. data-bs-placement
C. data-bs-container　D. data-bs-content

(　　) 7. 下列哪個類別可以用來定義輪播提示？

A. .carousel-indicators　　B. .carousel-caption
C. .carousel-inner　　D. .carousel-control

二、練習題

使用 Bootstrap 完成如下網頁，當使用者點取「錦瑟」、「無題」或「登高」等七言律詩時，就會展開對應的內容，再按一下又會摺疊起來，而且一次只會展開一首七言律詩的內容。

11

響應式網頁開發實例（一）

11-1 「我的旅遊日記」網站

從本章開始到第 13 章，我們會運用前面介紹的 HTML、CSS 和 Bootstrap 開發三個響應式網頁，讓您瞭解這些程式語法如何落實在網頁設計。下面是「我的旅遊日記」網站，當瀏覽器的寬度≧ 768px 時，內容區會顯示成兩欄；相反的，當瀏覽器的寬度＜ 768px 時，內容區會顯示成單欄，而且導覽列的項目會收納到一個外觀是「三條線」的導覽圖示。

我的旅遊日記
以色列行旅
哭牆（位於耶路撒冷）
死海(位於以色列、約旦和巴勒斯坦交界)
特拉維夫（位於以色列）

Bootstrap網頁
檔案 | C:/Users/Jean/Documents/RWD/Samples/Ch11/journey.html
我的旅遊日記
國內
國外
輸入景點
Search
以色列行旅
哭牆（位於耶路撒冷）
哭牆又名「西牆」，位於耶路撒冷老城內，聖殿山山下西側，這是環繞第二聖殿庭院的古城牆殘存部分。
在四面牆之中，西牆被認為是當年最靠近聖殿的，使它成為猶太教信仰中除聖殿山本身以外最神聖的地點。許多世紀以來，哭牆一直是猶太人祈禱和朝聖的地點，最早記載猶太來此祈禱的文獻可以追溯到西元四世紀。
死海(位於以色列、約旦和巴勒斯坦交界)
死海是世界上地勢最低的湖泊，湖面海拔負424米，水源為約旦河。
湖長67公里，寬18公里，面積810平方公里。湖水鹽度極高，越到湖底越高。一般海水含鹽量為3.5%，而死海的含鹽量在23%至30%左右。目前死海水位平均每年下降1米，原因是注入死海的約旦河水由於農業灌溉從過去每年13億立方米減少到目前3000萬立方米。
特拉維夫（位於以色列）
特拉維夫是以色列的第二大城市，也是公認的以色列首都，人口主要為猶太人，阿拉伯人則占總人口的4%。
特拉維夫濱臨東地中海，市區面積51.76平方公里。根據統計，有三百多萬人口，是以色列人口最稠密的地帶，也是以色列的經濟樞紐。特拉維夫已經逐漸成為世界級的城市，並被列為中東生活費用最昂貴的大城市之一。
© 2021日光多媒體-隱私權政策-服務條款
Back to top

❶ 導覽列　❷ 內容區（兩欄）　❸ 頁尾

11-2 設計網頁樣板

在開始製作網頁的各個區域之前，我們可以先針對這些區域設計如下的網頁樣板，包含導覽列、內容區與頁尾。

\Ch11\journey.html

```
<!DOCTYPE html>
<html>
  <head>
    <meta charset="utf-8">
    <meta name="viewport" content="width=device-width, initial-scale=1">
    <link rel="stylesheet"
      href="https://cdn.jsdelivr.net/npm/bootstrap@5.0.0/dist/css/
      bootstrap.min.css">
    <script
      src="https://cdn.jsdelivr.net/npm/bootstrap@5.0.0/dist/js/
      bootstrap.bundle.min.js">
    </script>
    <title>Bootstrap網頁</title>
  </head>
  <body>
    <!-- 導覽列 -->
    <nav>
      …
    </nav>

    <!-- 內容區-->
    <main>
      …
    </main>

    <!-- 頁尾 -->
    <footer>
      …
    </footer>
  </body>
</html>
```

11-3 設計導覽列

在設計出網頁樣板後，我們可以著手設計最上面的區域－導覽列，當瀏覽器的寬度≧ 768px 時，導覽列會顯示網站名稱、兩個下拉式清單與一個表單，如下圖。

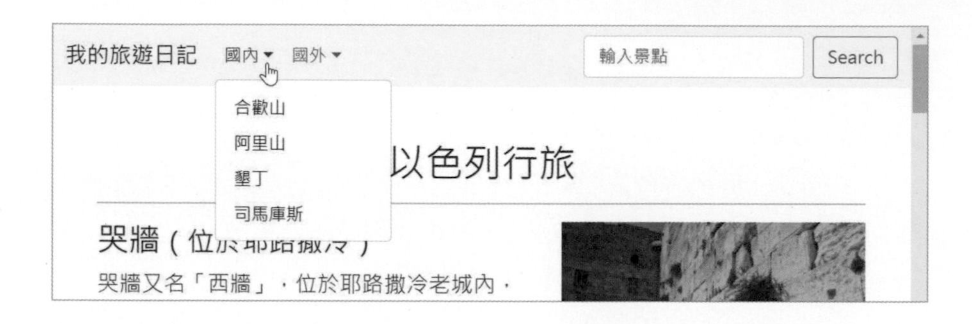

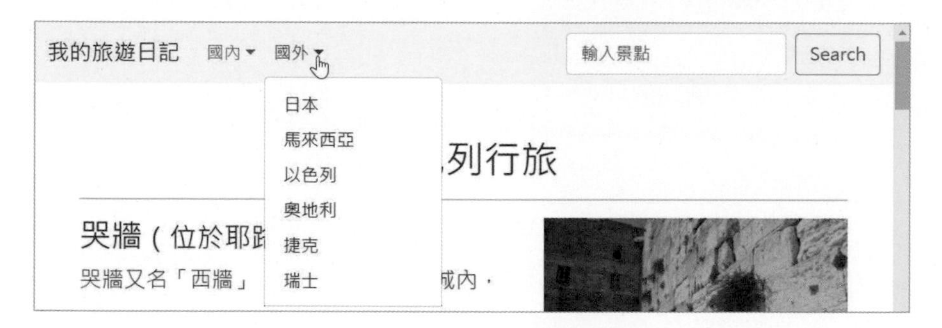

當瀏覽器的寬度＜ 768px 時，導覽列只會顯示網站名稱與導覽按鈕，在使用者點取導覽按鈕後才會展開下拉式清單與表單，如下圖。

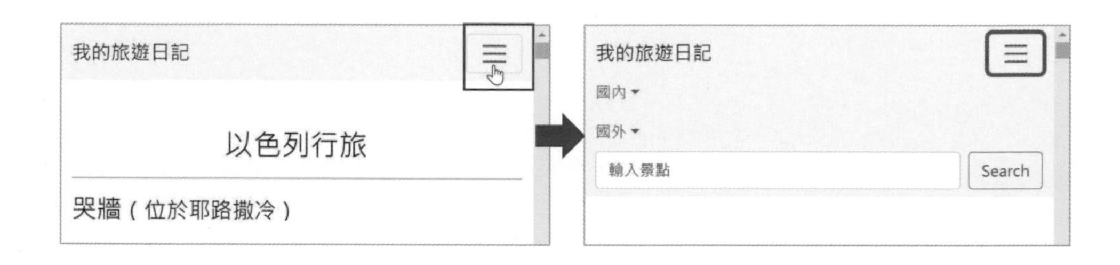

針對這個導覽列，我們可以撰寫如下的程式碼。

\Ch11\journey.html (下頁續 1/2)

```
...
010 <body style="padding-top:50px">
011   <!-- 導覽列 -->
012   <nav class="navbar navbar-light bg-light navbar-expand-md fixed-top">
013     <div class="container-fluid">
014       <a class="navbar-brand" href="#">我的旅遊日記</a>
015       <button class="navbar-toggler" type="button" data-bs-toggle="collapse"
           data-bs-target="#navbar1">
016         <span class="navbar-toggler-icon"></span>
017       </button>
018       <div class="collapse navbar-collapse" id="navbar1">
019         <ul class="navbar-nav me-auto">
020           <li class="nav-item dropdown">
021             <a class="nav-link dropdown-toggle" href="#"
               data-bs-toggle="dropdown">國內</a>
022             <div class="dropdown-menu">
023               <a class="dropdown-item" href="#">合歡山</a>
024               <a class="dropdown-item" href="#">阿里山</a>
025               <a class="dropdown-item" href="#">墾丁</a>
026               <a class="dropdown-item" href="#">司馬庫斯</a>
027             </div>
028           </li>
029           <li class="nav-item dropdown">
030             <a class="nav-link dropdown-toggle" href="#"
               data-bs-toggle="dropdown">國外</a>
031             <div class="dropdown-menu">
032               <a class="dropdown-item" href="#">日本</a>
033               <a class="dropdown-item" href="#">馬來西亞</a>
034               <a class="dropdown-item" href="#">以色列</a>
035               <a class="dropdown-item" href="#">奧地利</a>
036               <a class="dropdown-item" href="#">捷克</a>
037               <a class="dropdown-item" href="#">瑞士</a>
038             </div>
039           </li>
040         </ul>
041         <form class="d-flex">
```

❶ 第一個下拉式清單　❷ 第二個下拉式清單

\Ch11\journey.html（接上頁 2/2）

```
042                <input class="form-control me-2" type="search" placeholder="輸入景點">
043                <button class="btn btn-outline-primary" type="submit">Search</button>
044            </form>
045          </div>
046        </div>
047      </nav>
048
049        <!-- 內容區-->
050        <main>
051          …
052        </main>
053
054        <!-- 頁尾 -->
055        <footer>
056          …
057        </footer>
058      </body>
059    </html>
```

- 010、012：使用 <nav> 元素加上 .navbar、.navbar-light、.bg-light、.navbar-expand-md、.fixed-top 等類別製作導覽列，並將它固定顯示在畫面上方，響應式斷點設定為 768px。為了避免蓋住網頁內容，所以在第 010 行將網頁上方留白設定為 50 像素，請您記住這個小技巧。
- 012 ~ 047：製作導覽列，裡面包含網站名稱、下拉式清單與表單。
- 014：在 <a> 元素加上 .navbar-brand 類別用來放置網站名稱超連結。
- 015 ~ 017：製作可摺疊的導覽按鈕。
- 020 ~ 028：製作第一個下拉式清單。
- 029 ~ 039：製作第二個下拉式清單。
- 041 ~ 044：製作一個表單。

11-4 設計內容區

內容區採取響應式設計，當瀏覽器的寬度≧ 768px 時，會顯示成兩欄，如左下圖；相反的，當瀏覽器的寬度 < 768px 時，會顯示成單欄，如右下圖。

❶ 以色列行旅

❺ ❻

❷ 哭牆（位於耶路撒冷）

哭牆又名「西牆」，位於耶路撒冷老城內，聖殿山山下西側，這是環繞第二聖殿庭院的古城牆殘存部分。

在四面牆之中，西牆被認為是當年最靠近聖殿的，使它成為猶太教信仰中除聖殿山本身以外最神聖的地點。許多世紀以來，哭牆一直是猶太人祈禱和朝聖的地點，最早記載猶太來此祈禱的文獻可以追溯到西元四世紀。

❸ 死海(位於以色列、約旦和巴勒斯坦交界)

死海是世界上地勢最低的湖泊，湖面海拔負424米，水源為約旦河。

湖長67公里，寬18公里，面積810平方公里。湖水鹽度極高，越到湖底越高。一般海水含鹽量為3.5%，而死海的含鹽量在23%至30%左右。目前死海水位平均每年下降1米，原因是注入死海的約旦河水由於農業灌溉從過去每年13億立方米減少到目前3000萬立方米。

❹ 特拉維夫（位於以色列）

特拉維夫是以色列的第二大城市，也是公認的以色列首都，人口主要為猶太人，阿拉伯人則占總人口的4%。

特拉維夫濱臨東地中海，市區面積51.76平方公里。根據統計，有三百多萬人口，是以色列人口最稠密的地帶，也是以色列的經濟樞紐，特拉維夫已經逐漸成為世界級的城市，並被列為中東生活費用最昂貴的大城市之一。

© 2021日光多媒體·隱私權政策·服務條款

Back to top

以色列行旅

哭牆（位於耶路撒冷）

死海(位於以色列、約旦和巴勒斯坦交界)

特拉維夫（位於以色列）

© 2021日光多媒體·隱私權政策·服務條款

Back to top

❶ 內容區標題 ❷ 第一列 ❸ 第二列 ❹ 第三列

❺ 文字占用 7 個 column

❻ 圖片占用 5 個 column

雖然內容區的程式碼有點長，不過，第 054 ~ 065 行和第 080 ~ 091 行是類似的，代表第一、三個景點，其中左欄的文字占用 7 個 column，而右欄的圖片占用 5 個 column。

至於第 067~ 078 行則是代表第二個景點，其中左欄的圖片占用 5 個 column，而右欄的文字占用 7 個 column。

因此，第 070 行在 <div> 元素加上 .col-md-7 和 .order-md-5 兩個類別，將文字的順序往後推，而第 075 行在 <div> 元素加上 .col-md-5 和 .order-md-1 類別，將圖片的順序往前拉。

\Ch11\journey.html (下頁續 1/2)

```
...
049     <!-- 內容區 -->
050     <main>
051       <div class="container">
052      ❶ <h1 class="text-center mt-5">以色列行旅</h1>
053
054         <!-- 第一個景點 -->
055       ┌─<hr>
056       │ <div class="row">
057       │   <div class="col-md-7"> ❺
058       │     <h2>哭牆<small>(位於耶路撒冷)</small></h2>
059       │     <p class="lead">哭牆又名「西牆」，…。</p>
060      ❷      <p>在四面牆之中，西牆被認為是當年最靠近聖殿的，…。</p>
061       │   </div>
062       │   <div class="col-md-5"> ❻
063       │     <img src="Israel1.jpg" class="img-fluid">
064       │   </div>
065       └─</div>
066
067         <!-- 第二個景點 -->
068       ┌─<hr>
069       │ <div class="row">
070       │   <div class="col-md-7 order-md-5"> ❼
071       │     <h2>死海<small>(位於以色列、約旦和巴勒斯坦交界)</small></h2>
```

\Ch11\journey.html (接上頁 2/2)

```
072         <p class="lead">死海是世界上地勢最低的湖泊，…。</p>
073   ❸     <p>湖長67公里，寬18公里，面積810平方公里。…。</p>
074       </div>
075       <div class="col-md-5 order-md-1">❽
076         <img src="Israel2.jpg" class="img-fluid">
077       </div>
078     </div>
079
080     <!-- 第三個景點 -->
081     <hr>
082     <div class="row">
083       <div class="col-md-7">
084         <h2>特拉維夫<small>（位於以色列）</small></h2>
085         <p class="lead">特拉維夫是以色列的第二大城市，…。</p>
086   ❹     <p>特拉維夫濱臨東地中海，市區面積51.76平方公里。…。</p>
087       </div>
088       <div class="col-md-5">
089         <img src="Israel3.jpg" class="img-fluid">
090       </div>
091     </div>
092   </div>
093 </main>
094
095 <!-- 頁尾 -->
096 <footer>
097   …
098 </footer>
099 </body>
100 </html>
```

❶ 內容區標題 ❷ 第一個景點
❸ 第二個景點 ❹ 第三個景點
❺ 文字占用 7 個 column ❻ 圖片占用 5 個 column
❼ 將文字往後推 ❽ 將圖片往前拉

11-5 設計頁尾

頁尾相當簡單，除了有版權聲明、網站名稱、隱私權政策和服務條款之外，值得注意的是右下方有個「Back to top」超連結用來返回網頁的頂端，這是很貼心的設計，因為目前流行長形滑動頁面，網頁的內容往往比較長。

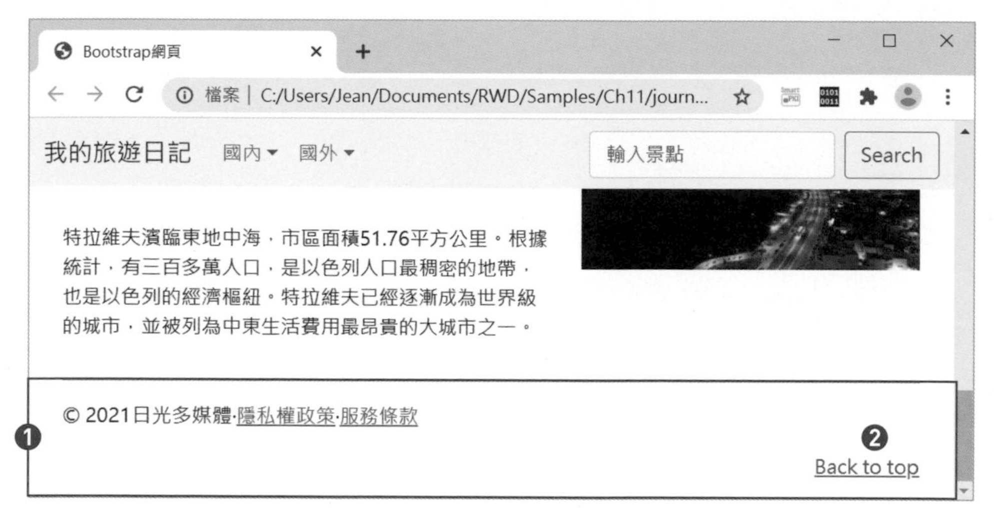

Bootstrap網頁
檔案 | C:/Users/Jean/Documents/RWD/Samples/Ch11/journ...
我的旅遊日記
國內
國外
輸入景點
Search
特拉維夫濱臨東地中海，市區面積51.76平方公里。根據統計，有三百多萬人口，是以色列人口最稠密的地帶，也是以色列的經濟樞紐。特拉維夫已經逐漸成為世界級的城市，並被列為中東生活費用最昂貴的大城市之一。
© 2021日光多媒體·隱私權政策·服務條款
Back to top

❶ 頁尾　❷ 此超連結用來返回網頁的頂端

\Ch11\journey.html

```
...
095    <!-- 頁尾 -->
096    <footer>
097      <div class="container">
098        <hr>
099        <p>&copy; 2021日光多媒體&middot;<a href="#">隱私權政策
              </a>&middot;<a href="#">服務條款</a></p>
100        <p class="text-end"><a href="#">Back to top</a></p>
101      </div>
102    </footer>
103  </body>
104</html>
```

12

響應式網頁開發實例（二）

12-1 「日光旅遊」網站

12-2　設計網頁樣板

12-3　設計導覽列

12-4　設計輪播

12-5　設計警報效果

12-6　設計內容區

12-7　設計頁尾

12-1 「日光旅遊」網站

在本章中，我們要製作第二個響應式網頁－「日光旅遊」網站，當瀏覽器的寬度≧ 768px 時，內容區會顯示成三欄；相反的，當瀏覽器的寬度＜ 768px 時，內容區會顯示成單欄，而且導覽列的項目會收納到一個外觀是「三條線」的導覽圖示。

Bootstrap網頁
C:/Users/Jean/Documents/RWD/Samples/Ch12/travel.html
日光旅遊
首頁
票券
訂房
北海道雪的美術館
年終特惠！雙十連假出國馬上報名一人現折3000元！
賞楓一起GO！日本賞楓團享四人同行一人免費！
哭牆
哭牆又名「西牆」，位於以色列耶路撒冷老城內，聖殿山山下西側，這是環繞第二聖殿庭院的古城牆殘存部分。在四面牆之中，西牆被認為是當年最靠近聖殿的，使它成為猶太教信仰中除聖殿山本身以外最神聖的地點。許多世紀以來，哭牆一直是猶太人祈禱和朝聖的地點，最早記載猶太來此祈禱的文獻可以追溯到西元四世紀。
死海
死海是世界上地勢最低的湖泊，湖面海拔負424米，水源為約旦河。湖長67公里，寬18公里，面積810平方公里。湖水鹽度極高，越到湖底越高。一般海水含鹽量為3.5%，而死海的含鹽量在23%至30%左右。目前死海水位平均每年下降1米，原因是注入死海的約旦河水由於農業灌溉從過去每年13億立方米減少到目前3000萬立方米。
特拉維夫
特拉維夫是以色列的第二大城市，也是公認的以色列首都，人口主要為猶太人，阿拉伯人則占總人口的4%。特拉維夫濱臨東地中海，市區面積51.76平方公里，根據統計，有三百多萬人口，是以色列人口最稠密的地帶，也是以色列的經濟樞紐。特拉維夫已經逐漸成為世界級的城市，並被列為中東生活費用最昂貴的城市之一。
日光旅遊-洽詢電話：0800-000-168
Back to top

❶ 導覽列　❷ 輪播　❸ 警報效果
❹ 內容區（三個景點卡片）　❺ 頁尾

12-2 設計網頁樣板

在開始製作網頁的各個區域之前，我們可以先針對這些區域設計如下的網頁樣板，包含導覽列、輪播、警報效果、內容區與頁尾。

\Ch12\travel.html

```
<!DOCTYPE html>
<html>
  <head>
    <meta charset="utf-8">
    <meta name="viewport" content="width=device-width, initial-scale=1">
    <link rel="stylesheet"
      href="https://cdn.jsdelivr.net/npm/bootstrap@5.0.0/dist/css/
      bootstrap.min.css">
    <script
      src="https://cdn.jsdelivr.net/npm/bootstrap@5.0.0/dist/js/
      bootstrap.bundle.min.js">
    </script>
    <title>Bootstrap網頁</title>
  </head>
  <body>
    <div class="container">
      <!-- 導覽列 -->
      <nav></nav>

      <!-- 輪播 -->
      <div></div>

      <!-- 警報效果（兩個）-->
      <div></div>
      <div></div>

      <!-- 內容區（三個景點卡片）-->
      <main></main>

      <!-- 頁尾 -->
      <footer></footer>
    </div>
  </body>
</html>
```

12-3 設計導覽列

在設計出網頁樣板後，我們可以著手設計最上面的區域－導覽列，當瀏覽器的寬度≧ 768px 時，會以水平方式顯示導覽列，如下圖。

當瀏覽器的寬度＜ 768px 時，會將網站名稱以外的項目收納到導覽按鈕，待使用者點取導覽按鈕才會展開，如下圖。由於我們在第 9-8 節使用類似的範例介紹過導覽列，此處就不再重複講解。

針對這個導覽列，我們可以撰寫如下的程式碼。

\Ch12\travel.html

```
…
012        <!-- 導覽列 -->
013        <nav class="navbar navbar-light bg-light navbar-expand-md">
014          <div class="container-fluid">
015            <a class="navbar-brand" href="#">日光旅遊</a>
016            <button class="navbar-toggler" type="button"
                 data-bs-toggle="collapse" data-bs-target="#navbar1">
017              <span class="navbar-toggler-icon"></span></button>
018            <div class="collapse navbar-collapse" id="navbar1">
019              <ul class="navbar-nav me-auto">
020                <li class="nav-item active"><a class="nav-link"
                    href="#">首頁</a></li>
021                <li class="nav-item"><a class="nav-link" href="#">票券
                   </a></li>
022                <li class="nav-item dropdown">
023                  <a class="nav-link dropdown-toggle" href="#"
                       data-bs-toggle="dropdown">訂房</a>
024                  <div class="dropdown-menu">
025                    <a class="dropdown-item" href="#">國內訂房</a>
026                    <a class="dropdown-item" href="#">國外訂房</a>
027                  </div>
028                </li>
029              </ul>
030            </div>
031          </div>
032        </nav>
033
034        <!-- 輪播 -->
035        <div></div>
036        <!-- 警報效果（兩個）-->
037        <div></div>
038        <div></div>
039        <!-- 內容區（三個景點卡片）-->
040        <main></main>
041        <!-- 頁尾 -->
042        <footer></footer>
043      </div>
044    </body>
045</html>
```

12-4 設計輪播

輪播位於導覽列的下面，這是第一個廣告區，共有三個輪播項目，包含圖片與標題，瀏覽結果如下圖。由於我們在第 10-6 節使用類似的範例介紹過輪播，此處就不再重複講解。

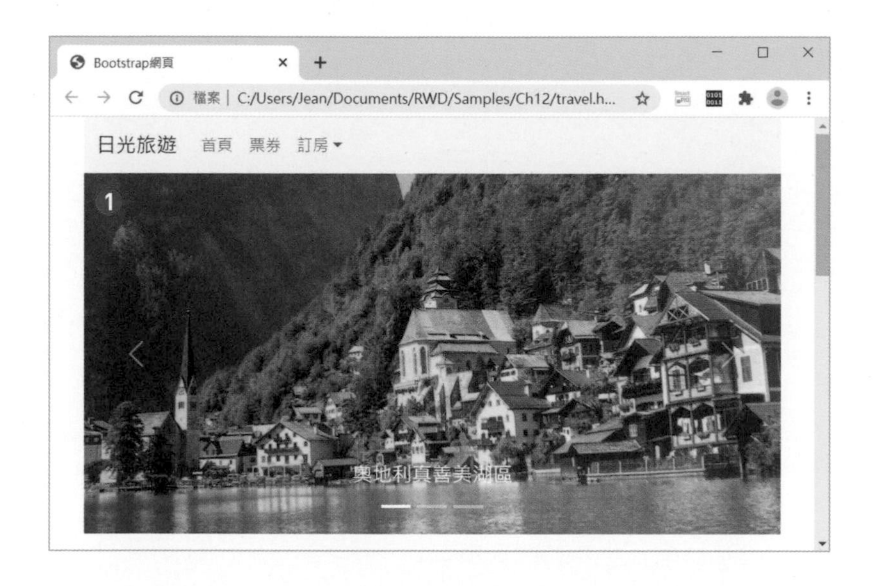

❶ 第一個輪播項目 ❷ 第二個輪播項目 ❸ 第三個輪播項目

針對這個輪播，我們可以撰寫如下的程式碼。

\Ch12\travel.html (下頁續 1/2)

```
...
034        <!-- 輪播 -->
035        <div id="myCarousel" class="carousel slide" data-bs-ride="carousel">
036          <!-- 輪播指示 -->
037          <ol class="carousel-indicators">
038            <li data-bs-target="#myCarousel" data-bs-slide-to="0"
                class="active"></li>
039            <li data-bs-target="#myCarousel" data-bs-slide-to="1"></li>
040            <li data-bs-target="#myCarousel" data-bs-slide-to="2"></li>
041          </ol>
042          <!-- 輪播內容 -->
043          <div class="carousel-inner">
044            <div class="carousel-item active">
045              <img src="photo1.jpg" class="d-block w-100" alt="真善美湖區">
046              <div class="carousel-caption d-none d-md-block">
047                <h5>奧地利真善美湖區</h5>
048              </div>
049            </div>
```
（❶：第 044～049 行）

\Ch12\travel.html（接上頁 2/2）

```
050          ┌<div class="carousel-item">
051          │  <img src="photo2.jpg" class="d-block w-100" alt="熊布朗宮">
052          │  <div class="carousel-caption d-none d-md-block">
053        ❷│    <h5>奧地利熊布朗宮</h5>
054          │  </div>
055          └</div>
056          ┌<div class="carousel-item">
057          │  <img src="photo3.jpg" class="d-block w-100" alt="雪的美術館">
058          │  <div class="carousel-caption d-none d-md-block">
059        ❸│    <h5>北海道雪的美術館</h5>
060          │  </div>
061          └</div>
062          </div>
063          <!-- 輪播控制 -->
064          <a class="carousel-control-prev" href="#myCarousel"
               data-bs-slide="prev">
065            <span class="carousel-control-prev-icon"></span>
066            <span class="visually-hidden">Previous</span>
067          </a>
068          <a class="carousel-control-next" href="#myCarousel"
               data-bs-slide="next">
069            <span class="carousel-control-next-icon"></span>
070            <span class="visually-hidden">Next</span>
071          </a>
072        </div>
073
074        <!-- 警報效果（兩個）-->
075        <div></div>
076        <div></div>
077
078        <!-- 內容區（三個景點卡片）-->
079        <main></main>
080
081        <!-- 頁尾 -->
082        <footer></footer>
083      </div>
084    </body>
085 </html>
```

❶ 第一個輪播項目　❷ 第二個輪播項目　❸ 第三個輪播項目

12-5 設計警報效果

兩個警報效果位於輪播的下面，這是第二個廣告區，裡面有超連結用來連結旅遊行程介紹，瀏覽結果如下圖。由於我們在第 9-4 節使用類似的範例介紹過警報效果，此處就不再重複講解。

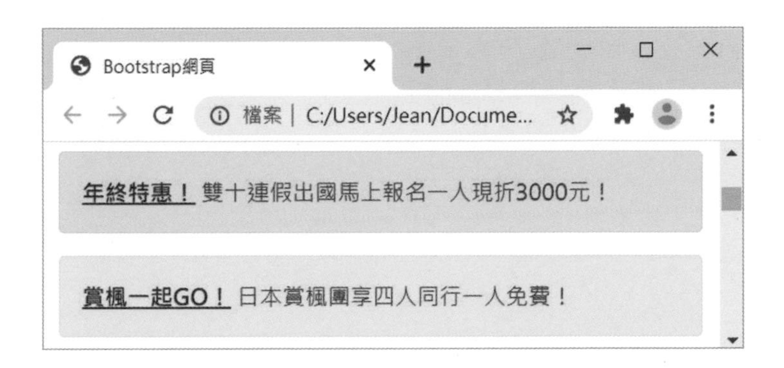

\Ch12\travel.html

```
...
074       <!-- 警報效果（兩個）-->
075       <div class="alert alert-success mt-3" role="alert">
076         <a href="#" class="alert-link"><strong>年終特惠！</strong></a>
077         雙十連假出國馬上報名一人現折3000元！
078       </div>
079       <div class="alert alert-info" role="alert">
080         <a href="#" class="alert-link"><strong>賞楓一起GO！</strong></a>
081         日本賞楓團享四人同行一人免費！
082       </div>
083
084       <!-- 內容區（三個景點卡片）-->
085       <main></main>
086
084       <!-- 頁尾 -->
088       <footer></footer>
089     </div>
090   </body>
091 </html>
```

❶ 第一個警報效果 ❷ 第二個警報效果

12-6 設計內容區

內容區採取響應式設計，當瀏覽器的寬度≧ 768px 時，會顯示寬度為 1:1:1 的三欄版面，這是三個卡片元件，如左下圖；相反的，當瀏覽器的寬度＜ 768px 時，會顯示成單欄版面，如右下圖。由於我們在第 10-4 節使用類似的範例介紹過卡片元件，此處就不再重複講解。

❶
❷
❸
哭牆
哭牆又名「西牆」，位於以色列耶路撒冷老城內，聖殿山山下西側，這是環繞第二聖殿庭院的古城牆殘存部分。在四面牆之中，西牆被認為是當年最靠近聖殿的，使它成為猶太教信仰中除聖殿山本身以外最神聖的地點。許多世紀以來，哭牆一直是猶太人祈禱和朝聖的地點，最早記載猶太來此祈禱的文獻可以追溯到西元四世紀。
死海
死海是世界上地勢最低的湖泊，湖面海拔負424米，水源為約旦河。湖長67公里，寬18公里，面積810平方公里。湖水鹽度極高，越到湖底越高。一般海水含鹽量為3.5%，而死海的含鹽量在23%至30%左右。目前死海水位平均每年下降1米，原因是注入死海的約旦河水由於農業灌溉從過去每年13億立方米減少到目前3000萬立方米。
特拉維夫
特拉維夫是以色列的第二大城市，也是公認的以色列首都，人口主要為猶太人，阿拉伯人則占總人口的4%。特拉維夫濱臨東地中海，市區面積51.76平方公里。根據統計，有三百多萬人口，是以色列人口最稠密的地帶，也是以色列的經濟樞紐。特拉維夫已經逐漸成為世界級的城市，並被列為中東生活費用最昂貴的城市之一。
日光旅遊-洽詢電話：0800-000-168
Back to top

❶ 第一個卡片占用 4 個 column (包含圖片、標題與介紹)

❷ 第二個卡片占用 4 個 column

❸ 第三個卡片占用 4 個 column

\Ch12\travel.html

```
...
084     <!-- 主要內容（三個景點卡片）-->
085     <main>
086       <div class="row">
087         <!-- 第一個景點 -->
088         <div class="col-md-4">
089           <div class="card">
090             <img class="card-img-top" src="Israel1.jpg">
091             <div class="card-body">
092    ❶          <h5 class="card-title">哭牆</h5>
093               <p class="card-text">哭牆又名「西牆」，…。</p>
094             </div>
095           </div>
096         </div>
097         <!-- 第二個景點 -->
098         <div class="col-md-4">
099           <div class="card">
100             <img class="card-img-top" src="Israel2.jpg">
101             <div class="card-body">
102    ❷          <h5 class="card-title">死海</h5>
103               <p class="card-text">死海是世界上地勢最低的湖泊，…。</p>
104             </div>
105           </div>
106         </div>
107         <!-- 第三個景點 -->
108         <div class="col-md-4">
109           <div class="card">
110             <img class="card-img-top" src="Israel3.jpg">
111             <div class="card-body">
112    ❸          <h5 class="card-title">特拉維夫</h5>
113               <p class="card-text">特拉維夫是以色列的第二大城市，…。</p>
114             </div>
115           </div>
116         </div>
117       </div>
118     </main>
```

❶ 第一個卡片　❷ 第二個卡片　❸ 第三個卡片

12-7 設計頁尾

頁尾相當簡單，除了有網站名稱和洽詢電話之外，值得注意的是右下方有個「Back to top」超連結用來返回網頁的頂端，這是很貼心的設計，因為目前流行長形滑動頁面，網頁的內容往往比較長。

Bootstrap網頁
檔案 | C:/Users/Jean/Documents/RWD/Samples/Ch12/travel.html
哭牆
哭牆又名「西牆」，位於以色列耶路撒冷老城內，聖殿山山下西側，這是環繞第二聖殿庭院的古城牆殘存部分。在四面牆之中，西牆被認為是當年最靠近聖殿的，使它成為猶太教信仰中除聖殿山本身以外最神聖的地點。許多世紀以來，哭牆一直是猶太人祈禱和朝聖的地點，最早記載猶太來此祈禱的文獻可以追溯到西元四世紀。
死海
死海是世界上地勢最低的湖泊，湖面海拔負424米，水源為約旦河。湖長67公里，寬18公里，面積810平方公里。湖水鹽度極高，越到湖底越高。一般海水含鹽量為3.5%，而死海的含鹽量在23%至30%左右。目前死海水位平均每年下降1米，原因是注入死海的約旦河水由於農業灌溉從過去每年13億立方米減少到目前3000萬立方米。
特拉維夫
特拉維夫是以色列的第二大城市，也是公認的以色列首都，人口主要為猶太人，阿拉伯人則占總人口的4%。特拉維夫濱臨東地中海，市區面積51.76平方公里。根據統計，有三百多萬人口，是以色列人口最稠密的地帶，也是以色列的經濟樞紐。特拉維夫已經逐漸成為世界級的城市，並被列為中東生活費用最昂貴的城市之一。
❶
日光旅遊·洽詢電話：0800-000-168
❷
Back to top

❶ 頁尾　❷ 此超連結用來返回網頁的頂端

\Ch12\travel.html

```
...
120        <!-- 頁尾 -->
121        <footer>
122          <hr>
123          <p>日光旅遊&middot;洽詢電話：0800-000-168</p>
124          <p class="text-end"><a href="#">Back to top</a></p>
125        </footer>
126      </div>
127    </body>
128</html>
```

13

響應式網頁開發實例（三）

13-1 「日光美食部落」網站

在本章中，我們要製作第三個響應式網頁－「日光美食部落」網站，當瀏覽器的寬度≧ 768px 時，內容區會顯示成文章與側邊欄共兩欄。

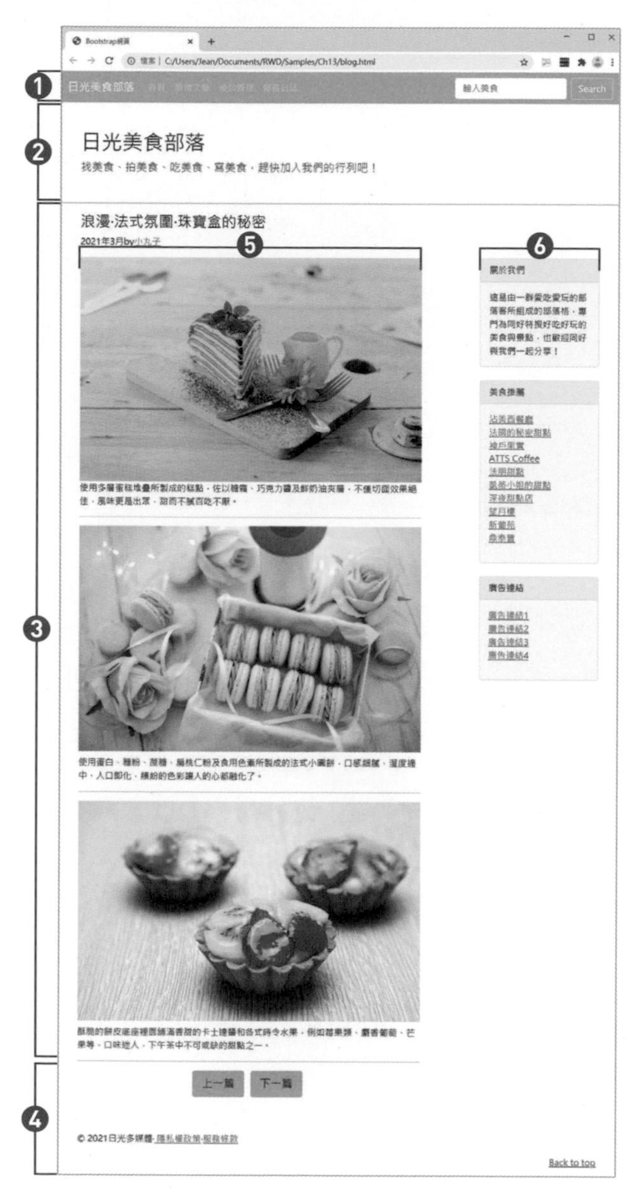

❶ 導覽列
❷ 頁首
❸ 內容區
❹ 頁尾
❺ 文章
❻ 側邊欄

相反的，當瀏覽器的寬度＜ 768px 時，內容區會顯示成單欄，先顯示文章再顯示側邊欄，而且導覽列的項目會收納到一個外觀是「三條線」的導覽圖示。

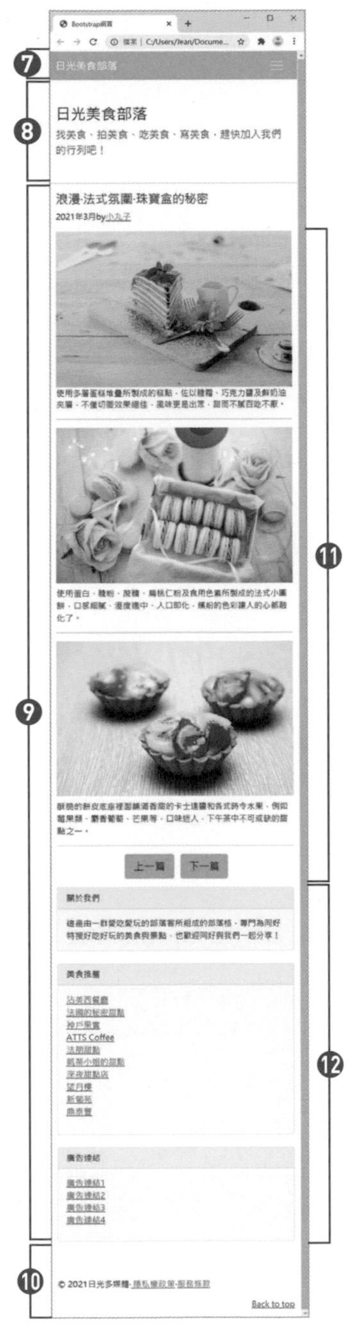

❼ 導覽列
❽ 頁首
❾ 內容區
❿ 頁尾
⓫ 文章
⓬ 側邊欄

13-2 設計網頁樣板

在開始製作網頁的各個區域之前，我們可以先針對這些區域設計如下的網頁樣板，包含導覽列、頁首、內容區與頁尾。

\Ch13\blog.html

```
<!DOCTYPE html>
<html>
  <head>
    <meta charset="utf-8">
    <meta name="viewport" content="width=device-width, initial-scale=1">
    <link rel="stylesheet"
      href="https://cdn.jsdelivr.net/npm/bootstrap@5.0.0/dist/css/
      bootstrap.min.css">
    <script
      src="https://cdn.jsdelivr.net/npm/bootstrap@5.0.0/dist/js/
      bootstrap.bundle.min.js">
    </script>
    <title>Bootstrap網頁</title>
  </head>
  <body>
    <!-- 導覽列 -->
    <nav>
    </nav>

    <!-- 頁首 -->
    <header>
    </header>

    <!-- 內容區 -->
    <div>
    </div>

    <!-- 頁尾 -->
    <footer>
    </footer>
  </body>
</html>
```

13-3 設計導覽列

在設計出網頁樣板後，我們可以著手設計最上面的區域－導覽列，這個導覽列包含網站名稱、「首頁」、「新增文章」、「管理後台」、「站長日誌」四個項目和一個表單，裡面有搜尋欄位與「Search」按鈕，用來讓使用者輸入美食進行搜尋。

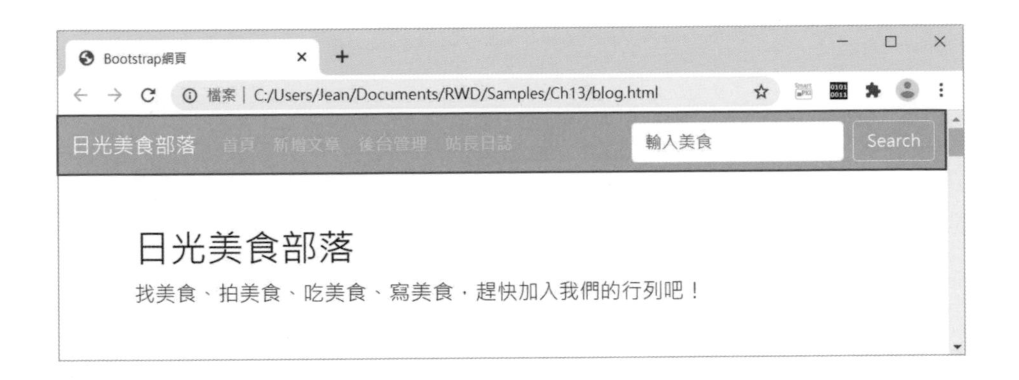

當瀏覽器的寬度 < 768px 時，會將網站名稱以外的項目收納到導覽按鈕，待使用者點取導覽按鈕才會展開，如下圖。

針對這個導覽列，我們可以撰寫如下的程式碼，由於我們在第 9-8 節介紹過導覽列，此處就不再重複講解。

\Ch13\blog.html

```
...
011      <!-- 導覽列 -->
012      <nav class="navbar navbar-dark bg-info navbar-expand-md">
013        <div class="container-fluid">
014      ❶   <a class="navbar-brand" href="#">日光美食部落</a>
015          <button class="navbar-toggler" type="button" data-bs-toggle="collapse"
016      ❷    data-bs-target="#navbar1"><span class="navbar-toggler-icon"></span></button>
017          <div class="collapse navbar-collapse" id="navbar1">
018            <ul class="navbar-nav me-auto">
019              <li class="nav-item"><a class="nav-link" href="#">首頁</a></li>
020      ❸       <li class="nav-item"><a class="nav-link" href="#">新增文章</a></li>
021              <li class="nav-item"><a class="nav-link" href="#">後台管理</a></li>
022              <li class="nav-item"><a class="nav-link" href="#">站長日誌</a></li>
023            </ul>
024            <form class="d-flex">
025              <input class="form-control me-2" type="search" placeholder="輸入美食">
026      ❹       <button class="btn btn-outline-light" type="submit">Search</button>
027            </form>
028          </div>
029        </div>
030      </nav>
031
032      <!-- 頁首 -->
033      <header></header>
034
035      <!-- 內容區 -->
036      <div></div>
037
038      <!-- 頁尾 -->
039      <footer></footer>
040    </body>
041  </html>
```

❶ 導覽列的網站名稱　　❷ 導覽列的導覽按鈕

❸ 導覽列的四個項目　　❹ 表單（包含搜尋欄位與「Search」按鈕）

13-4 設計頁首

頁首位於導覽列的下面，裡面有標題和介紹，瀏覽結果如下圖。

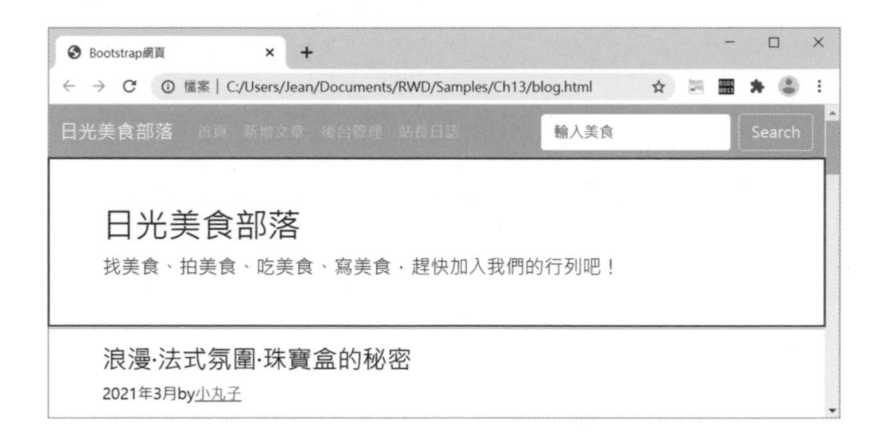

\Ch13\blog.html

```
...
032     <!-- 頁首 -->
033     <header>
034       <div class="container">
035         <h1 class="mt-5">日光美食部落</h1>
036         <p class="lead mb-5">找美食、拍美食、吃美食、寫美食，
              趕快加入我們的行列吧！</p>
037       </div>
038     </header>
039
040     <!-- 內容區 -->
041     <div></div>
042
043     <!-- 頁尾 -->
044     <footer></footer>
045   </body>
046 </html>
```

13-5 設計內容區

內容區採取響應式設計，當瀏覽器的寬度≧ 768px 時，會顯示成文章與側邊欄共兩欄，如左下圖；相反的，當瀏覽器的寬度＜ 768px 時，會顯示成單欄，先顯示文章再顯示側邊欄，如右下圖。

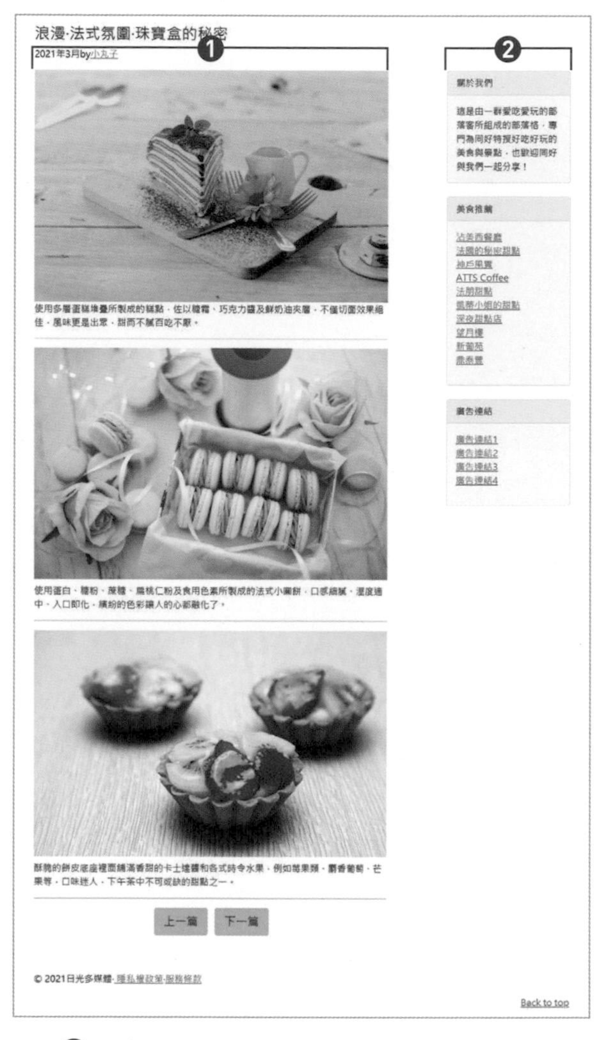

❶ 文章占用 8 個 column (包含圖片、介紹、水平線和兩個按鈕)

❷ 側邊欄占用 3 個 column (和文章間隔 1 個 column，包含三個卡片)

我們可以根據內容區的版面配置撰寫如下的樣板，上半段是文章的部分，包括標題、時間、作者、三張照片和兩個按鈕，其中照片和按鈕是放在一個 <div> 元素裡面，並加上 .col-md-8 類別，當瀏覽器的寬度大於等於 768px 時，照片和按鈕會占用 8 個 column。

下半段是側邊欄的部分，包括三個卡片，這些卡片也是放在 <div> 元素裡面，並加上 .col-md-3 和 .offset-md-1 類別，當瀏覽器的寬度大於等於 768px 時，側邊欄會占用 3 個 column 並向右位移 1 個 column，也就是說，側邊欄和文章會保持 1 個 column 的間隔。

```
<!-- 內容區 -->
<div class="container">
  <div class="row">
    <!-- 文章 -->
    <div class="col-md-8">
      <!-- 第一張照片 -->
      <!-- 第二張照片 -->
      <!-- 第三張照片 -->
      <!-- 上一篇、下一篇按鈕 -->
    </div>

    <!-- 側邊欄 -->
    <div class="col-md-3 offset-md-1">
      <!-- 第一個卡片 -->
      <div></div>
      <!-- 第二個卡片 -->
      <div></div>
      <!-- 第三個卡片 -->
      <div></div>
    </div>
  </div>
</div>
```

決定好內容區的樣板後，就可以撰寫如下程式碼，雖然看起來很冗長，但結構其實很清楚，語法也很簡單。由於我們在第 10-4 節介紹過卡片，此處就不再重複講解。

\Ch13\blog.html (下頁續 1/2)

```
...
040      <!-- 內容區 -->
041      <hr>
042      <div class="container">
043        <div class="row">
044          <!-- 文章 -->
045          <h3>浪漫&middot;法式氛圍&middot;珠寶盒的秘密</h3>
046          <p>2021年3月by<a href="#">小丸子</a></p>
047          <div class="col-md-8">
048            <!-- 第一張照片 -->
049        ❶ <img src="cake1.jpg" class="img-fluid">
050            <p>使用多層蛋糕堆疊所製成的糕點，…。</p>
051            <hr>
052            <!-- 第二張照片 -->
053        ❷ <img src="cake2.jpg" class="img-fluid mb-2">
054            <p>使用蛋白、糖粉、蔗糖、扁桃仁粉及食用色素所製成…。</p>
055            <hr>
056            <!-- 第三張照片 -->
057        ❸ <img src="cake3.jpg" class="img-fluid mb-2">
058            <p>酥脆的餅皮底座裡面舖滿香甜的卡士達醬…。</p>
059            <hr>
060            <!-- 上一篇、下一篇按鈕 -->
061            <nav>
062              <ul class="list-inline text-center">
063                <li class="list-inline-item"><a class="btn btn-info btn-lg"
                     href="#">上一篇</a></li>
064                <li class="list-inline-item"><a class="btn btn-info btn-lg"
                     href="#">下一篇</a></li>
065              </ul>
066            </nav>
067          </div>
068
069          <!-- 側邊欄 -->
070          <div class="col-md-3 offset-md-1">
071            <!-- 第一個卡片 -->
072        ❹ <div class="card text-dark bg-light mb-4">
073          ❺ <div class="card-header">關於我們</div>
074            ┌<div class="card-body">
075          ❻ │  <p class="card-text">這是由一群愛吃愛玩的部落客…！</p>
076            └</div>
077             </div>
```

\Ch13\blog.html (接上頁 2/2)

```
078            <!-- 第二個卡片 -->
079            <div class="card text-dark bg-light mb-4">
080              <div class="card-header">美食推薦</div>
081              <div class="card-body">
082                <ol class="list-unstyled">
083                  <li><a href="#">沾美西餐廳</a></li>
084                  <li><a href="#">法國的秘密甜點</a></li>
085                  <li><a href="#">神戶果實</a></li>
086                  <li><a href="#">ATTS Coffee</a></li>
087                  <li><a href="#">法朋甜點</a></li>
088                  <li><a href="#">凱蒂小姐的甜點</a></li>
089                  <li><a href="#">深夜甜點店</a></li>
090                  <li><a href="#">望月樓</a></li>
091                  <li><a href="#">新葡苑</a></li>
092                  <li><a href="#">鼎泰豐</a></li>
093                </ol>
094              </div>
095            </div>
096            <!-- 第三個卡片 -->
097            <div class="card text-dark bg-light mb-4">
098              <div class="card-header">廣告連結</div>
099              <div class="card-body">
100                <ol class="list-unstyled">
101                  <li><a href="#">廣告連結1</a></li>
102                  <li><a href="#">廣告連結2</a></li>
103                  <li><a href="#">廣告連結3</a></li>
104                  <li><a href="#">廣告連結4</a></li>
105                </ol>
106              </div>
107            </div>
108          </div>
119        </div>
110      </div>
```

❶ 第一張圖片來源：攝影師 ROMAN ODINTSOV，連結 Pexels

❷ 第二張圖片來源：攝影師 Jill Wellington，連結 Pexels

❸ 第三張圖片來源：攝影師 Nestor Cortez，連結 Pexels

❹ 設定卡片的文字色彩與背景色彩

❺ 設定卡片的標題

❻ 設定卡片的主體

13-6 設計頁尾

頁尾相當簡單，除了有版權聲明、網站名稱、隱私權政策和服務條款之外，值得注意的是右下方有個「Back to top」超連結用來返回網頁的頂端。

❶ 頁尾　❷ 此超連結用來返回網頁的頂端

\Ch13\blog.html

```
...
112     <!-- 頁尾 -->
113     <footer>
114       <div class="container mt-5">
115         <p>&copy; 2021日光多媒體&middot;<a href="#">
116             隱私權政策</a>&middot;<a href="#">服務條款</a></p>
117         <p class="text-end"><a href="#">Back to top</a></p>
118       </div>
119     </footer>
120   </body>
121 </html>
```

14

JavaScript 快速入門

14-1 認識 JavaScript

JavaScript 是一個高階、物件導向、直譯式的程式語言，常見的用途是撰寫瀏覽器端 Script，諸如 Chrome、Edge、FireFox、Opera、Safari 等主要的瀏覽器均內建 JavaScript 直譯器 (interpreter)。

JavaScript 和 HTML、CSS 可以說是網頁設計的最佳組合，其中 HTML 用來定義網頁的內容，CSS 用來定義網頁的外觀，而 JavaScript 用來定義網頁的行為，例如在瀏覽者進入網頁時顯示歡迎訊息、即時更新社群網站的動態等。

JavaScript 是 Netscape 公司於 1995 年針對 Netscape Navigator 瀏覽器所開發的程式語言，原本欲命名為 LiveScript，但因為當時 Java 程式語言非常熱門，所以就命名為 JavaScript，事實上，這是兩個不同的程式語言。

之後 Netscape 公司將 JavaScript 交給國際標準組織 ECMA 進行標準化，稱為 ECMAScript (ECMA-262)，目前主要的瀏覽器都是根據 ECMAScript 來實作 JavaScript 功能，而且 ECMAScript 仍持續更新中。

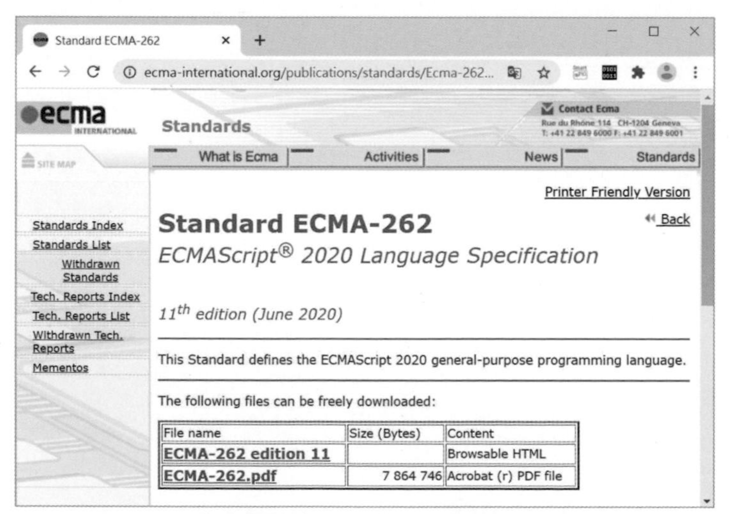

ECMAScript 官方網站於 2020 年 6 月釋出 ES2020 第 11 版

14-2 在 HTML 文件加入 JavaScript 程式

在本節中，我們會示範三種在 HTML 文件加入 JavaScript 程式的方式，您可以視自己的撰寫習慣或實際情況選擇適合的方式。

方式一：使用 <script> 元素加入 JavaScript 程式

第一種方式是在 HTML 文件裡面使用 <script> 元素加入 JavaScript 程式，下面是一個例子，當瀏覽器載入網頁時，會出現對話方塊顯示「Hello, world!」。

\Ch14\js1.html

```
01 <!DOCTYPE html>
02 <html>
03   <head>
04     <meta charset="utf-8">
05     <title>我的網頁</title>
06     <script>
07       alert("Hello, world!");
08     </script>
09   </head>
10   <body>
11   </body>
12 </html>
```

呼叫 JavaScript 的內建函式 alert()，在網頁上顯示對話方塊，而且該函式的參數會顯示在對話方塊

我們通常將 JavaScript 程式碼區塊放在 HTML 文件的標頭，也就是放在 <head> 元素裡面，而且是放在 <meta>、<title> 等元素的後面，確保 JavaScript 程式碼在網頁顯示出來之前，已經完全下載到瀏覽器。

當然，您也可以視實際情況將 JavaScript 程式碼區塊放在 HTML 文件的其它位置，只要記住一個原則，就是 HTML 文件的載入順序是由上到下，由左到右，先載入的敘述會先執行。

下面是一個例子，它將 JavaScript 程式碼區塊移到 HTML 文件的主體，也就是放在 <body> 元素裡面（第 08 ~ 10 行），瀏覽結果與 \Ch14\js1.html 相同。

\Ch14\js2.html

```
01 <!DOCTYPE html>
02 <html>
03   <head>
04     <meta charset="utf-8">
05     <title>我的網頁</title>
06   </head>
07   <body>
08     <script>
09       alert("Hello, world!");
10     </script>
11   </body>
12 </html>
```

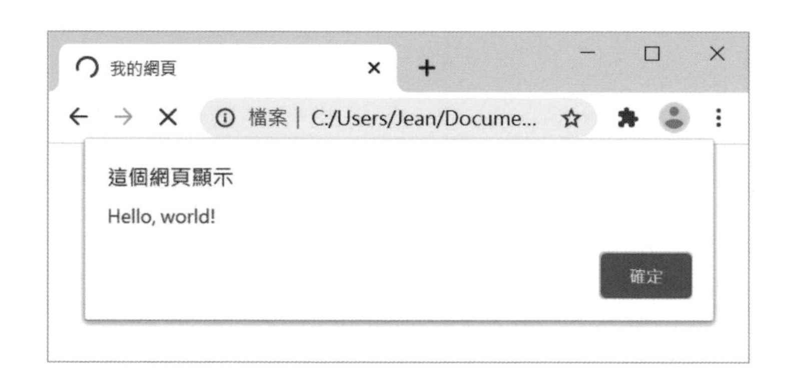

方式二：透過事件屬性設定以 JavaScript 撰寫的事件處理程式

第二種方式是透過 HTML 元素的事件屬性設定以 JavaScript 撰寫的事件處理程式，下面是一個例子，其中第 08 行是在 <button> 元素中加入 onclick 事件屬性，並設定其值為 JavaScript 的內建函式 alert()，當使用者按一下「顯示訊息」按鈕時，會觸發 click 事件，進而呼叫事件處理程式，也就是此例所設定的 alert() 函式，在網頁上顯示對話方塊。

\Ch14\js3.html

```
01 <!DOCTYPE html>
02 <html>
03   <head>
04     <meta charset="utf-8">
05     <title>我的網頁</title>
06   </head>
07   <body>
08     <button onclick="javascript:alert('Hello, world!');">
09       顯示訊息
10     </button>
11   </body>
12 </html>
```

❶ 按一下「顯示訊息」按鈕　❷ 在網頁上顯示對話方塊

方式三：將 JavaScript 程式放在外部檔案，然後使用 <script> 元素載入

第三種方式是將 JavaScript 程式放在外部檔案，然後使用 <script> 元素載入 HTML 文件。舉例來說，我們可以先撰寫如下的 JavaScript 程式，將它儲存在一個純文字檔 \Ch14\myJS.js：

```
alert('Hello, world!');
```

接著撰寫如下的 HTML 文件，其中第 06 行是使用 <script> 元素的 src 屬性設定外部的 JavaScript 檔案路徑，若外部的 JavaScript 檔案和 HTML 文件位於不同資料夾，那麼還要指明其相對路徑或完整路徑。

\Ch14\js4.html

```
01 <!DOCTYPE html>
02 <html>
03   <head>
04     <meta charset="utf-8">
05     <title>我的網頁</title>
06     <script src="myJS.js"></script>
07   </head>
08   <body>
09   </body>
10 </html>
```

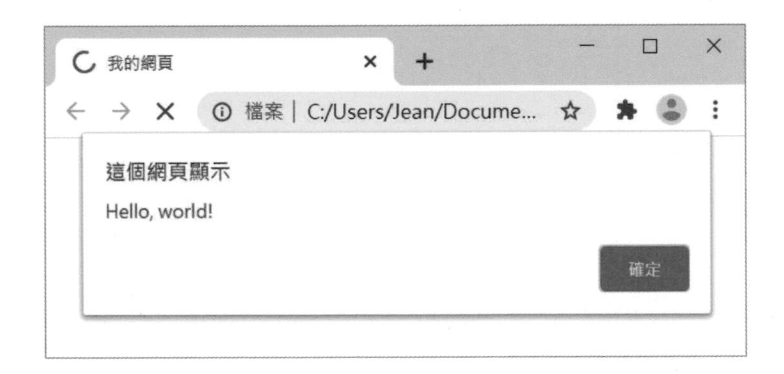

延伸閱讀

JavaScript 程式碼撰寫慣例

英文字母的大小寫

JavaScript 會區分英文字母的大小寫，例如 name 和 Name 是兩個不同的變數，因為大寫的 N 和小寫的 n 不同。

分號

JavaScript 並沒有規定每個敘述的結尾一定要加上分號 (;)，除非是要將兩個或多個敘述寫在同一行，才要在敘述的結尾加上分號做為區隔。不過，為了提高可讀性，建議您在每個敘述的結尾加上分號，並將不同的敘述換行，例如：

```
x = 1;
y = 2;
z = 3;
```

空白字元

JavaScript 會忽略多餘的空白字元，例如下面幾個敘述的意義是相同的：

```
x = 1;
x =     1;
x    =    1;
```

換行

JavaScript 並沒有規定換行的方式，不過，我們建議您將不同的敘述一一換行，可讀性較高。

註解

JavaScript 提供了兩種註解符號，其中 // 為單行註解，/* */ 為多行註解，當直譯器遇到 // 符號時，會忽略從該 // 符號到該行結尾之間的敘述；而當直譯器遇到 /* */ 符號時，會忽略從 /* 符號到 */ 符號之間的敘述，例如：

```
// 這是單行註解
/* 這是
        多行註解 */
```

14-3 型別

JavaScript 將資料分成數種**型別** (type)，這些型別決定了資料佔用多少記憶體空間、能夠表示的範圍及程式處理資料的方式。JavaScript 的資料在使用之前無須宣告型別，而且可以在執行期間改變型別，例如 1 + 2 會被視為數值 3，而 1 + "2" 會被視為字串 "12"。

JavaScript 的型別分為下列兩種類型：

- **基本型別**：包括數值 (number)、字串 (string)、布林 (boolean)。
- **物件型別**：包括陣列 (array)、函式 (function)、物件 (object)。

14-3-1 數值 (number)

JavaScript 的所有數值都是以 IEEE 754 Double (64 位元雙倍精確浮點數) 格式來表示，換句話說，我們可以使用諸如 12、-7、3.7、-9.76 等十進位數值，其型別均為 number，注意不要超過 $-2^{1024} \sim 2^{1024}$ ($-10^{307} \sim 10^{307}$) 的範圍即可。

JavaScript 提供了下列幾個特殊的數值：

- NaN：Not a Number，表示不當數值運算，例如將數值除以字串。
- Infinity：正無限大，例如將正數除以零。
- -Infinity：負無限大，例如將負數除以零。

JavaScript 可以接受八進位數值和十六進位數值，前者是在數值的前面加上 0 做為區分，而後者是在數值的前面加上 0x 做為區分，例如 010 表示 10_8，相當於十進位數值 8，而 0x10 表示 10_{16}，相當於十進位數值 16。

此外，JavaScript 也可以接受科學符號記法，例如 1.2e5、1.2E5 表示 1.2×10^5，而 3.842e-3、3.842E-3 表示 3.842×10^{-3}。

14-3-2 字串 (string)

JavaScript 提供了 string 型別用來表示字串，字串指的是由一連串字元所組成的單字或句子。JavaScript 規定字串的前後必須加上雙引號 (") 或單引號 (')，但兩者不可混用，例如 " 快樂 "、'happy' 是合法字串，而 " 快樂 '、'happy" 則不是合法字串。

不過，問題來了，若字串裡面包含雙引號 (") 或單引號 (')，該如何表示呢？為此，JavsScript 設計了一個規則，就是反斜線 (\) 後面的字元表示為特殊符號，稱為**逸出字元** (escaped character)，如下。

逸出字元	說明	逸出字元	說明
\"	雙引號	\'	單引號
\\	反斜線	\b	BackSpace
\f	換行 (Form Feed)	\n	換行 (New Line)
\r	換行 (Carriage Return)	\t	Tab
\x*NN*	Latin-1 字元 (*NN* 為十六進位表示法)		
\u*NNNN*	Unicode 字元 (*NNNN* 為十六進位表示法)		

例如下面的寫法是使用逸出字元表示「'JavaScript'程式設計」字串：

```
"\'JavaScript\'程式設計"
```

14-3-3 布林 (boolean)

JavaScript 提供了 boolean 型別用來表示 true (真) 或 false (假) 兩種值，若要表示的資料只有 true 或 false、對或錯、是或否等兩種選擇，就可以使用 boolean 型別。

當我們將數值資料轉換成 boolean 型別時，只有 0 會被轉換成 false，其它數值資料均會被轉換成 true；相反的，當我們將 boolean 資料轉換成數值型別時，true 會被轉換成 1，false 會被轉換成 0。

14-4 變數

變數 (variable) 是我們在程式中所使用的一個**名稱** (name)，電腦會配置記憶體空間給這個名稱，然後我們可以使用它來存放數值、字串、布林、陣列、物件等資料，稱為變數的**值** (value)，而且值可以重新設定或經由運算更改。

以生活中的例子來做比喻，變數就像手機通訊錄的聯絡人，假設裡面存放著小美的電話號碼為 0920123456，表示該聯絡人的名稱與值為「小美」和「0920123456」，只要透過「小美」這個名稱，就能存取「0920123456」這個值，若小美換了電話號碼，值也可以跟著重新設定。

14-4-1 變數的命名規則

當您為變數命名時，請遵守下列規則：

- 第一個字元可以是英文字母、底線 (_) 或錢字符號 ($)，其它字元可以是英文字母、底線 (_)、錢字符號 ($) 或數字，英文字母要區分大小寫。
- 不能使用 JavaScript 關鍵字，以及內建函式、內建物件等的名稱。
- 建議使用有意義的英文單字和字中大寫來命名，也就是以小寫字母開頭，之後每換一個單字就以大寫開頭，例如 userPhoneNumber。
- 對於經常使用的名稱可以使用合理的簡寫，例如以 XML 代替 eXtensible Markup Language。

例如下面是一些合法的變數名稱：

```
_studentID
studentName
myCar_123
myCar1
phoneNumber$
```

而下面是一些不合法的變數名稱：

```
function              //不能使用關鍵字
customer@ID           //不能使用特殊符號@
7eleven               //不能以數字開頭
user Name             //不能包含空白自元
```


14-4-2 變數的宣告與指派方式

我們可以使用 var 關鍵字宣告變數，JavaScript 屬於動態型別程式語言，所以在宣告變數時無須指定型別。以下面的敘述為例，JavaScript 會自動將變數 ID 視為 string 型別：

```
var ID;               //宣告一個名稱為 ID 的變數
ID = "天狼星";        //使用指派運算子 (=) 將變數 ID 的值設定為 "天狼星"
```

此外，我們也可以一次宣告多個變數，中間以逗號 (,) 隔開，或在宣告變數的同時使用**指派運算子** (=) 設定初始值，例如：

```
var a, b, c;          //一次宣告多個變數 a、b、c，中間以逗號隔開
var x = 1;            //在宣告變數 x 的同時將初始值設定為 1
```

只有在第一次宣告變數時需要使用 var 關鍵字，雖然 JavaScript 允許程式設計人員將 var 關鍵字省略不寫，但我們並不鼓勵這種做法，因為養成使用變數之前先宣告的好習慣，對程式的維護是有幫助的。

NOTE　null 與 undefined 關鍵字

JavsScript 提供了下列兩個關鍵字，用來表示特殊的值：

- null：表示空值、沒有值或沒有物件。
- undefined：表示尚未定義值，例如有宣告但尚未定義值的變數預設為 undefined、沒有宣告傳回值的函式也會傳回 undefined。

14-5 運算子

運算子 (operator) 是一種用來進行運算的符號，而**運算元** (operand) 是運算子進行運算的對象，我們將運算子與運算元所組成的敘述稱為**運算式** (expression)。

運算式其實就是會產生值的敘述，例如 5 + 10 是運算式，它所產生的值為 15，其中 + 為加法運算子，而 5 和 10 為運算元。JavaScript 提供了數種不同類型的運算子，以下各小節有進一步的說明。

14-5-1 算術運算子

算術運算子可以用來進行算術運算，JavaScript 提供如下的算術運算子。

運算子	語法	說明	範例	傳回值
+	a + b	a 加上 b	5 + 2	7
-	a - b	a 減去 b	5 - 2	3
*	a * b	a 乘以 b	5 * 2	10
/	a / b	a 除以 b	5 / 2	2.5
%	a % b	a 除以 b 的餘數	5 % 2	1

- 加法運算子也可以用來表示正值，例如 +3 表示正整數 3；減法運算子也可以用來表示負值，例如 -3 表示負整數 3。
- 加法運算子也可以用來連接字串，例如 "5" + "A" 會得到 "5A"。

14-5-2 比較運算子

比較運算子可以用來比較兩個運算元的大小或相等與否，若結果為真，就傳回 true，否則傳回 false。JavaScript 提供如下的比較運算子，運算元可以是數值、字串、布林或物件。

運算子	說明	範例	傳回值
==	等於	21＋5 == 18＋8	true
		"abc" == "ABC"	false（大小寫不同）
		1 == "1"	true
!=	不等於	21＋5 != 18＋8	false
		"abc" != "ABC"	true（大小寫不同）
===	等於且相同型別	1 === "1"	false
		1 === true	false
!==	不等於且 / 或不同型別	1 !== "1"	true
		1 !== true	true
<	小於	18＋3 < 18	false
>	大於	18＋3 > 18	true
<=	小於等於	18＋3 <= 21	true
>=	大於等於	18＋3 >= 21	true

14-5-3 遞增/遞減運算子

遞增運算子 (++) 可以用來將運算元的值加 1，其語法如下，前者的遞增運算子出現在運算元的前面，表示運算結果為運算元遞增之後的值，後者的遞增運算子出現在運算元的後面，表示運算結果為運算元遞增之前的值：

```
++運算元     或     運算元++
```

例如：

```
var X = 10;       //宣告一個名稱為 X、初始值為 10 的變數
alert(++X);       //先將變數 X 的值遞增 1，之後再顯示出來而得到 11
var Y = 5;        //宣告一個名稱為 Y、初始值為 5 的變數
alert(Y++);       //先顯示變數 Y 的值為 5，之後再將變數 Y 的值遞增 1
```

遞減運算子 (--) 可以用來將運算元的值減 1，其語法如下，前者的遞減運算子出現在運算元前面，表示運算結果為運算元遞減之後的值，後者的遞減運算子出現在運算元後面，表示運算結果為運算元遞減之前的值：

```
--運算元　　或　　運算元--
```

例如：

```
var X = 10;          //宣告一個名稱為 X、初始值為 10 的變數
alert(--X);          //先將變數 X 的值遞減 1，之後再顯示出來而得到 9
var Y = 5;           //宣告一個名稱為 Y、初始值為 5 的變數
alert(Y--);          //先顯示變數 Y 的值為 5，之後再將變數 Y 的值遞減 1
```

14-5-4 邏輯運算子

邏輯運算子可以用來進行邏輯運算，JavaScript 提供如下的邏輯運算子。

<table>
<tr><th>運算子</th><th>語法</th><th colspan="2">說明 / 範例 / 傳回值</th></tr>
<tr><td rowspan="4">&&
(AND)</td><td rowspan="4">a && b</td><td colspan="2">將兩個布林運算式 a、b 進行邏輯交集，若兩者的值均為 true，就傳回 true，否則傳回 false。</td></tr>
<tr><td>(5 > 4) && (3 > 2)</td><td>true</td></tr>
<tr><td>(5 > 4) && (3 < 2)</td><td>false</td></tr>
<tr><td>(5 < 4) && (3 > 2)</td><td>false</td></tr>
<tr><td rowspan="3">||
(OR)</td><td rowspan="3">a || b</td><td colspan="2">將兩個布林運算式 a、b 進行邏輯聯集，若兩者的值均為 false，就傳回 false，否則傳回 true。</td></tr>
<tr><td>(5 > 4) || (3 < 2)</td><td>true</td></tr>
<tr><td>(5 < 4) || (3 < 2)</td><td>false</td></tr>
<tr><td rowspan="3">!
(NOT)</td><td rowspan="3">!a</td><td colspan="2">將布林運算式 a 進行邏輯否定，若它的值為 true，就傳回 false，否則傳回 true。</td></tr>
<tr><td>!(50 > 40)</td><td>false</td></tr>
<tr><td>!(50 < 40)</td><td>true</td></tr>
</table>

14-5-5 位元運算子

位元運算子可以用來進行位元運算，JavaScript 提供如下的位元運算子。

運算子	語法	說明
& (AND)	a & b	將兩個數值運算式 a、b 進行位元結合，只有兩者對應的位元皆為 1，位元結合才是 1，否則是 0，例如 10 & 6 會得到 2，因為 10 的二進位值是 1010，6 的二進位值是 0110，而 1010 & 0110 會得到 0010，即 2。
| (OR)	a|b	將兩個數值運算式 a、b 進行位元分離，只有兩者對應的位元皆為 0，位元分離才是 0，否則是 1，例如 10|6 會得到 14，因為 1010|0110 會得到 1110，即 14。
^ (XOR)	a ^ b	將兩個數值運算式 a、b 進行位元互斥，只有兩者對應的位元一個為 1 一個為 0，位元互斥才是 1，否則是 0，例如 10 ^ 6 會得到 12，因為 1010 ^ 0110 會得到 1100，即 12。
~ (NOT)	~a	將數值運算式 a 進行位元否定，當數值運算式的位元為 1 時，位元否定的結果為 0，當數值運算式的位元為 0 時，位元否定的結果為 1，例如 ~10 會得到 -11，因為 10 的二進位值是 1010，~10 的二進位值是 0101，而 0101 在 2's 補數表示法中就是 -11。
<<	a << b（向左移位）	將數值運算式 a 向左移動數值運算式 b 所指定的位元數，例如 1 << 2 表示向左移位 2 位元，會得到 4。
>>	a >> b（向右移位）	將數值運算式 a 向右移動數值運算式 b 所指定的位元數，例如 -16 >> 1 表示向右移位 1 位元，會得到 -8。
>>>	a >>> b（向右無號移位）	將數值運算式 a 向右無號移動數值運算式 b 所指定的位元數，例如 16 >>> 1 表示向右無號移位 1 位元，會得到 8，-16 >>> 1 表示向右無號移位 1 位元，會得到 2147483640。

14-5-6 指派運算子

指派運算子可以用來指派值給變數，JavaScript 提供如下的指派運算子。

運算子	範例	說明
=	a = 3;	將 = 右邊的值或運算式指派給 = 左邊的變數。
+=	a += 3;	相當於 a = a + 3;，+ 為加法運算子。
	a += "c";	相當於 a = a + "c";，+ 為字串連接運算子。
-=	a -= 3;	相當於 a = a - 3;，- 為減法運算子。
*=	a *= 3;	相當於 a = a * 3;，* 為乘法運算子。
/=	a /= 3;	相當於 a = a / 3;，/ 為除法運算子。
%=	a %= 3;	相當於 a = a % 3;，% 為餘數運算子。
&=	a &= 3;	相當於 a = a & 3;，& 為位元 AND 運算子。
|=	a |= 3;	相當於 a = a | 3;，| 為位元 OR 運算子。
^=	a ^= 3;	相當於 a = a ^ 3;，^ 為位元 XOR 運算子。
<<=	a <<= 3;	相當於 a = a << 3;，<< 為向左移位運算子。
>>=	a >>= 3;	相當於 a = a >> 3;，>> 為向右移位運算子。
>>>=	a >>>= 3;	相當於 a = a >>> 3;，>>> 為向右無號移位運算子。

14-5-7 條件運算子

條件運算子 ?: 有三個運算元，其語法如下，若條件運算式的結果為 true，就傳回運算式 1 的值，否則傳回運算式 2 的值，例如 10 > 2? "Yes" : "No" 會傳回 "Yes"，而 false? 10 + 2 : 10 － 2 會傳回 8。

```
條件運算式 ? 運算式1 : 運算式2
```

14-5-8 型別運算子

型別運算子 typeof 可以傳回資料的型別，例如 typeof(-3)、typeof(" 快樂 ")、typeof(true) 會傳回 "number"、"string"、"boolean"。

14-5-9 運算子的優先順序

當運算式中有多個運算子時，JavaScript 會依照如下的優先順序高者先執行，相同者則按出現順序由左到右依序執行。若要改變預設的優先順序，可以加上小括號，JavaScript 就會優先執行小括號內的運算式。

高 → 低

<table>
<tr><th>類型</th><th>運算子</th></tr>
<tr><td>物件成員存取運算子</td><td>.、[]</td></tr>
<tr><td>函式呼叫、建立物件</td><td>()、new</td></tr>
<tr><td>單元運算子</td><td>!、~、-、+、++、--</td></tr>
<tr><td>乘除餘數運算子</td><td>*、/、%</td></tr>
<tr><td>加減運算子</td><td>+、-</td></tr>
<tr><td>移位運算子</td><td><<、>>、>>></td></tr>
<tr><td>比較運算子</td><td><、>、<=、>=</td></tr>
<tr><td>等於運算子</td><td>==、!=、===、!==</td></tr>
<tr><td>位元 AND 運算子</td><td>&</td></tr>
<tr><td>位元 XOR 運算子</td><td>^</td></tr>
<tr><td>位元 OR 運算子</td><td>|</td></tr>
<tr><td>邏輯 AND 運算子</td><td>&&</td></tr>
<tr><td>邏輯 OR 運算子</td><td>||</td></tr>
<tr><td>條件運算子</td><td>?:</td></tr>
<tr><td>指派運算子</td><td>=、*=、/=、%=、+=、-=、<<=、>>=、>>>=、&=、^=、|=</td></tr>
</table>

舉例來說，假設運算式為 25 < 10 + 3 * 4，首先執行乘法運算子，3 * 4 會得到 12，接著執行加法運算子，10 + 12 會得到 22，最後執行比較運算子，25 < 22 會得到 false。

若加上小括號，結果可能就不同了，假設運算式為 25 < (10 + 3) * 4，首先執行小括號內的 10 + 3 會得到 13，接著執行乘法運算子，13 * 4 會得到 52，最後執行比較運算子，25 < 52 會得到 true。

14-6 流程控制

我們在前面所示範的例子都是很單純的程式，執行方向都是從第一行開始，由上往下依序執行，不會轉彎或跳行，但事實上，多數程式並不會這麼單純，它們可能需要針對不同的情況做不同的處理，以完成更複雜的任務，於是就需要**流程控制** (flow control) 來協助控制程式的執行方向。

JavaScript 的流程控制分成下列兩種類型，在接下來的小節中我們會介紹比較常用的 if 和 for，好讓您對流程控制有初步的認識：

- **選擇結構** (decision structure)：用來檢查條件式，然後根據結果為 true 或 false 執行不同的敘述，JavaScript 的選擇結構有 if 和 switch。
- **迴圈結構** (loop structure)：用來重複執行敘述，JavaScript 的迴圈結構有 for、while、do、for...in。

14-6-1 if

if 選擇結構可以用來檢查條件式，然後根據結果為 true 或 false 執行不同的敘述，又分成 if...、if...else...、if...else if... 等類型。

這種類型的語法如下，意義是「若 ... 就 ...」，屬於單向選擇：

```
if (condition)
{
  statement;
}
```

condition 是一個條件式，結果為布林型別，若 *condition* 傳回 true，就執行 *statement* (敘述)。換句話說，若條件式成立，就執行指定的敘述，若條件式不成立，就不執行指定的敘述。此外，大括號用來標示 *statement* 的開頭與結尾，若 *statement* 只有一行，大括號可以省略不寫。

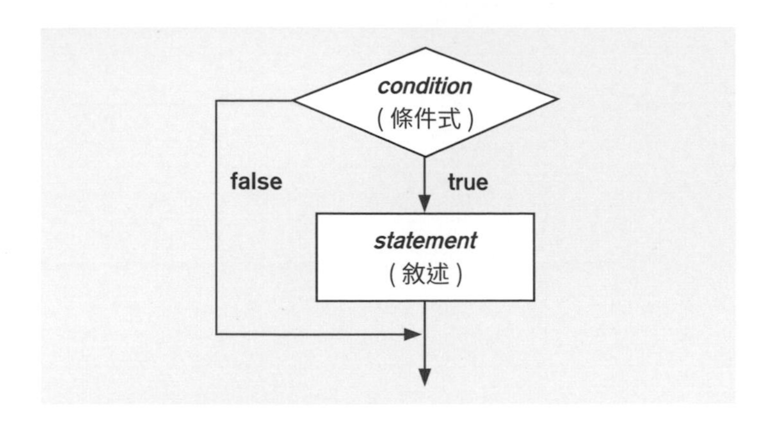

下面是一個例子，若輸入的數字大於等於 60，條件式 (X >= 60) 會傳回 true，於是執行 alert("及格！");，顯示「及格！」；相反的，若輸入的數字小於 60，條件式 (X >= 60) 會傳回 false，於是不執行 alert("及格！");。

prompt() 是 JavaScript 的內建函式，它會顯示對話方塊要求輸入資料，然後傳回所輸入的資料，第一個參數是對話方塊中的提示文字，第二個參數是欄位預設的輸入值。

\Ch14\if1.html

```
<script>
  var X = prompt("請輸入0-100的數字", "");//將輸入的數字指派給變數 X
  if (X >= 60) alert("及格！");              //若變數 X≧60，就顯示及格！
</script>
```

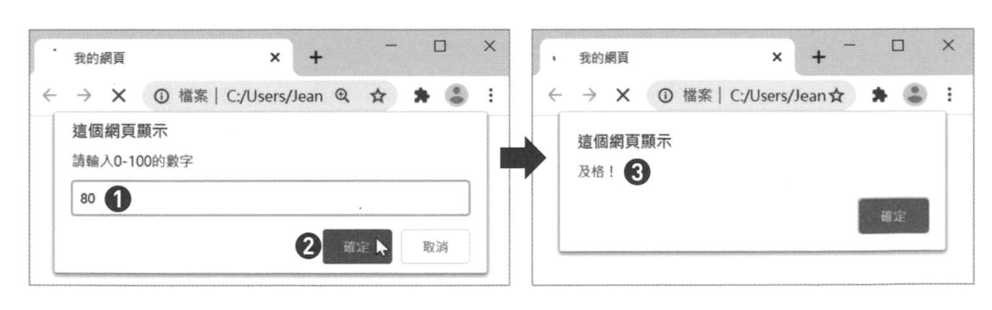

❶ 輸入 80　❷ 按 [確定]　❸ 顯示「及格！」

if...else...

這種類型的語法如下，意義是「若 ... 就 ... 否則 ...」，屬於雙向選擇：

```
if (condition)
{
  statement1;
}
else
{
  statement2;
}
```

condition 是一個條件式，結果為布林型別，若 *condition* 傳回 true，就執行 *statement1* (敘述 1)，否則執行 *statement2* (敘述 2)。換句話說，若條件式成立，就執行 *statement1*，但不執行 *statement2*，若條件式不成立，就執行 *statement2*，但不執行 *statement1*。和單向 if 比起來，雙向 if...else 是比較實用的。

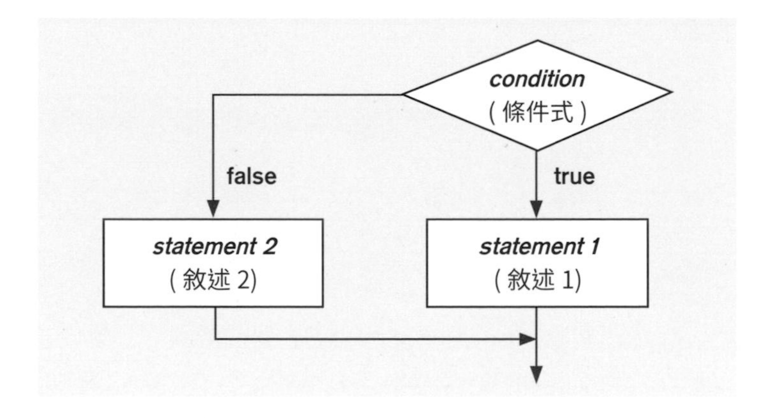

下面是一個例子，若輸入的數字大於等於 60，條件式 (X >= 60) 會傳回 true，於是執行 alert(" 及格！ ");，顯示「及格！」；相反的，若輸入的數字小於 60，條件式 (X >= 60) 會傳回 false，於是執行 alert(" 不及格！ ");，顯示「不及格！」。

\Ch14\if2.html

```
<script>
  var X = prompt("請輸入0-100的數字", "");
  if (X >= 60) alert("及格！");
  else alert("不及格！");
</script>
```


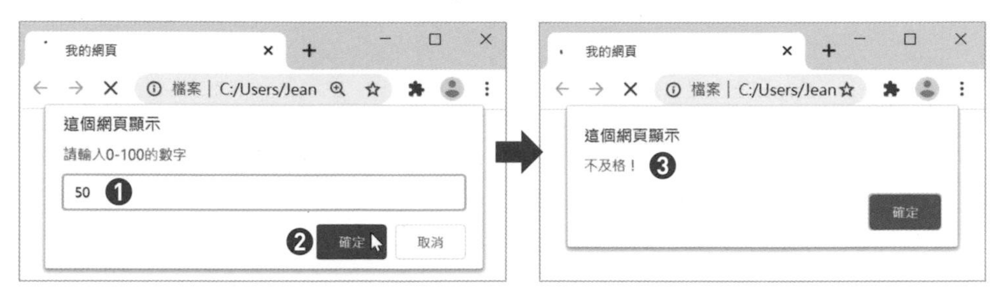

❶ 輸入 50 ❷ 按 [確定] ❸ 顯示「不及格！」

if...else if...

這種類型的語法如下，意義是「若 ... 就 ... 否則 若 ...」，屬於多向選擇：

```
if (condition1)
{
  statement1;
}
else if (condition2)
{
  statement2;
}
else if (condition3)
{
  statement3;
}
...
else
{
  statementN+1;
}
```

一開始先檢查 *condition1*（條件式 1），若 *condition1* 傳回 true，就執行 *statement1*（敘述 1），否則檢查 *condition2*（條件式 2），若 *condition2* 傳回 true，就執行 *statement2*（敘述 2），否則檢查 *condition3*（條件式 3)，...，依此類推。若所有條件式皆不成立，就執行 else 後面的 *statementN+1*（敘述 N+1)，所以 *statement1* ~ *statementN+1* 只有一組會被執行。

下面是一個例子，它會要求輸入 0 到 100 之間的數字，若數字大於等於 90，就顯示「優等！」；若數字小於 90 且大於等於 80，就顯示「甲等！」；若數字小於 80 且大於等於 70，就顯示「乙等！」；若數字小於 70 且大於等於 60，就顯示「丙等！」，否則顯示「不及格！」。

\Ch14\if3.html

```
<script>
  var X = prompt("請輸入0-100的數字", "");
  if (X >= 90)
    alert("優等！");
  else if (X < 90 && X >= 80)
    alert("甲等！");
  else if (X < 80 && X >= 70)
    alert("乙等！");
  else if (X < 70 && X >= 60)
    alert("丙等！");
  else
    alert("不及格！");
</script>
```

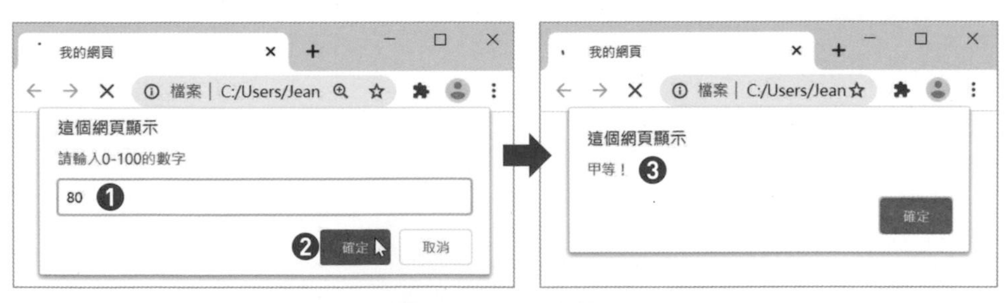

❶ 輸入 80　❷ 按 [確定]　❸ 顯示「甲等！」

14-6-2 for

for (計數迴圈) 用來重複執行敘述，其語法如下：

```
for (initializer; expression; iterator)
{
  statement;
  [break;]
  statement;
}
```

在進入 for 迴圈時，會先執行 *initializer* 初始化計數器，接著檢查 *expression*，若結果為 false，就跳出迴圈，若結果為 true，就執行迴圈內的 *statement*，完畢後執行 *iterator* (迭代器) 更新計數器，接著再度檢查 *expression*，若結果為 false，就跳出迴圈，若結果為 true，就執行迴圈內的 *statement*，完畢後執行 *iterator* 更新計數器，接著再度檢查 *expression*，...，如此周而復始，直到 *expression* 的結果為 false 才跳出迴圈。若要在中途強制跳出迴圈，可以加上 break 指令。

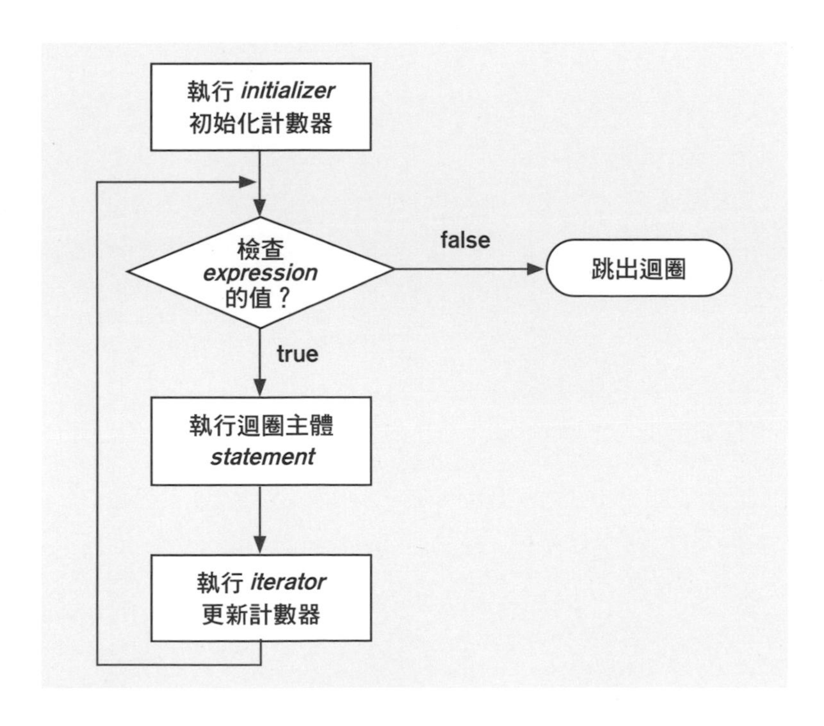

下面是一個例子，它會計算 1 加到 10 的總和，然後顯示總和。

\Ch14\for.html

```
01 <script>
02   var total = 0;                      //宣告變數 total 用來存放總和
03   for (var i = 1; i <= 10; i++) //使用 for 迴圈計算 1 加到 10 的總和
04   {
05     total = total + i;
06   }
07   alert(total);                       //顯示總和
08 </script>
```

在第 03 行中，var i = 1; 是宣告變數 i 做為迴圈的計數器，初始值為 1，而 i <= 10; 是將迴圈的執行條件設定為計數器小於等於 10，至於 i++ 則表示迴圈每重複一次，變數 i 的值就加 1。對第 05 行的 total = total + i; 來說，迴圈每重複一次，= 左右兩邊的 total 值如下，最後得出總和為 55。

迴圈次數	= 右邊的 total 值	i	= 左邊的 total 值	迴圈次數	= 右邊的 total 值	i	= 左邊的 total 值
第一次	0	1	1	第六次	15	6	21
第二次	1	2	3	第七次	21	7	28
第三次	3	3	6	第八次	28	8	36
第四次	6	4	10	第九次	36	9	45
第五次	10	5	15	第十次	45	10	55

14-7 陣列

我們可以透過 JavaScript 內建的 **Array 物件**建立陣列，**陣列** (array) 和變數一樣是用來存放資料，不同的是陣列雖然只有一個名稱，卻可以用來存放多個資料。

陣列所存放的每個資料叫做**元素** (element)，至於陣列是如何區分它所存放的多個資料呢？答案是透過**索引** (index)，索引是一個數字，JavaScript 預設是以索引 0 代表陣列的第一個元素，索引 1 代表陣列的第二個元素，...，依此類推，索引 n – 1 則代表陣列的第 n 個元素。

當陣列的元素個數為 n 時，表示陣列的**長度** (length) 為 n，而且除了一**維陣列** (one-dimension array) 之外，JavaScript 也支援**多維陣列** (multi-dimension array) ，其中以**二維陣列** (two-dimension array) 較為常見。

舉例來說，下面的第一個敘述是宣告一個名稱為 flowers、包含 5 個元素的一維陣列，而接下來的五個敘述是一一指派各個元素的值，注意索引的前後要以中括號括起來，例如 [0] 表示第一個元素，[1] 表示第二個元素，...，依此類推：

```
var flowers = new Array(5);
flowers[0] = "玫瑰花";
flowers[1] = "水仙花";
flowers[2] = "木棉花";
flowers[3] = "牡丹花";
flowers[4] = "康乃馨";
```

或者，我們也可以在宣告一維陣列的同時指派各個元素的值，例如：

```
var flowers = new Array("玫瑰花", "水仙花", "木棉花", "牡丹花", "康乃馨");
```

此外，JavaScript 還允許我們使用如下語法宣告一維陣列：

```
var flowers = ["玫瑰花", "水仙花", "木棉花", "牡丹花", "康乃馨"];
```

下面是一個例子，它使用一個包含 5 個元素的陣列來存放花朵的名稱，然後以表格形式顯示出來（註：此例是透過 Array 物件的 length 屬性取得陣列的元素個數）。

\Ch14\array.html

```
<!DOCTYPE html>
<html>
  <head>
    <meta charset="utf-8">
  </head>
  <body>
    <table border="1">
      <script>
        var flowers = ["玫瑰花","水仙花","木棉花","牡丹花","康乃馨"];
        for(var i = 0; i < flowers.length; i++)
        {
          document.write("<tr><td>花朵" + (i+1) + "</td>");
          document.write("<td>" + flowers[i] + "</td></tr>");
        }
      </script>
    </table>
  </body>
</html>
```

14-8 函式

函式 (function) 是將一段具有某種功能或重複使用的敘述寫成獨立的程式單元，然後給予名稱，供後續呼叫使用，以簡化程式提高可讀性。有些程式語言將函式稱為**方法** (method)、**程序** (procedure) 或**副程式** (subroutine)。

函式可以執行一般動作，也可以處理事件，前者稱為**一般函式** (general function)，後者稱為**事件函式** (event function)。舉例來說，我們可以針對網頁上某個按鈕的 onclick 屬性撰寫事件函式，假設該事件函式的名稱為 showMsg()，一旦使用者按一下此按鈕，就會呼叫 showMsg() 事件函式。

原則上，事件函式通常處於閒置狀態，直到為了回應使用者或系統所觸發的事件時才會被呼叫；相反的，一般函式與事件無關，程式設計人員必須自行撰寫程式碼來呼叫一般函式。

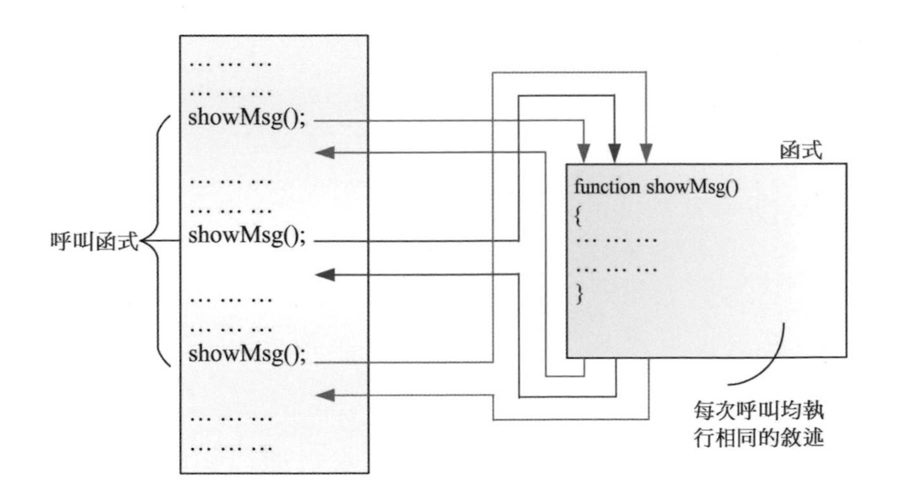

JavaScript 除了允許使用者自訂函式，也提供了許多內建函式，只是大部分的內建函式隸屬於物件，故又稱為「方法」，我們在前面所使用的 alert()、prompt() 函式便是 JavaScript 的內建函式。

14-8-1 使用者自訂函式

我們可以使用 function 關鍵字宣告函式，其語法如下：

```
function functionname([parameter])
{
  statement;
  [return;|return value;]
  [statement;]
}
```

- function：這個關鍵字用來宣告函式，就像 var 關鍵字用來宣告變數。
- *functionname*：這是函式的名稱，命名規則和變數相同。
- {、}：用來標示函式的開頭與結尾。
- ([*parameter*])：這是函式的參數，我們可以利用參數傳遞資料給函式，當參數的個數不只一個時，中間以逗號隔開即可。
- *statement*：這是函式主要的程式碼部分。
- [return;|return *value*;]：若要將程式的控制權從函式內移轉到呼叫函式的地方，可以使用 return 敘述；若函式有傳回值，可以在 return 敘述的後面加上傳回值 *value*；若函式沒有傳回值且不需要提早移轉到呼叫函式的地方，return 敘述可以省略不寫。

以下面的程式碼為例，它是宣告名稱為 Welcome，沒有參數，也沒有傳回值的函式：

```
function Welcome()
{
  var name = prompt("請輸入名字", "");   //將輸入的名字指派給變數 name
  alert(name + "您好！");                //顯示變數 name 的值和「您好！」
}
```

一般函式必須加以呼叫才會執行，而且當函式有參數時，參數的個數及順序都必須正確，即使沒有參數，小括號仍須保留，呼叫語法如下：

```
functionname([parameter]);
```

下面是一個例子，當瀏覽器載入網頁時，會顯示對話方塊要求輸入名字，然後顯示歡迎訊息，其中第 06 ~ 10 行是宣告名稱為 Welcome 的函式，而第 12 行是呼叫該函式，若沒有第 12 行，該函式就不會執行。

\Ch14\f1.html

```
01 <!DOCTYPE html>
02 <html>
03   <head>
04     <meta charset="utf-8">
05     <script>
06       function Welcome()
07       {
08         var name = prompt("請輸入名字", "");
09         alert(name + "您好！");
10       }
11
12       Welcome();
13     </script>
14   </head>
15 </html>
```

宣告函式（第 06 ~ 10 行）；呼叫函式（第 12 行）

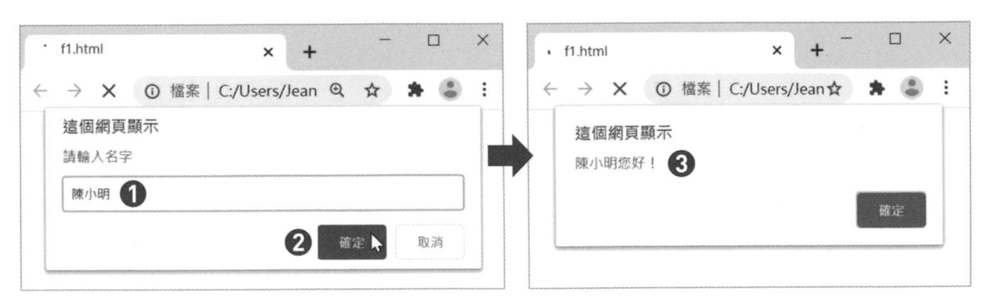

❶ 輸入名字 ❷ 按 [確定] ❸ 顯示歡迎訊息

14-8-2 函式的參數

我們可以利用參數傳遞資料給函式，當參數的個數不只一個時，中間以逗號隔開即可，而在呼叫有參數的函式時，參數的個數及順序都必須正確。

下面是一個例子，當瀏覽器載入網頁時，會顯示對話方塊要求輸入圓半徑，然後顯示圓面積，其中第 06 ~ 10 行是宣告名稱為 circleArea、有參數 r 的函式，用來計算並顯示圓面積，而第 13 行是呼叫該函式並將圓半徑當作參數傳入。

\Ch14\f2.html

```
01 <!DOCTYPE html>
02 <html>
03   <head>
04     <meta charset="utf-8">
05     <script>
06       function circleArea(r)                          //宣告函式
07       {
08         var area = 3.14 * r * r;                      //根據參數計算圓面積
09         alert("半徑" + r + "的圓面積為" + area);  //顯示圓面積
10       }
11
12       var R = prompt("請輸入圓半徑", ""); //將輸入的圓半徑指派給變數 R
13       circleArea(R);                        //呼叫函式並傳入參數
14     </script>
15   </head>
16 </html>
```

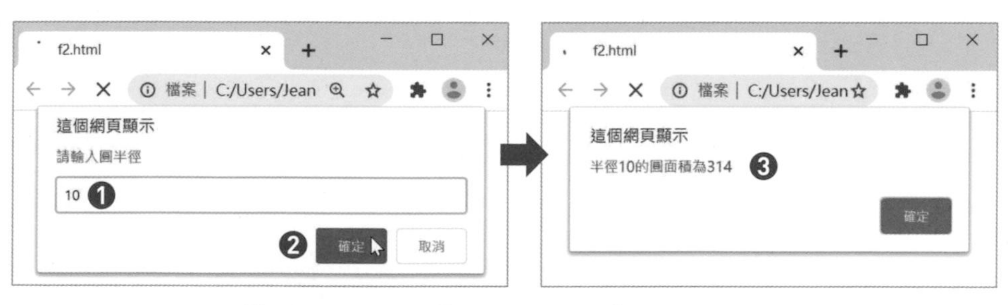

❶ 輸入圓半徑 ❷ 按 [確定] ❸ 顯示圓面積

14-8-3 函式的傳回值

當我們想從函式傳回資料時，可以使用 return 關鍵字，後面加上傳回值。舉例來說，我們可以將前一節的 \Ch14\f2.html 改寫成如下，執行結果是相同的。

第 06 ~ 09 行是宣告名稱為 circleArea、有參數 r 的函式，而且第 08 行會根據參數計算圓面積並傳回，所以我們在第 12 行呼叫函式並將傳回值指派給變數 A，然後在第 13 行呼叫 alert() 函式顯示圓面積。

\Ch14\f3.html

```
01 <!DOCTYPE html>
02 <html>
03   <head>
04     <meta charset="utf-8">
05     <script>
06       function circleArea(r)                    //宣告函式
07       {
08         return 3.14 * r * r;                    //傳回圓面積
09       }
10 
11       var R = prompt("請輸入圓半徑", "");     //將輸入的圓半徑指派給變數 R
12       var A = circleArea(R);                  //呼叫函式並將傳回值指派給變數 A
13       alert("半徑" + R + "的圓面積為" + A);   //顯示圓面積
14     </script>
15   </head>
16 </html>
```

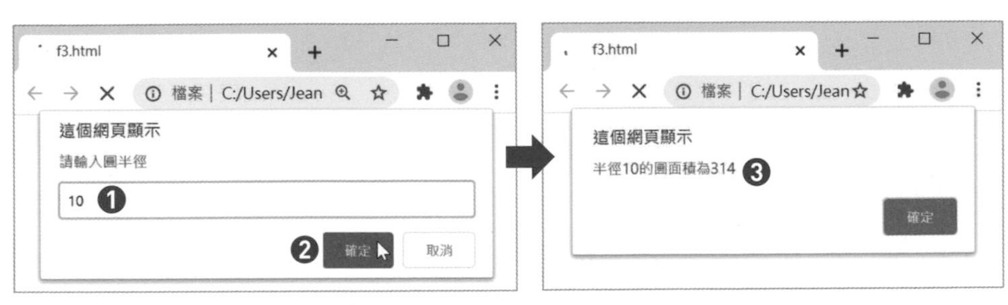

❶ 輸入圓半徑 ❷ 按 [確定] ❸ 顯示圓面積

14-9 window 物件

JavaScript 提供了 window **物件**用來代表一個瀏覽器視窗 (window)、索引標籤 (tab) 或框架 (frame)，我們可以透過此物件存取瀏覽器視窗的相關資訊，例如狀態列的文字、視窗的位置等，也可以透過此物件進行開啟視窗、關閉視窗、移動視窗、調整視窗大小、啟動計時器、列印網頁等動作。

window 物件常用的屬性如下。

屬性	說明
closed	傳回視窗是否已經關閉，true 表示是，false 表示否。
devicePixelRatio	傳回螢幕的裝置像素比。
document	指向視窗中的 document 物件。
fullScreen	傳回視窗是否為全螢幕顯示，true 表示是，false 表示否。
history	指向 history 物件。
innerHeight	傳回視窗中的網頁內容高度，包含水平捲軸 (以像素為單位)。
innerWidth	傳回視窗中的網頁內容寬度，包含垂直捲軸 (以像素為單位)。
location	指向 location 物件。
name	取得或設定視窗的名稱。
navigator	指向 navigator 物件。
outerHeight	傳回視窗的高度，包含工具列、捲軸等 (以像素為單位)。
outerWidth	傳回視窗的寬度，包含工具列、捲軸等 (以像素為單位)。
parent	指向父視窗。
screen	指向 screen 物件。
screenX	傳回視窗左上角在螢幕上的 X 軸座標。
screenY	傳回視窗左上角在螢幕上的 Y 軸座標。
self	指向 window 物件本身。
status	取得或設定視窗的狀態列文字。
top	指向頂層視窗。

window 物件常用的方法如下。

方法	說明
alert(*msg*)	顯示包含參數 *msg* 所指定之文字的警告對話方塊。
prompt(*msg*, *default*)	顯示包含參數 *msg* 所指定之文字的輸入對話方塊，參數 *default* 為預設的輸入值，可以省略不寫。
confirm(*msg*)	顯示包含參數 *msg* 所指定之文字的確認對話方塊。若按 [確定]，就傳回 true；若按 [取消]，就傳回 false。
moveBy(*deltaX*, *deltaY*)	移動視窗位置，X 軸位移為 *deltaX*，Y 軸位移為 *deltaY*。
moveTo(*x*, *y*)	移動視窗到螢幕上座標為 (*x*, *y*) 的位置。
resizeBy(*deltaX*, *deltaY*)	調整視窗大小，寬度變化量為 *deltaX*，高度變化量為 *deltaY*。
resizeTo(*x*, *y*)	調整視窗到寬度為 *x*，高度為 *y*。
scrollBy(*deltaX*, *deltaY*)	調整捲軸，X 軸位移為 *deltaX*，Y 軸位移為 *deltaY*。
scrollTo(*x*, *y*)	調整捲軸，令網頁中座標為 (*x*, *y*) 的位置顯示在左上角。
open(*url*, *name*, *features*)	開啟一個內容為 *url*、名稱為 *name*、外觀為 *features* 的視窗，傳回值為新視窗的 window 物件。
close()	關閉視窗。
focus()	令視窗取得焦點。
print()	列印網頁。
setInterval(*exp*, *time*)	啟動計時器，以參數 *time* 所指定的時間週期性地執行參數 *exp* 所指定的運算式，參數 *time* 的單位為千分之一秒。
clearInterval()	停止 setInterval() 所啟動的計時器。
setTimeOut(*exp*, *time*)	啟動計時器，當參數 *time* 所指定的時間到達時，執行參數 *exp* 所指定的運算式，參數 *time* 的單位為千分之一秒。
clearTimeOut()	停止 setTimeOut() 所啟動的計時器。

範例：設定狀態列文字

在這個例子中，我們將透過 window 物件的 status 屬性設定瀏覽器視窗的狀態列文字，瀏覽結果如下圖。

\Ch14\status.html

```
01 <!DOCTYPE html>
02 <html>
03   <head>
04     <meta charset="utf-8">
05     <title>我的網頁</title>
06     <script>
07       window.status = "歡迎光臨日光小站！~~~";
08     </script>
09   </head>
10   <body>
11   </body>
12 </html>
```

請注意，第 07 行的小數點 (.) 用來存取物件的屬性與方法，所以 window.status 代表的就是 window 物件的 status 屬性。

範例：開新視窗、關閉視窗

在這個例子中，我們將使用 window 物件的 open() 與 close() 方法開新視窗和關閉視窗，瀏覽結果如下圖。

當使用者點取「開啟新視窗」超連結時，會開啟一個新視窗，而且新視窗的內容為 \Ch14\new.html，高度為 150 像素、寬度為 400 像素；當使用者點取「關閉新視窗」超連結時，會關閉剛才開啟的新視窗；當使用者點取「關閉目前視窗」超連結時，會關閉原來的視窗。

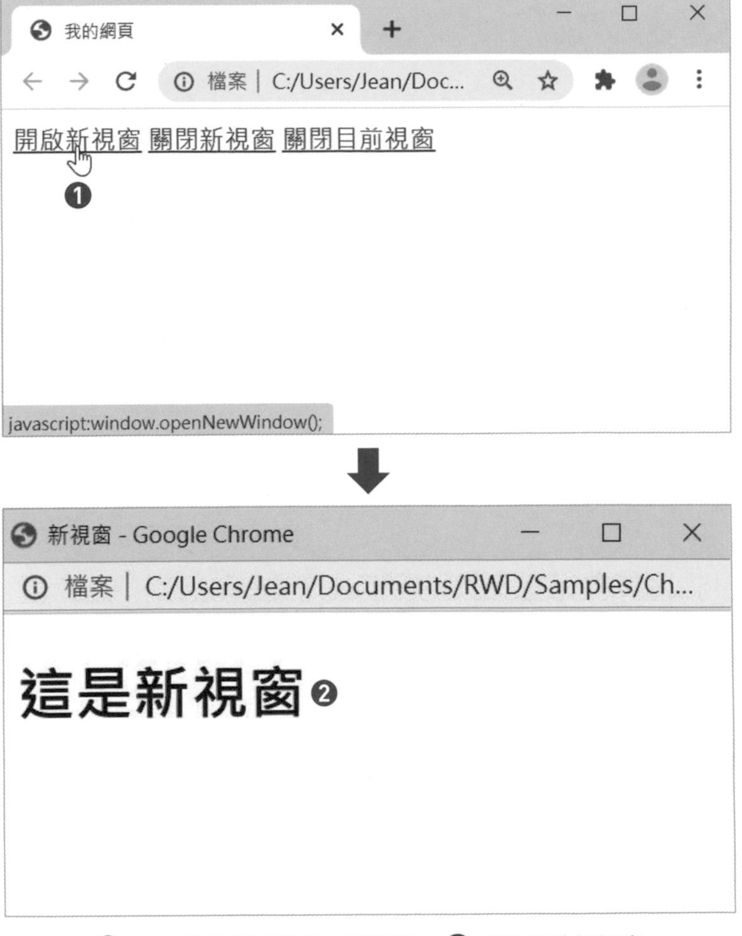

❶ 點取「開啟新視窗」超連結　❷ 成功開啟新視窗

在撰寫程式碼之前，我們先來介紹 open() 方法的外觀參數如下，這些參數用來決定新視窗的外觀。

外觀參數	說明
copyhistory=1 或 0	是否複製瀏覽歷程記錄（1 表示是，0 表示否）。
directories=1 或 0	是否顯示導覽列。
fullscreen=1 或 0	是否全螢幕顯示。
location=1 或 0	是否顯示網址列。
menubar=1 或 0	是否顯示功能表列。
status=1 或 0	是否顯示狀態列。
toolbar=1 或 0	是否顯示工具列。
scrollbars=1 或 0	當文件內容超過視窗時，是否顯示捲軸。
resizable=1 或 0	是否可以改變視窗大小。
height=*n*	視窗的高度，*n* 為像素數。
width=*n*	視窗的寬度，*n* 為像素數。

\Ch14\openwin.html （下頁續 1/2）

```
<!DOCTYPE html>
<html>
  <head>
    <meta charset="utf-8">
    <title>我的網頁</title>
    <script>
      //宣告變數 newWin 用來存放 open() 方法所傳回的 window 物件，即新視窗
      var newWin = null;

      //開啟新視窗
      function openNewWindow()
      {
      ❶ newWin = window.open("new.html", "newWin", "height=150, width=400");
      }
```

\Ch14\openwin.html（接上頁 2/2）

```
        //關閉新視窗
        function closeNewWindow()
        {
          if (newWin && !newWin.closed) ❷
            newWin.close();
        }

        //關閉目前視窗
        function closeWindow()
        {
          window.close(); ❸
        }
      </script>
    </head>
    <body>
      <a href="javascript:window.openNewWindow();">開啟新視窗</a>
      <a href="javascript:window.closeNewWindow();">關閉新視窗</a>
      <a href="javascript:window.closeWindow();">關閉目前視窗</a>
    </body>                                ❹
</html>
```

❶ 呼叫 open() 方法開新視窗並將傳回的 window 物件指派給變數 newWin

❷ 關閉新視窗前先確認它存在且尚未關閉

❸ 呼叫 close() 方法關閉目前視窗

❹ 設定超連結所連結的函式

\Ch14\new.html

```
<!DOCTYPE html>
<html>
  <head>
    <meta charset="utf-8">
    <title>新視窗</title>
  </head>
  <body>
    <h1>這是新視窗</h1>
  </body>
</html>
```

14-10 document 物件

document **物件**是 window 物件的子物件，window 物件代表的是一個瀏覽器視窗、索引標籤或框架，而 document 物件代表的是 HTML 文件本身，我們可以透過它存取 HTML 文件的元素，包括表單、圖片、表格、超連結等。

14-10-1 DOM (文件物件模型)

在說明 document 物件之前，我們先來介紹 **DOM** (Document Object Model，文件物件模型)，這個架構用來表示與操作 HTML 文件。當瀏覽器在解析 HTML 文件時，會建立一個由多個物件所構成的集合，稱為 **DOM tree**，每個物件代表 HTML 文件中的一個元素，而且每個物件有各自的屬性、方法與事件，能夠透過 JavaScript 來操作。以下面的 HTML 文件為例，瀏覽器在解析該文件後，將會產生如下圖的 DOM tree。

```
<html>
  <head>
    <title>我的網頁</title>
  </head>
  <body>
    <h1>日光旅遊</h1>
    <h2>超值行程</h2>
  </body>
</html>
```

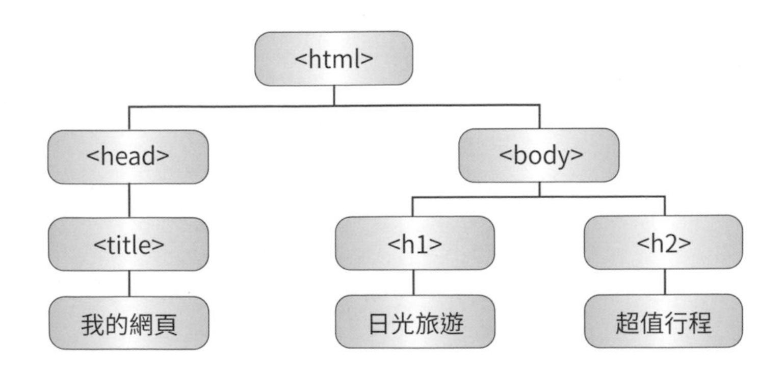

DOM tree 的每個節點都是一個隸屬於 Node 型別的物件，而 Node 型別又包含數個子型別，其型別階層架構如下圖，HTMLDocument 子型別代表 HTML 文件，HTMLElement 子型別代表 HTML 元素，而 HTMLElement 子型別又包含數個子型別，代表特殊類型的 HTML 元素，例如 HTMLInputElement 代表輸入類型的元素，HTMLTableElement 代表表格類型的元素。

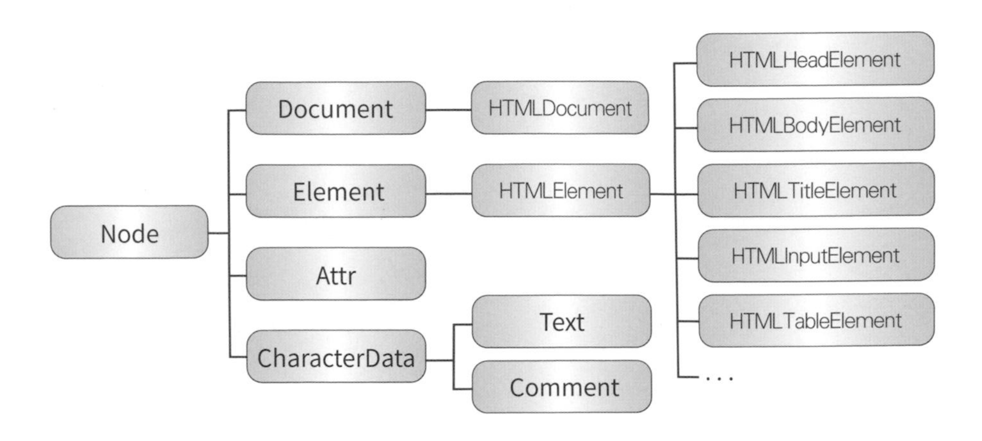

14-10-2 document 物件的屬性與方法

我們可以透過 document 物件的屬性與方法存取 HTML 文件的元素，比較常用的如下。

屬性	說明
characterSet	HTML 文件的字元編碼方式。
cookie	HTML 文件專屬的 cookie。
domain	文件來源伺服器的網域名稱。
lastModified	HTML 文件最後一次修改的日期時間。
referer	連結至此 HTML 文件之文件的網址。
URL	HTML 文件的網址。
title	HTML 文件中 <title> 元素的文字。

方法	說明
open(*type*)	根據參數 *type* 所指定的 MIME 類型開啟新文件，若參數 *type* 為 "text/html" 或省略不寫，表示開啟新的 HTML 文件。
close()	關閉以 open() 方法開啟的文件資料流，使緩衝區的輸出顯示在瀏覽器。
getElementById(*id*)	取得文件中 id 屬性為參數 *id* 的元素。
getElementsByName(*name*)	取得文件中 name 屬性為參數 *name* 的元素。
getElementsByClassName(*name*)	取得文件中 class 屬性為參數 *name* 的元素。
getElementsByTagName(*name*)	取得文件中標籤名稱為參數 *name* 的元素。
write(*data*)	將參數 *data* 所指定的字串輸出至瀏覽器。
writeln(*data*)	將參數 *data* 所指定的字串和換行輸出至瀏覽器。
createComment(*data*)	根據參數 *data* 所指定的字串建立並傳回一個新的 Comment 節點。
createElement(*name*)	根據參數 *name* 所指定的元素名稱建立並傳回一個新的、空的 Element 節點。
createText(*data*)	根據參數 *data* 所指定的字串建立並傳回一個新的 Text 節點。

範例：在新索引標籤開新文件

在這個例子中，我們將在新索引標籤開新文件，瀏覽結果如下圖。

❶ 按一下此鈕　❷ 在新索引標籤開新文件並顯示此字串

\Ch14\opendoc.html

```
<!DOCTYPE html>
<html>
  <head>
    <meta charset="utf-8">
    <title>我的網頁</title>
    <script>
      function openDocument()
      {
        //開啟新索引標籤
        var newWin = window.open("", "newWin");
        //在新索引標籤開新文件
        newWin.document.open("text/html");
        //在新文件顯示此字串
        newWin.document.write("這是新的HTML文件");
        //關閉新文件資料流
        newWin.document.close();
      }
    </script>
  </head>
  <body>
    <button onclick="javascript:openDocument();">開新文件</button>
  </body>
</html>
```

範例：存取 HTML 文件的元素

在這個例子中，我們要示範如何使用 getElementById()、getElementsByName()、getElementsByClassName()、getElementsByTagName() 等方法取得 HTML 文件的元素。假設 HTML 文件中有下面幾個元素：

```
<input type="radio" name="education" id="e1" class="TW" value="國中">國中
<input type="radio" name="education" id="e2" class="TW" value="高中">高中
<input type="radio" name="education" id="e3" class="USA" value="大專">大專
<input type="radio" name="education" id="e4" class="USA" value="碩士">碩士
```

那麼下面第一個敘述將取得 id 屬性為 "e1" 的元素，也就是第一個選項按鈕；第二個敘述將取得 name 屬性為 "education" 的元素，也就是這四個選項按鈕；第三個敘述將取得 class 屬性為 "TW" 的元素，也就是第一、二個選項按鈕；第四個敘述將取得標籤名稱為 "input" 的元素，也就是這四個選項按鈕：

```
var element1 = document.getElementById("e1");
var element2 = document.getElementsByName("education");
var element3 = document.getElementsByClassName("TW");
var element4 = document.getElementsByTagName("input");
```

這些 HTML 元素都是 **element 物件**，我們可以透過 element 物件存取 HTML 元素的屬性，下面是一些例子，第 14-11 節有進一步的介紹。

```
element1.id               //傳回第一個選項按鈕的 id 屬性值 "e1"
element1.className        //傳回第一個選項按鈕的 class 屬性值 "TW"
element1.tagName          //傳回第一個選項按鈕的標籤名稱 "input"
element1.type             //傳回第一個選項按鈕的 type 屬性值 "radio"
element1.value            //傳回第一個選項按鈕的 value 屬性值 "國中"
element2.length           //傳回 name 屬性為 "education" 的元素個數為 4
element2[0].id            //傳回第一個選項按鈕的 id 屬性值 "e1"
element2[1].className     //傳回第二個選項按鈕的 class 屬性值 "TW"
element2[2].tagName       //傳回第三個選項按鈕的標籤名稱 "input"
element2[3].type          //傳回第四個選項按鈕的 type 屬性值 "radio"
element3.length           //傳回 class 屬性值為 "TW" 的元素個數為 2
element4.length           //傳回標籤名稱為 "input" 的元素個數為 4
```

14-10-3 document 物件的子物件與集合

document 物件有一個 head 子物件，代表 HTML 文件的網頁標頭，即 <head> 元素，其屬性有第 2-1 節所介紹的全域屬性。

document 物件也有一個 body 子物件，代表 HTML 文件的網頁主體，即 <body> 元素，其屬性有第 2-1 節所介紹的全域屬性，以及 onafterprint、onbeforeprint、onbeforeunload、onhashchange、onlanguagechange、onmessage、onoffline、ononline、onpagehide、onpageshow、onpopstate、onrejectionhandled、onstorage、onunhandledrejection、onunload 等事件屬性。

此外，document 物件還提供如下集合。

集合	說明
embeds	HTML 文件中使用 <embed> 元素嵌入的資源。
forms	HTML 文件中的表單。
links	HTML 文件中具備 href 屬性的 <a> 與 <area> 元素，但不包括 <link> 元素。
plugins	HTML 文件中的外掛程式。
images	HTML 文件中的圖片。
scripts	HTML 文件中使用 <script> 元素嵌入的 Script 程式碼。
styleSheets	HTML 文件中的樣式表。

舉例來說，假設 HTML 文件中有下面兩張圖片，id 屬性為 img1、img2：

```
<img id="img1" src="f1.jpg">
<img id="img2" src="f2.jpg">
```

那麼我們可以透過 document 物件的 images 集合存取圖片，例如：

```
document.images[0].src           //傳回第一張圖片的 src 屬性值
document.images.img1.src         //傳回第一張圖片的 src 屬性值
document.images[0].border=5;     //將第一張圖片的 border 屬性設定為 5 像素
document.images[1].src="1.jpg";  //將第二張圖片的 src 屬性設定為 "1.jpg"
```

14-11 element 物件

element 物件代表的是 HTML 文件中的一個元素，隸屬於 HTMLElement 型別，而 HTMLElement 子型別又包含數個子型別，代表特殊類型的 HTML 元素，例如 HTMLInputElement 代表輸入類型的元素，HTMLTableElement 代表表格類型的元素。

凡是利用 getElementById()、getElementsByName()、getElementsByTagName()、getElementsByClassName() 等方法所取得的 HTML 元素都是 element 物件，由於 HTML 元素包含標籤與屬性，因此，代表 HTML 元素的 element 物件也有對應的屬性。

舉例來說，假設 HTML 文件中有一個 id 屬性為 "img1" 的 <img> 元素，那麼下面的第一個敘述會先取得該元素，而第二個敘述會將該元素的 src 屬性設定為 "car.jpg"：

```
var photo = document.getElementById("img1");
photo.src = "car.jpg";
```

當我們將 HTML 元素的屬性對應至 element 物件的屬性時，必須轉換為小寫，若屬性是由多個單字所組成，則要採取字中大寫，例如 tabIndex。此外，element 物件還提供了許多屬性，常用的如下。

屬性	說明
attributes	HTML 元素的屬性。
className	HTML 元素的 class 屬性值。
tagName	HTML 元素的標籤名稱。
innerHTML	HTML 元素的標籤與內容。
outerHTML	HTML 元素與它的所有內容，包括開始標籤、屬性與結束標籤。
textContent	HTML 元素的內容，不包括標籤。
isContentEditable	HTML 元素的內容能否被編輯，true 表示是，false 表示否。

textContent、innerHTML、outerHTML 三個屬性的差別如下圖。

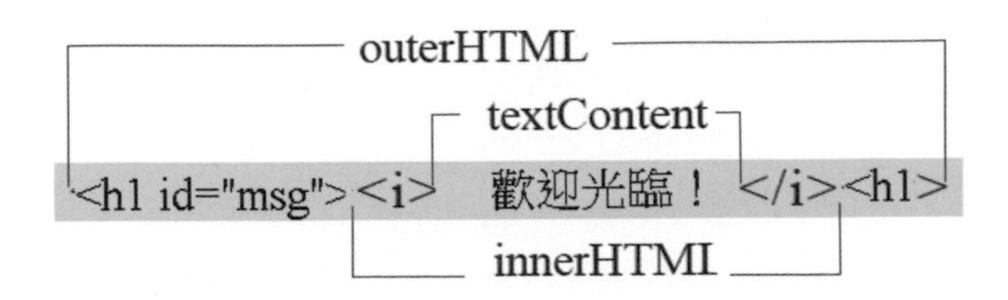

下面是一個例子，當使用者按一下 [顯示訊息] 按鈕時，會呼叫 showMsg() 函式，透過 innerHTML 屬性設定 <h1> 元素的內容與標籤。

\Ch14\element.html

```
<!DOCTYPE html>
<html>
  <head>
    <meta charset="utf-8">
    <script>
      function showMsg()
      {
      ❶ var msg = document.getElementById("msg");
      ❷ msg.innerHTML = "<i>歡迎光臨！</i>";
      }
    </script>
  </head>
  <body>
    <button onclick="javascript:showMsg();">顯示訊息</button>
    <h1 id="msg"></h1>
  </body>
</html>
```

❶ 取得 <h1> 元素 ❷ 設定 <h1> 元素的內容與標籤

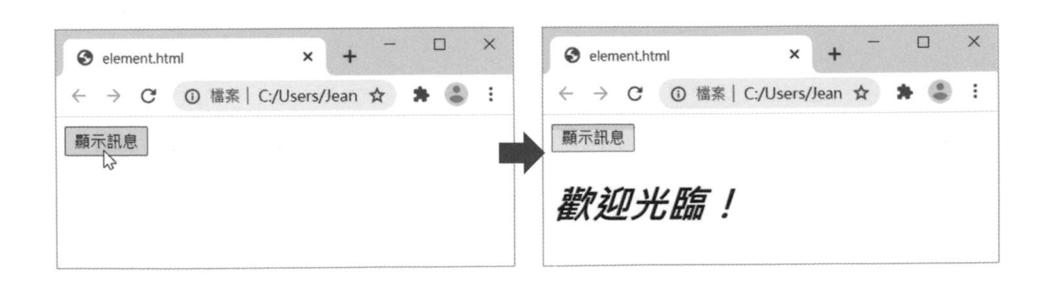

14-12 事件的類型

在 Windows 作業系統中，每個視窗都有一個唯一的代碼，而且系統會持續監控每個視窗，當有視窗發生**事件** (event) 時，例如使用者按一下按鈕、改變視窗大小、移動視窗、載入網頁等，該視窗就會傳送訊息給系統，然後系統會處理訊息並將訊息傳送給其它關聯的視窗，這些視窗再根據訊息做出適當的處理，此種運作模式稱為**事件驅動** (event driven)。

瀏覽器端 Scripts 也是採取事件驅動的運作模式，當有瀏覽器、HTML 文件或 HTML 元素發生事件時，例如當瀏覽器載入網頁時會觸發 load 事件、當使用者在元素上按一下滑鼠按鍵時會觸發 click 事件等，此時就可以透過事先撰寫好的 JavaScript 程式來處理事件。

在 Web 發展的初期，事件的類型並不多，不過，隨著 Web 平台與相關的技術快速發展，事件的類型日趨多元化，以下為您介紹一些常見的類型。

傳統的事件

傳統的事件指的是早已經存在並受到廣泛支援的事件，包括與瀏覽器本身相關的事件或與使用者操作鍵盤、滑鼠或表單相關的事件，例如：

- load：當瀏覽器載入網頁或所有框架時會觸發此事件。
- unload：當瀏覽器卸載視窗或框架內的網頁時會觸發此事件。
- resize：當瀏覽器視窗改變大小時會觸發此事件。
- keydown：當使用者在元素上按下按鍵時會觸發此事件。
- keyup：當使用者在元素上放開按鍵時會觸此事件。
- keypress：當使用者在元素上按下再放開按鍵時會觸發此事件。
- mousedown：當使用者在元素上按下滑鼠按鍵時會觸發此事件。

- mouseup：當使用者在元素上放開滑鼠按鍵時會觸發此事件。
- mouseover：當使用者將滑鼠移過元素時會觸發此事件。
- click：當使用者在元素上按一下滑鼠按鍵時會觸發此事件。
- dblclick：當使用者在元素上按兩下滑鼠按鍵時會觸發此事件。
- submit：當使用者傳送表單時會觸發此事件。
- reset：當使用者清除表單時會觸發此事件。

HTML5 事件

HTML5 不僅提供功能強大的 API，同時也針對這些 API 新增許多相關的事件，例如 HTML5 針對用來進行拖放操作的 Drag and Drop API 新增 dragstart、drag、dragend、dragenter、dragleave、dragover、drop 等事件，透過這些事件，就能知道使用者何時開始拖曳、正在拖曳或結束拖曳，有興趣的讀者可以參考官方文件 https://www.w3.org/TR/html52/。

DOM 事件

DOM 事件指的是 W3C 提出的 Document Object Model (DOM) Level 3 Events Specification，除了將傳統的事件標準化，還新增一些新的事件，例如 focusin、focusout、mouseenter、mouseleave、textinput、wheel 等，有興趣的讀者可以參考官方文件 https://www.w3.org/TR/uievents/。

觸控事件

隨著配備觸控螢幕的上網裝置快速普及，W3C 制訂了 Touch Events 觸控事件，例如當手指觸碰到螢幕時會觸發 touchstart 事件，當手指在螢幕上移動時會觸發 touchmove 事件，當手指離開螢幕時會觸發 touchend 事件等，有興趣的讀者可以參考官方文件 https://www.w3.org/TR/touch-events/。

14-13 事件處理程式

在本節中，我們將示範如何設定事件處理程式。下面是一個例子，它會利用 HTML 元素的事件屬性設定事件處理程式。原則上，事件屬性的名稱就是在事件的名稱前面加上 on，而且要全部小寫，例如對應 click 事件的事件屬性是 onclick，而對應 load 事件的事件屬性是 onload。

這個例子的重點在於第 07 行將按鈕的 onclick 事件屬性設定為 "javascript:alert('Hello, world!');"，如此一來，當使用者按一下「顯示訊息」按鈕時，會觸發 click 事件，進而執行 alert('Hello, world!');，出現對話方塊顯示訊息，我們在前幾節的例子已經使用過類似的技巧。

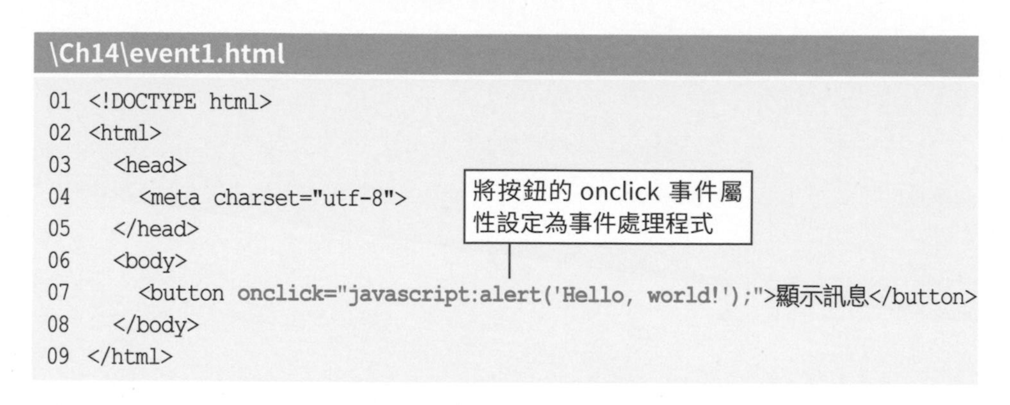

\Ch14\event1.html

```
01 <!DOCTYPE html>
02 <html>
03   <head>
04     <meta charset="utf-8">
05   </head>
06   <body>
07     <button onclick="javascript:alert('Hello, world!');">顯示訊息</button>
08   </body>
09 </html>
```


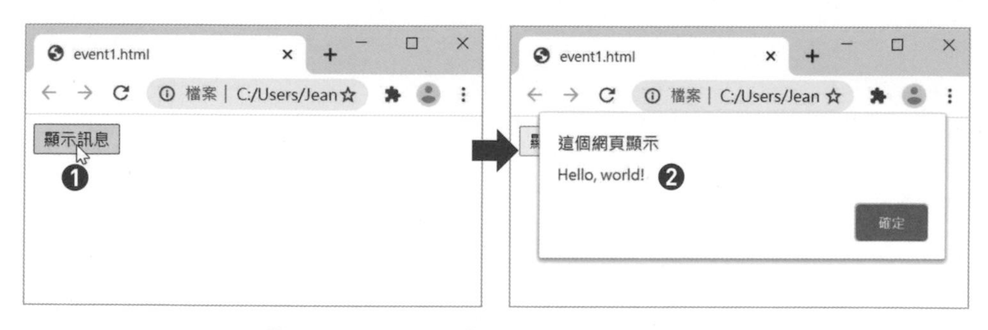

❶ 按一下此按鈕 ❷ 出現對話方塊顯示訊息

雖然直接將事件處理程式寫入 HTML 元素的事件屬性很容易理解，但有時可能不太方便，尤其是當事件處理程式有很多行敘述的時候，此時，我們可以將事件處理程式寫成 JavaScript 函式，然後將 HTML 元素的事件屬性設定為該函式。

舉例來說，\Ch14\event1.html 可以改寫成如下，其中第 13 行是將按鈕的 onclick 事件屬性設定為 "javascript:showMsg();"，這是一個 JavaScript 函式呼叫，而不是一般的 JavaScript 敘述，至於 showMsg() 函式則是定義在第 05 ~ 10 行的 JavaScript 程式碼區塊。

\Ch14\event2.html

```
01 <!DOCTYPE html>
02 <html>
03   <head>
04     <meta charset="utf-8">
05     <script>
06      function showMsg()
07      {
08        alert('Hello, world!');
09      }
10     </script>
11   </head>
12   <body>
13     <button onclick="javascript:showMsg();">顯示訊息</button>
14   </body>
15 </html>
```

❶ 將事件處理程式寫成 showMsg() 函式

❷ 將按鈕的 onclick 事件屬性設定為 showMsg() 函式

這個程式的執行結果和 \Ch14\event1.html 相同，當使用者按一下「顯示訊息」按鈕時，會觸發 click 事件，進而呼叫 showMsg() 函式，而該函式會執行 alert('Hello, world!');，出現對話方塊顯示訊息。

除了前面介紹的兩種方式，我們也可以在 JavaScript 程式碼區塊中設定事件處理程式，舉例來說，\Ch14\event1.html 可以改寫成如下，其中第 09 行是使用 getElementById() 方法取得代表按鈕的物件並指派給變數 btn，而第 10 行是透過變數 btn 將按鈕的 onclick 事件屬性設定為 showMsg() 函式。

\Ch14\event3.html

```
01 <!DOCTYPE html>
02 <html>
03   <head>
04     <meta charset="utf-8">
05   </head>
06   <body>
07     <button id="b1">顯示訊息</button>
08     <script>
09     ❶ var btn = document.getElementById("b1");
10     ❷ btn.onclick = showMsg;
11     ┌ function showMsg()
12     │ {
13     ❸   window.alert('Hello, world!');
14     └ }
15     </script>
16   </body>
17 </html>
```

❶ 取得代表按鈕的物件並指派給變數 btn

❷ 將按鈕的 onclick 事件屬性設定為 showMsg() 函式

❸ 宣告 showMsg() 函式

NOTE

我們也可以將 \Ch14\event3.html 的第 08 ~ 15 行簡寫成如下：

```
<script>
  var btn = document.getElementById("b1");
  b1.onclick = function() {alert('Hello, world!');};
</script>
```

學習評量

一、選擇題

( ) 1. JavaScript 不提供下列哪種型別？

A. 數值 B. 字串 C. 布林 D. 堆疊

( ) 2. 當我們將布林資料轉換成數值型別時，true 會被轉換成多少？

A. 1 B. 0 C. -1 D. 100

( ) 3. 100 % 3 = ？

A. 33 B. 34 C. 2 D. 1

( ) 4. 變數名稱的開頭可以是下列何者？

A. 井字符號 (#) B. 數字
C. 底線 (_) D. 驚嘆號 (!)

( ) 5. 變數名稱不可以包含下列何者？

A. 底線 (_) B. 空白字元 C. 英文字母 D. 數字

( ) 6. 下列何者是錯誤的字串表示方式？

A. 'happy" B. 'happy' C. "happy" D. "\"happy\""

( ) 7. (2 < 5) && (22 < 100) 的結果為何？

A. true B. false

( ) 8. 100 === "100" 的結果為何？

A. true B. false

( ) 9. 下列哪種流程控制最適合用來計算 1 加到 10000 的總和？

A. if...else B. switch C. for D. for...in

(　　)10. 在 for(var i = 100; i <= 200; i += 3) 迴圈執行完畢時，i 的值為何？

A. 200　　B. 202

C. 199　　D. 201

(　　)11. 若要標示函式的開頭與結尾，必須使用哪個符號？

A. < >　　B. [ ]

C. ( )　　D. { }

(　　)12. 若要從函式傳回值，必須使用哪個關鍵字？

A. continue　　B. break　　C. exit　　D. return

(　　)13. 下列何者可以對兩個布林運算式進行邏輯交集運算？

A. ?:　　B. !　　C. ||　　D. &&

(　　)14. Z = 3 > 20 ? " 對 " : " 不對 " 的結果為何？

A. 對　　B. 不對

(　　)15. var X = 10; alert(++X); 會顯示多少？

A. 9　　B. 10

C. 11　　D. 12

(　　)16. window 物件的哪個方法可以顯示對話方塊讓使用者輸入資料？

A. confirm()　　B. alert()

C. prompt()　　D. open()

(　　)17. document 物件的哪個方法可以根據 id 屬性取得 HTML 元素？

A. getElementById()

B. getElementsByClassName()

C. getElementsByName()

D. getElementsByTagName()

二、練習題

1. 撰寫一個網頁，在裡面放置具有超連結功能的下拉式清單，下面的執行結果供您參考。

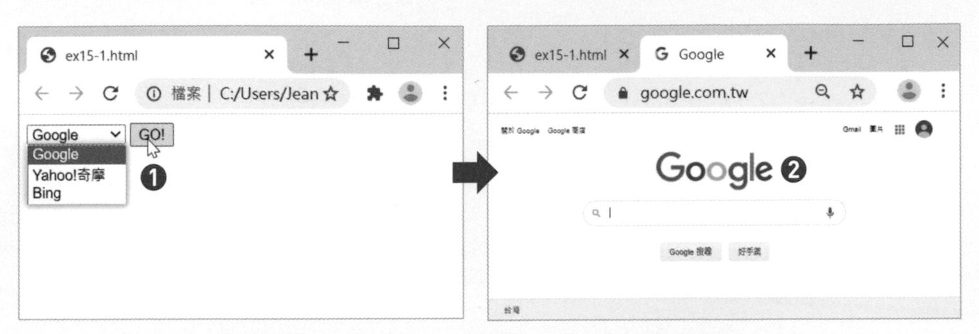

❶ 選擇網站後按 [GO!]　❷ 在新索引標籤開啟網站

2. 撰寫一個網頁，令網頁上顯示圖片 disney5.jpg，在使用者一將游標移到圖片時，就變換成另一張圖片 disney6.jpg，而在使用者一將游標離開圖片時，又變換回原來的圖片 disney5.jpg。

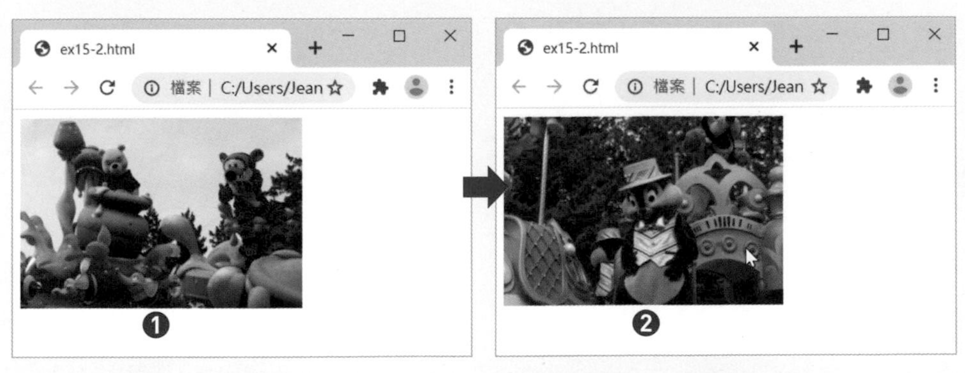

❶ 游標離開圖片時會顯示此圖片　❷ 游標移到圖片時會顯示此圖片

15

jQuery

15-1 認識 jQuery

根據 jQuery 官方網站 (https://jquery.com/) 的說明指出，「jQuery 是一個快速、輕巧、功能強大的 JavaScript 函式庫，透過它所提供的函式可以讓操作 HTML 文件、選擇 HTML 元素、設定 CSS 樣式、處理事件、建立特效、使用 Ajax 技術等動作變得更簡單。由於其多樣性與擴充性，jQuery 改變了數以百萬計的人們撰寫 JavaScript 程式的方式」。

簡單地說，jQuery 是一個開放原始碼、跨瀏覽器的 JavaScript 函式庫，目的是簡化 HTML 與 JavaScript 之間的操作。有了 jQuery，程式設計人員只要撰寫簡短的幾行程式碼，就能製作出原本需要 HTML、CSS 和 JavaScript 才能完成的網頁效果。

jQuery 一開始是由 John Resig 於 2006 年釋出第一個版本，後來改由 Dave Methvin 領導的團隊進行開發，發展迄今已經成為使用最廣泛的 JavaScript 函式庫。

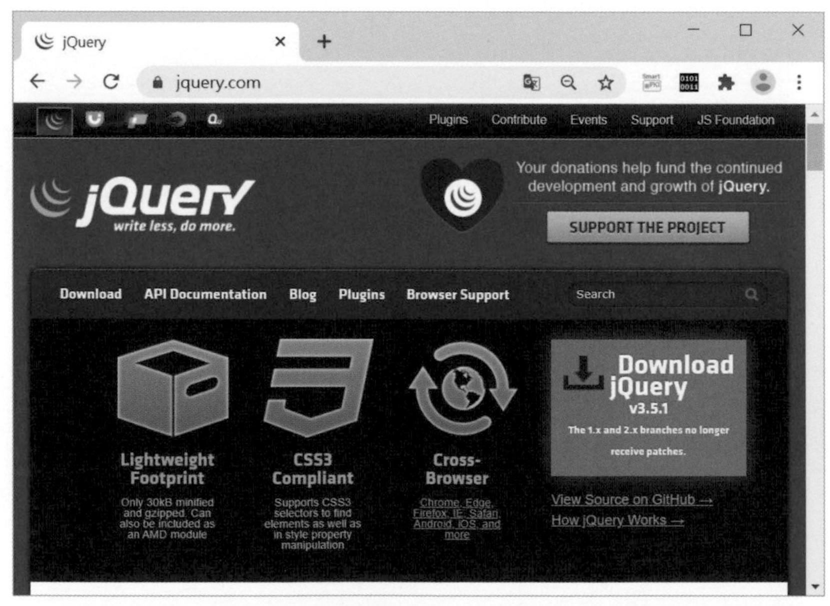

jQuery 官方網站 (https://jquery.com/)

此外，jQuery 還有下列兩個受歡迎的外掛模組：

- **jQuery UI (User Interface)**：這是奠基於 jQuery 的 JavaScript 函式庫，包含使用者介面互動、特效、元件與佈景主題等功能。
- **jQuery Mobile**：這是奠基於 jQuery 和 jQuery UI 的行動網頁使用者介面函式庫，包括佈景主題、切換動畫、對話方塊、按鈕、工具列、導覽列、可摺疊區塊、清單檢視、表單等元件。

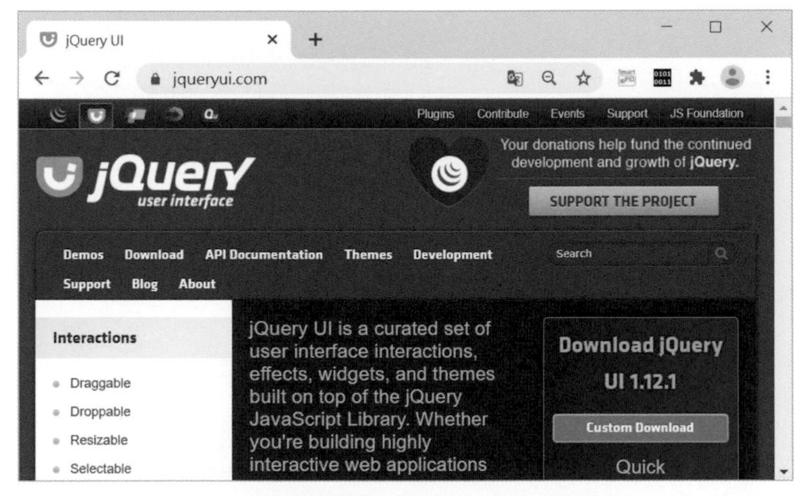

jQuery UI 官方網站 (https://jqueryui.com/)

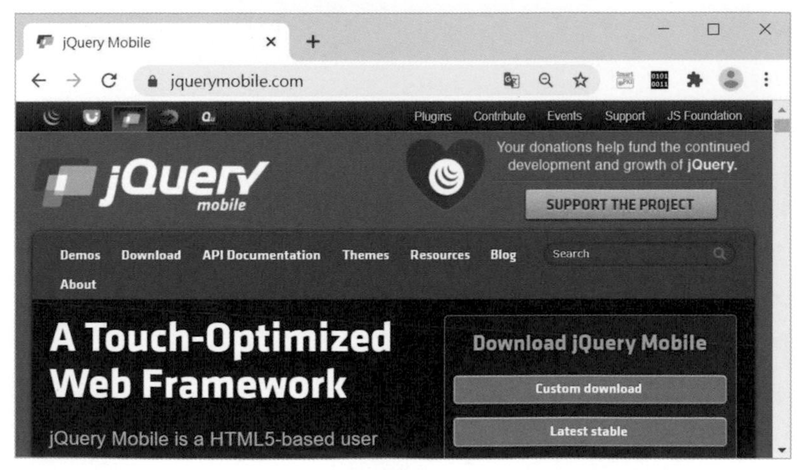

jQuery Mobile 官方網站 (https://jquerymobile.com/)

15-2 取得 jQuery 檔案

在使用 jQuery 之前要先取得 jQuery 檔案，常見的方式有下列兩種。

方式一：下載 jQuery 檔案

1. 到 jQuery 官方網站 (https://jquery.com/download/) 下載 jQuery 檔案，例如點取畫面上的 [Download the compressed, production jQuery 3.5.1]，然後將下載回來的 jquery-3.5.1.min.js 複製到網站的根目錄。

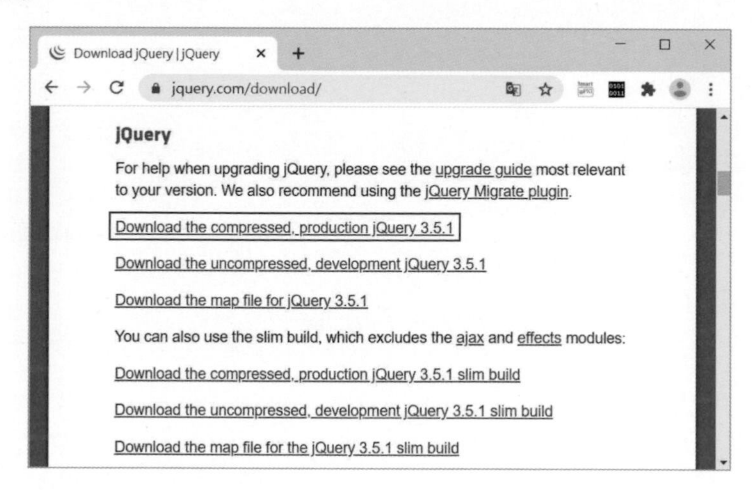

2. 在網頁的 <head> 區塊加入如下的程式碼，就可以開始使用 jQuery。

```
<script src="jquery-3.5.1.min.js"></script>
```

NOTE

jquery-3.5.1.min.js 的 3.5.1 表示版本，.min 表示該檔案為最小化的檔案，也就是去除空白、換行、註解並經過壓縮，推薦給正式版使用。jQuery 仍在持續發展中，官方網站會隨時公布最新版本，讀者可以自行查看。

方式二：透過 CDN 參考 jQuery 檔案

我們可以透過 CDN (Content Delivery Networks) 在網頁中參考 jQuery 檔案，jQuery 官方網站提供了如下的 v3.5.1 CDN，將之複製到網頁的 <head> 區塊即可，其中 integrity 和 crossorigin 屬性可以省略不寫：

```
<script src="https://code.jquery.com/jquery-3.5.1.min.js"
  integrity="sha256-9/aliU8dGd2tb6OSsuzixeV4y/faTqgFtohetphbbj0="
  crossorigin="anonymous"></script>
```


下面是一個例子，它會在 HTML 文件的 DOM 載入完畢時以對話方塊顯示 "Hello, world!"。

\Ch15\jQ1.html

```
01 <!DOCTYPE html>
02 <html>
03   <head>
04     <meta charset="utf-8">
05   ❶ <script src="https://code.jquery.com/jquery-3.5.1.min.js"></script>
06     <script>
07       $(document).ready(function() {
08   ❷     alert("Hello, world!");
09       });
10     </script>
11   </head>
12 </html>
```

❶ 透過 CDN 參考 jQuery　❷ 使用 jQuery 語法呼叫 .ready() 方法，稍後會介紹這些語法

15-3 使用 jQuery

在本節中，我們會介紹 jQuery 的基本用法，包括如何選擇元素、操作 DOM 物件、設定 CSS 樣式與維度。

15-3-1 選擇元素

jQuery 的基本語法如下，其中 $ 符號是 jQuery 物件的別名，$() 表示建立 jQuery 物件，而**選擇器** (selector) 指的是要處理的 DOM 物件：

```
$(選擇器).method(參數);
```

例如下面的敘述是針對 id 屬性為 "msg" 的元素呼叫 jQuery 提供的 .text() 方法，將該元素的內容設定為參數所指定的文字：

```
$("#msg").text("Hello, world!");
```

jQuery 支援多數的 CSS3 選擇器，常用的如下：

- 選擇所有元素，例如 $("*") 或 $('*')。
- 使用 HTML 元素選擇元素，例如 $("a") 表示選擇 <a> 元素。
- 使用 id 屬性選擇元素，例如 $("#b1") 表示選擇 id 屬性為 "b1" 的元素。
- 使用 class 屬性選擇元素，例如 $(".hot") 表示選擇 class 屬性為 "hot" 的元素。
- 使用子孫選擇器選擇元素，例如 $("ol li") 表示選擇 <ol> 元素的 <li> 子元素。
- 使用屬性選擇元素，例如 $("input[fruit='apple']") 表示選擇 fruit 屬性的值為 'apple' 的 <input> 元素。
- 使用以逗號隔開的選擇器選擇元素，例如 $("div.news, ul.cars")。
- 使用虛擬選擇器選擇元素。

15-3-2 操作 DOM 物件

jQuery 提供了數個操作 DOM 物件的方法，以下會介紹一些常用的方法，至於其它方法或更多的使用範例可以到 jQuery Learning Center (https://learn.jquery.com/) 查看。

.text()

.text() 方法的語法如下，第一種形式沒有參數，表示取得所有符合之元素的文字內容，而第二種形式有參數，表示將所有符合之元素的內容設定為參數所指定的文字：

```
.text()  或  .text(參數)
```

例如下面的敘述是取得 <h1> 元素的文字內容，若文件中有多個 <h1> 元素，就傳回所有 <h1> 元素的文字內容串接在一起的字串：

```
$("h1").text()
```

而下面的敘述是將文件中所有 <h1> 元素的內容設定為 "hot"：

```
$("h1").text("hot")
```

下面是一個例子，當使用者按一下 [顯示訊息] 按鈕時，會在下方的段落顯示 "Hello, world!"。

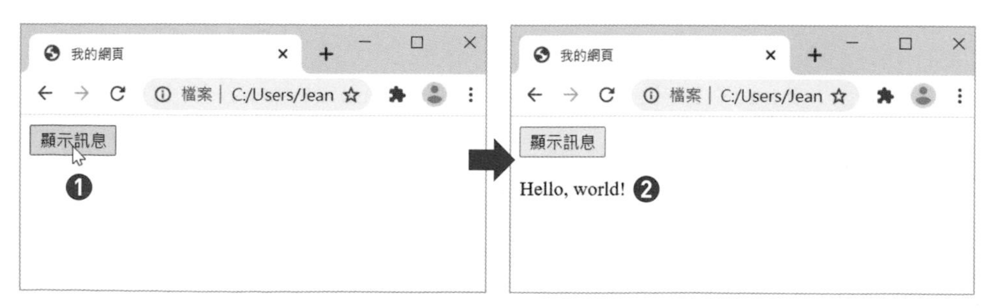

❶ 按一下此按鈕　❷ 顯示 "Hello, world!"

\Ch15\jQ2.html

```
<!DOCTYPE html>
<html>
  <head>
    <meta charset="utf-8">
    <title>我的網頁</title>
    <script src="https://code.jquery.com/jquery-3.5.1.min.js"></script>
  </head>
  <body>
    <button id="btn">顯示訊息</button>
    <p id="msg"></p>
    <script>
      $("#btn").on("click", function() {
        $("#msg").text("Hello, world!");
      });
    </script>
  </body>
</html>
```

利用按鈕的 click 事件處理程式來設定段落的文字，我們會在第 15-4 節說明如何處理事件

.val()

.val() 方法的語法如下，第一種形式沒有參數，表示取得第一個符合之元素的值，而第二種形式有參數，表示將所有符合之元素的值設定為參數所指定的值，這個方法主要用來取得 <input>、<select>、<textarea> 等表單輸入元素的值：

```
.val()  或  .val(參數)
```

下面是一個例子，當使用者變更下拉式清單的選項時，會以對話方塊顯示該選項的值。

請注意，$("#book").val() 會傳回選項的值，例如第二個選項的值為 2，若要傳回選項的文字，可以改用 $("#book option:selected").text()，例如第二個選項的文字為 " 進擊的巨人 "。

\Ch15\jQ3.html

```
<!DOCTYPE html>
<html>
  <head>
    <meta charset="utf-8">
    <script src="https://code.jquery.com/jquery-3.5.1.min.js"></script>
  </head>
  <body>
    <select id="book">
      <option value="1">鬼滅之刃
      <option value="2">進擊的巨人
      <option value="3">火影忍者
    </select>
    <script>
      $("#book").on("change", function() {
        alert($("#book").val());
      });
    </script>
  </body>
</html>
```

利用下拉式清單的 change 事件處理程式來顯示選項的值，我們會在第 15-4 節說明如何處理事件

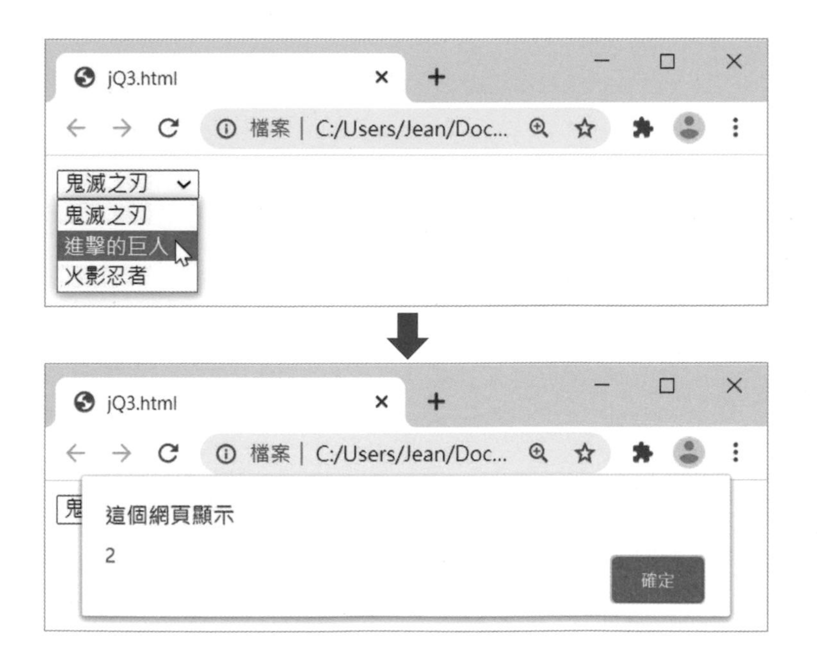

.html()

.html() 方法的語法如下，用來取得第一個符合之元素的 HTML 內容：

```
.html()
```

舉例來說，假設有個巢狀的 <div> 區塊如下，則 $("div.outside").html() 會傳回 "<div class="inside">Hello, world!</div>"：

```
<div class="outside">
  <div class="inside">Hello, world!</div>
</div>
```

.attr()

.attr() 方法的語法如下，第一種形式用來取得第一個符合之元素的屬性值，而第二、三種形式用來根據參數設定所有符合之元素的屬性值：

```
.attr(屬性名稱)
.attr(屬性名稱, 屬性值)
.attr(屬性名稱:屬性值, 屬性名稱:屬性值,...)
```

例如下面的敘述是取得第一個 <a> 元素的 href 屬性值：

```
$("a").attr("href");
```

而下面的敘述是將所有 <a> 元素的 href 屬性設定為 "1.html"：

```
$("a").attr("href", "1.html");
```

至於下面的敘述是設定所有 <a> 元素的 title 和 href 兩個屬性：

```
$("a").attr({
  "title" : "This is the title of the hyperlink", "href" : "1.html"
});
```

.append()

.append() 方法的語法如下，用來在符合之元素的後面加入參數所指定的元素，而且兩個元素位於相同區塊：

```
.append(參數)
```

下面是一個例子，它會將 <b><i>La La Land</i></b> 加到 <p> 元素的後面，而且兩個元素位於相同區塊，瀏覽結果如下圖。

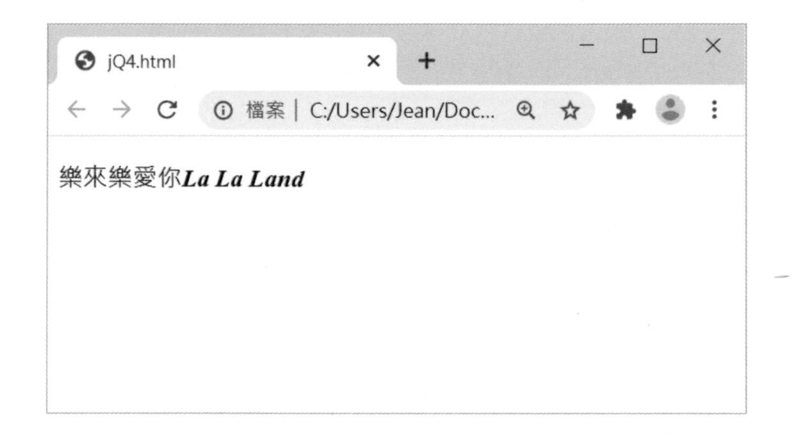

\Ch15\jQ4.html

```
01 <!DOCTYPE html>
02 <html>
03   <head>
04     <meta charset="utf-8">
05     <script src="https://code.jquery.com/jquery-3.5.1.min.js"></script>
06   </head>
07   <body>
08     <p>樂來樂愛你</p>
09     <script>
10       $("p").append("<b><i>La La Land</i></b>");
11     </script>
12   </body>
13 </html>
```

.prepend()

.prepend() 方法的語法如下，用來在符合之元素的前面加入參數所指定的元素，而且兩個元素位於相同區塊：

```
.prepend(參數)
```

假設將 \Ch15\jQ4.html 的第 10 行改寫成如下，瀏覽結果如下圖：

```
10        $("p").prepend("<b><i>La La Land</i></b>");
```

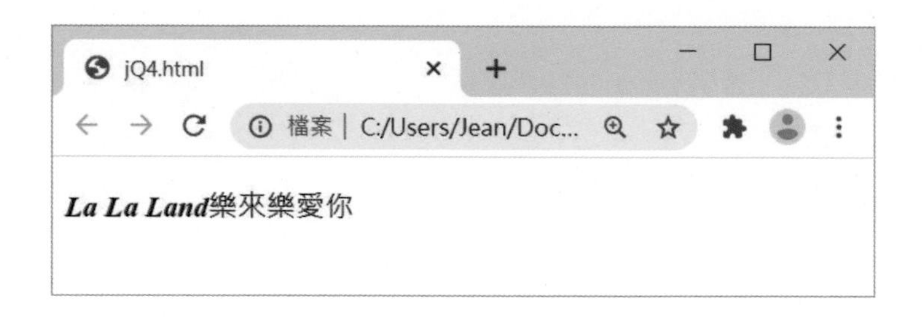

.after()

.after() 方法的語法如下，用來在符合之元素的後面加入參數所指定的元素，而且兩個元素位於不同區塊：

```
.after(參數)
```

假設將 \Ch15\jQ4.html 的第 10 行改寫成如下，瀏覽結果如下圖：

```
10        $("p").after("<b><i>La La Land</i></b>");
```

.before()

.before() 方法的語法如下，用來在符合之元素的前面加入參數所指定的元素，而且兩個元素位於不同區塊：

```
.before(參數)
```

假設將 \Ch15\jQ4.html 的第 10 行改寫成如下，瀏覽結果如下圖：

```
10        $("p").before("<b><i>La La Land</i></b>");
```

.remove()

.remove() 方法的語法如下，用來移除參數所指定的元素，例如 $("#book").remove(); 會移除 id 屬性為 "book" 的元素：

```
.remove(參數)
```

.empty()

.empty() 方法的語法如下，用來移除參數所指定之元素的子節點，例如 $("#book").empty(); 會移除 id 屬性為 "book" 之元素的子節點，即清空元素的內容，但仍在網頁上保留此元素：

```
.empty(參數)
```

15-3-3 設定 CSS 樣式與維度

jQuery 提供了設定 CSS 樣式與維度的方法，以下會介紹一些常用的方法。

.css()

.css() 方法的語法如下，第一種形式用來取得第一個符合之元素的 CSS 樣式，而第二、三種形式用來根據參數設定所有符合之元素的 CSS 樣式：

```
.css(CSS屬性名稱)
.css(CSS屬性名稱, CSS屬性值)
.css(CSS屬性名稱:CSS屬性值, CSS屬性名稱:CSS屬性值,...)
```

例如下面的敘述是取得第一個 <h1> 元素的 color 樣式：

```
$("h1").css("color");
```

而下面的敘述是將所有 <h1> 元素的 color 樣式設定為 "red"：

```
$("h1").css("color", "red");
```

下面是一個例子，其中第 10 ~ 12 行是設定當游標移到標題 1 時，將顯示紅色加陰影，如左下圖，而第 14 ~ 16 行是設定當游標離開標題 1 時，將顯示黑色不加陰影，如右下圖。

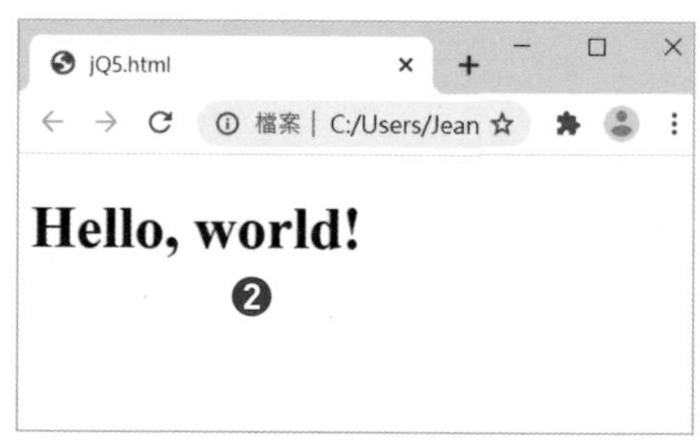

❶ 游標移到時將顯示紅色加陰影　❷ 游標離開時將顯示黑色不加陰影

\Ch15\jQ5.html

```
01 <!DOCTYPE html>
02 <html>
03   <head>
04     <meta charset="utf-8">
05     <script src="https://code.jquery.com/jquery-3.5.1.min.js"></script>
06   </head>
07   <body>
08     <h1>Hello, world!</h1>
09     <script>
10       $("h1").on("mouseenter", function(){
11         $(this).css({"color":"red", "text-shadow":"gray 3px 3px"});
12       });
13
14       $("h1").on("mouseleave", function(){
15         $(this).css({"color":"black", "text-shadow":"none"});
16       });
17     </script>
18   </body>
19 </html>
```


.width()、.height()

.width()、.height() 方法的語法如下，第一種形式用來取得第一個符合之元素的寬度 / 高度，而第二種形式用來設定所有符合之元素的寬度 / 高度：

```
.width()、.height()
.width(參數)、.height(參數)
```

例如下面的敘述是取得 <h1> 元素的寬度：

```
$("h1").width()
```

而下面的敘述是將所有 <h1> 元素的寬度設定為 "300px"：

```
$("h1").width("300px")
```

15-4 事件

我們在第 14 章介紹過如何使用 JavaScript 處理事件，而在本節中，我們將說明如何使用 jQuery 提供的方法讓事件處理變得更簡單。

15-4-1 .on() 方法

jQuery 針對多數瀏覽器原生的事件提供了對應的方法，例如 .load()、.unload()、.focus()、.blur()、.error()、.scroll()、.resize()、.keydown()、.keyup()、.keypress()、.hover()、.mousedown()、.mouseup()、.mouseover()、.mousemove()、.mouseout()、.mouseenter()、.mouseleave()、.click()、.dblclick()、.submit()、.select()、.change()、.focusin()、.focusout() 等，不過，您無須背誦這些方法的名稱，只要使用 .on() 方法，就可以繫結各種事件與事件處理程式。

.on() 方法的語法如下，用來針對元素的事件繫結事件處理程式：

```
.on(events [, selector] [, data], handler)
.on(events [, selector] [, data])
```

- *events*：設定一個或多個以空白隔開的事件名稱，例如 "click change" 表示 click 和 change 兩個事件。
- *selector*：設定觸發事件的元素。
- *data*：設定要傳遞給事件處理程式的資料。
- *handler*：設定當事件被觸發時所要執行的函式，即事件處理程式。

我們可以使用 .on() 方法繫結一個事件和一個事件處理程式，下面是一個例子，當使用者按一下單行文字方塊時，會在下方的段落顯示「單行文字方塊被按一下」，其中的關鍵就是第 11 ~ 13 行，使用 .on() 方法將 click 事件繫結至指定的事件處理程式。

\Ch15\jQ6.html

```
01 <!DOCTYPE html>
02 <html>
03   <head>
04     <meta charset="utf-8">
05     <script src="https://code.jquery.com/jquery-3.5.1.min.js"></script>
06   </head>
07   <body>
08     <input type="text">
09     <p id="msg"></p>
10     <script>
11       $("input").on("click", function() {
12         $("#msg").text("單行文字方塊被按一下");
13       });
14     </script>
15   </body>
16 </html>
```

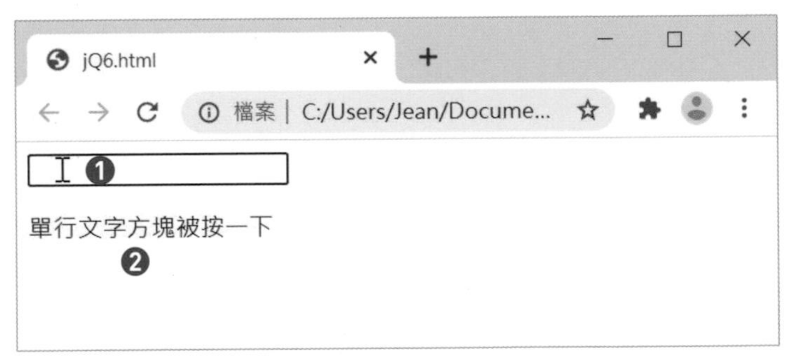

❶ 按一下單行文字方塊 ❷ 顯示此訊息

我們也可以使用 .on() 方法繫結多個事件和一個事件處理程式，例如下面的敘述是將 click 和 focusin 兩個事件繫結至相同的事件處理程式，當使用者按一下或將焦點移到單行文字方塊時，會在下方的段落顯示「單行文字方塊被按一下或取得焦點」。

```
$("input").on("click focusin", function() {
  $("#msg").text("單行文字方塊被按一下或取得焦點");
});
```

此外，我們還可以使用 .on() 方法繫結多個事件和多個事件處理程式，例如下面的敘述是將 click 和 focusin 兩個事件繫結至不同的事件處理程式，當使用者按一下單行文字方塊時，會在下方的段落顯示「單行文字方塊被按一下」，而當使用者將焦點移到單行文字方塊時，會在下方的段落顯示「單行文字方塊取得焦點」。

```
$("input").on({
    "click":function() {$("#msg").text("單行文字方塊被按一下");},
    "focusin":function() {$("#msg").text("單行文字方塊取得焦點");}
});
```

15-4-2 .off() 方法

.off() 方法的語法如下，用來移除事件處理程式，其作用剛好與 .on() 方法相反：

```
.off(events [, selector] [, handler])
.off()
```

- *events*：設定一個或多個以空白隔開的事件名稱，例如 "click change" 表示 click 和 change 兩個事件。
- *selector*：設定觸發事件的元素。
- *handler*：設定當事件被觸發時所要執行的函式，即事件處理程式。

例如下面的敘述是移除所有段落的所有事件處理程式：

```
$("p").off();
```

而下面的敘述是移除所有段落的所有 click 事件處理程式：

```
$("p").off("click", "**");
```

15-4-3 .ready() 方法

.ready() 方法的語法如下，用來設定當 HTML 文件的 DOM 載入完畢時所要執行的函式，參數 *handler* 就是該函式：

```
.ready(handler)
```

下面是一個例子，它會在 HTML 文件的 DOM 載入完畢時以對話方塊顯示「歡迎光臨！」。

\Ch15\jQ7.htmls

```
<!DOCTYPE html>
<html>
  <head>
    <meta charset="utf-8">
    <script src="https://code.jquery.com/jquery-3.5.1.min.js"></script>
    <script>
      $(document).ready(function() {
        alert("歡迎光臨！");
      });
    </script>
  </head>
</html>
```

這三行亦可寫成如下：

```
$(function() {
  alert("歡迎光臨！");
});
```

15-5 特效

jQuery 提供了數個網頁特效方法，以下會介紹一些常用的方法，至於其它方法或更多的使用範例可以到 jQuery Learning Center 查看。

15-5-1 基本特效

常用的基本特效如下：

» .hide()：語法如下，用來隱藏符合的元素，參數 *duration* 為特效的執行時間，預設值為 400（毫秒），數字愈大，執行時間就愈久，而參數 *complete* 為特效結束時所要執行的函式：

```
.hide()
.hide([duration] [, complete])
```

» .show()：語法如下，用來顯示符合的元素，兩個參數的意義和 .hide() 方法相同：

```
.show()
.show([duration] [, complete])
```

例如下面的敘述是透過 jQuery 提供的 .length 屬性判斷 id 屬性為 "news" 的元素是否存在，是的話就呼叫 .show() 方法將它顯示出來：

```
if ($("#news").length)
    $("#news").show();
```

» .toggle()：語法如下，用來切換顯示或隱藏符合的元素，其中參數 *display* 為布林值，true 表示顯示，false 表示隱藏，而另外兩個參數的意義和 .hide() 方法相同：

```
.toggle(display)
.toggle([duration] [, complete])
```

下面是一個例子，當使用者按一下 [顯示] 按鈕時，會以特效顯示標題 1，而當使用者按一下 [隱藏] 按鈕時，會以特效隱藏標題 1。

\Ch15\jQ8.html

```
01 <!DOCTYPE html>
02 <html>
03   <head>
04     <meta charset="utf-8">
05     <script src="https://code.jquery.com/jquery-3.5.1.min.js"></script>
06   </head>
07   <body>
08     <button id="hideMsg">隱藏</button>
09     <button id="showMsg">顯示</button>
10     <h1>Hello, world!</h1>
11     <script>
12       $("#hideMsg").on("click", function() {
13         $("h1").hide(600);
14       });
15 
16       $("#showMsg").on("click", function() {
17         $("h1").show(600);
18       });
19     </script>
20   </body>
21 </html>
```

❶ 按一下 [隱藏] 會以特效隱藏標題 ❷ 按一下 [顯示] 會以特效顯示標題 1

15-5-2 淡入/淡出/移入/移出特效

常用的淡入 / 淡出 / 移入 / 移出特效如下：

- .fadeIn()：語法如下，用來以淡入的方式顯示元素，參數 *duration* 為淡入的執行時間，預設值為 400 (毫秒)，數字愈大，執行時間就愈久，而參數 *complete* 為淡入結束時所要執行的函式：

```
.fadeIn([duration] [, complete])
```

- .fadeOut()：語法如下，用來以淡出的方式隱藏元素，參數 *duration* 為淡出的執行時間，預設值為 400 (毫秒)，數字愈大，執行時間就愈久，而參數 *complete* 為淡出結束時所要執行的函式：

```
.fadeOut([duration] [, complete])
```

- .fadeTo()：語法如下，用來調整元素的透明度，其中參數 *opacity* 是透明度，值為 0.0 ~ 1.0 的數字，表示完全透明 ~ 完全不透明，而另外兩個參數的意義和 .fadeIn() 方法相同：

```
.fadeTo(duration, opacity [, complete])
```

例如下面的敘述會在 400 毫秒內將 <img> 元素 (即圖片) 的透明度調整為 50%：

```
$("img").fadeTo(400, 0.5);
```

- .slideDown()：語法如下，用來以由上往下滑動的方式顯示元素，兩個參數的意義和 .fadeIn() 方法相同：

```
.slideDown([duration] [, complete])
```

- .slideUp()：語法如下，用來以由下往上滑動的方式隱藏元素，兩個參數的意義和 .fadeIn() 方法相同：

```
.slideUp([duration] [, complete])
```

舉例來說，假設將 \Ch15\jQ8.html 的第 12 ~ 18 行改寫成如下，然後另存新檔為 \Ch15\jQ9.html，這麼一來，當使用者按一下 [顯示] 按鈕時，會以淡入的方式顯示標題 1，而當使用者按一下 [隱藏] 按鈕時，會以淡出的方式隱藏標題 1。

```
12        $("#hideMsg").on("click", function() {
13          $("h1").fadeOut(600);
14        });
15
16        $("#showMsg").on("click", function() {
17          $("h1").fadeIn(600);
18        });
```

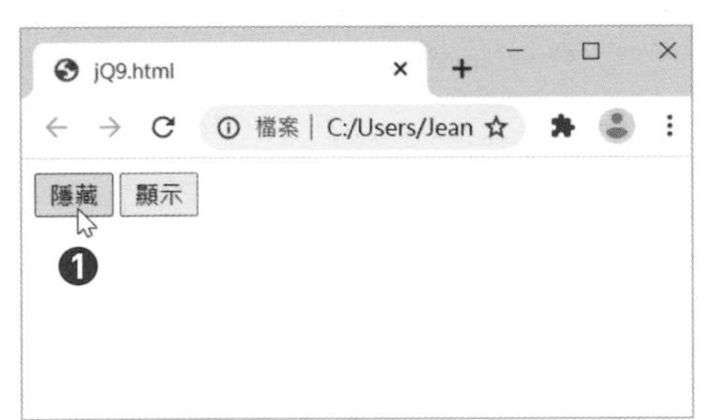

❶ 按一下 [顯示] 會以淡入的方式顯示標題 1
❷ 按一下 [隱藏] 會以淡出的方式隱藏標題 1

同理，假設將 \Ch15\jQ8.html 的第 12 ~ 18 行改寫成如下，然後另存新檔為 \Ch15\jQ10.html，這麼一來，當使用者按一下 [顯示] 按鈕時，會以由上往下滑動的方式顯示標題 1，而當使用者按一下 [隱藏] 按鈕時，會以由下往上滑動的方式隱藏標題 1。

```
12        $("#hider").on("click", function() {
13          $("h1").slideUp(600);
14        });
15
16        $("#shower").on("click", function() {
17          $("h1").slideDown(600);
18        });
```

15-5-3 自訂特效

jQuery 提供了 .animate() 方法可以用來針對元素的 CSS 屬性自訂特效，其語法如下：

```
.animate(properties [, duration] [, easing] [, complete])
```

- *properties*：設定欲套用特效的 CSS 屬性與值。
- *duration*：設定特效的執行時間，預設值為 400（毫秒），數字愈大，執行時間就愈久。
- *easing*：設定在動畫套用不同的行進速度，預設值為 swing（在中段加速，在前段和後段較慢），亦可設定為 linear（維持定速）。
- *complete*：設定特效結束時所要執行的函式。

下面是一個例子，當使用者按一下［放大］按鈕時，會在 1500 毫秒內將圖片從寬度 20%、透明度 0.5、1px 橘色框線逐漸放大到寬度 50%、完全不透明、10px 橘色框線。

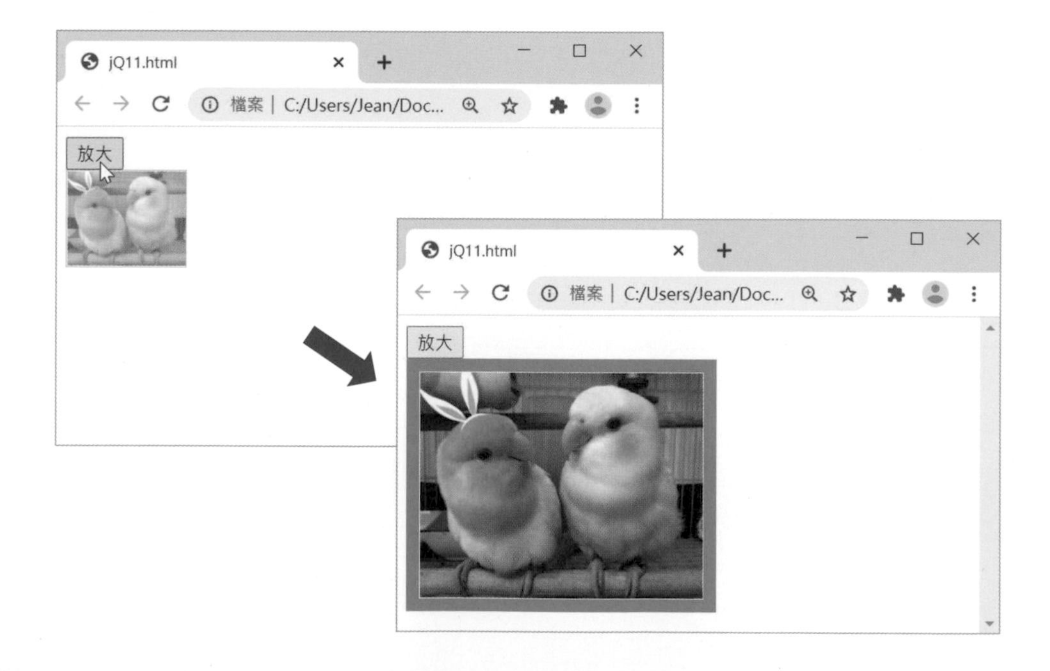

\Ch15\jQ11.html

```
<!DOCTYPE html>
<html>
  <head>
    <meta charset="utf-8">
    <script src="https://code.jquery.com/jquery-3.5.1.min.js"></script>
    <style>
      img{
        width: 20%;
        opacity: 0.5;
        border: 1px solid orange;
      }
    </style>
  </head>
  <body>
    <button id="enlarge">放大</button><br>
    <img src="bird2.jpg">
    <script>
      $("#enlarge").on("click", function() {
        $("img").animate({
          width: "50%",
          opacity: 1,
          borderWidth: "10px"
        }, 1500);
      });
    </script>
  </body>
</html>
```


NOTE

若要針對相同的選擇器執行多個 jQuery 方法，可以將這些方法串接在一起，例如下面的敘述是先呼叫 .text() 方法設定標題 1 的文字，再呼叫 .fadeIn() 方法以淡入的方式顯示標題 1：

```
$("h1").text("唐詩三百首").fadeIn(600);
```

學習評量

一、選擇題

(　　) 1. 下列何者表示選擇 id 屬性為 "btn" 的元素？

A. $("btn")　　B. $(".btn")
C. $("#btn")　　D. $("*btn")

(　　) 2. 下列何者表示選擇 <div> 元素的 <h1> 子元素？

A. $(div.h1)　　B. $("h1 div")
C. $(#div h1)　　D. $("div h1")

(　　) 3. 下列哪個方法可以用來取得所有符合之元素的文字內容？

A. .text()　　B. .val()
C. .html()　　D. .attr()

(　　) 4. 下列哪個方法主要用來取得表單輸入元素的值？

A. .text()　　B. .val()
C. .html()　　D. .attr()

(　　) 5. 下列哪個方法可以用來在符合之元素的後面加入參數所指定的元素，而且兩個元素位於相同區塊？

A. .append()　　B. .prepend()
C. .empty()　　D. .remove()

(　　) 6. 下列哪個方法可以用來清空元素的內容，但仍在網頁上保留此元素？

A. .append()　　B. .prepend()
C. .empty()　　D. .remove()

(　　) 7. 下列哪個敘述可以用來取得第一個 <img> 元素的透明度？

A. $("img").css("color");
B. $("img").css("opacity");
C. $("img").html("opacity");
D. $("img").val("opacity");

(　　) 8. 下列哪個方法可以用來繫結表單輸入欄位的 click 事件和事件處理程式？

A. $("input").click("click", function() { //... });
B. $("input").off("click", function() { //... });
C. $("input").bind("click", function() { //... });
D. $("input").on("click", function() { //... });

(　　) 9. 下列哪個方法可以用來以淡出的方式隱藏元素？

A. .fadeIn()
B. .fadeOut()
C. .slideUp()
D. .slideDown()

(　　) 10. 下列哪個方法可以用來針對元素的 CSS 屬性自訂特效？

A. .fadeTo()
B. .hide()
C. .toggle()
D. .animate()

二、練習題

使用 jQuery 改寫第 14 章學習評量的第 2 題練習題，令網頁上顯示圖片 disney5.jpg，在使用者一將游標移到圖片時，就變換成另一張圖片 disney6.jpg，而在使用者一將游標離開圖片時，又變換回原來的圖片 disney5.jpg。

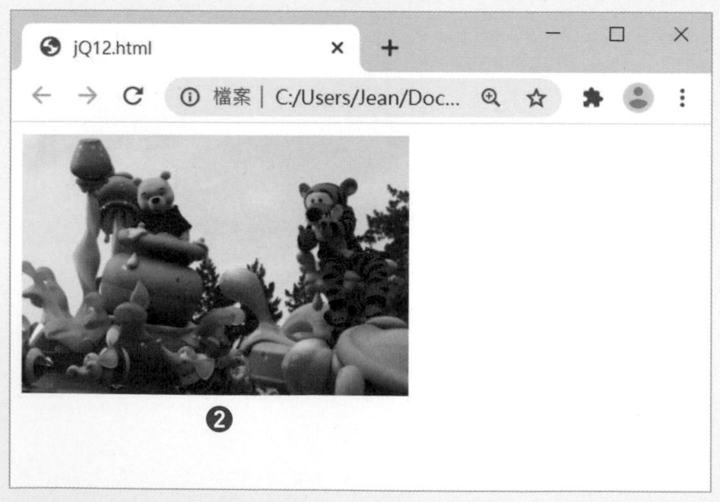

❶ 游標移到圖片時會顯示此圖片　❷ 游標離開圖片時會顯示此圖片